电纺纳米纤维在环境催化和能量存储中的应用

郭泽宇　楠　顶　著

科学出版社

北　京

内 容 简 介

本书从环境污染控制和能量储存的角度，深入浅出地总结了电纺纳米碳纤维及石墨烯复合功能材料用于室温下低浓度氮氧化物（NO_x）的吸附和催化氧化，以及电纺多孔碳纳米纤维、硅碳复合电极材料用于锂离子电池负极材料的基本方法和基本理论。全书共分为两个部分：第一部分为环境催化应用部分，第二部分为能量存储应用部分。第一部分共分为6章，阐述了通过静电纺丝技术制备的纳米碳纤维针对室温下低浓度氮氧化物（NO_x）的吸附和催化氧化脱除技术和机理；第二部分共分为6章，阐述碳基和非碳基负极材料中颇具潜力的一维多孔碳和一维硅碳复合材料用于锂离子电池负极，通过改性提高其电化学性能并揭示其性能提升的原因和内在机制。全书深入解析了制备方法-材料结构-环境/储能功能之间的相互关系，并分别提出了环境催化材料和锂离子电池负极材料发展中有待解决的科学问题。

本书适合高等院校环境科学与工程、储能器件、化学、材料、土木、物理等专业师生阅读和作为参考用书，同时可以为环境污染控制技术开发人员和从事储能器件设计、锂离子电池负极材料研究的工程技术人员提供有益借鉴。

图书在版编目（CIP）数据

电纺纳米纤维在环境催化和能量存储中的应用/郭泽宇，楠顶著. —北京：科学出版社，2017.11

ISBN 978-7-03-054448-3

Ⅰ. ①电… Ⅱ. ①郭… ②楠… Ⅲ. ①静电纺丝—光催化—纳米材料—纺织纤维—应用—环境保护 ②静电纺丝—纳米材料—纺织纤维—应用—储能 Ⅳ. ①TQ340.64 ②TQ342 ③X ④TK02

中国版本图书馆 CIP 数据核字（2017）第 221085 号

责任编辑：杨 震 翁靖一 / 责任校对：韩 杨
责任印制：张 伟 / 封面设计：东 方 人 华

科 学 出 版 社 出版
北京东黄城根北街 16 号
邮政编码：100717
http://www.sciencep.com

北京建宏印刷有限公司 印刷

科学出版社发行 各地新华书店经销

*

2017 年 11 月第 一 版 开本：B5（720×1000）
2018 年 1 月第二次印刷 印张：14 1/2
字数：300 000

定价：98.00 元

（如有印装质量问题，我社负责调换）

序

环境污染和能源短缺一直是世界关注的焦点问题，转变传统高能耗、高污染的经济增长方式，大力推进节能减排，发展以低能耗、低排放为标志的低碳经济，实现可持续发展，正在成为世界各国经济发展的共同选择。低碳经济实质是高能源利用效率和清洁能源结构问题，核心是能源技术创新、制度创新和人类生存发展观念的根本性转变。我国以煤炭为主的能源生产和消费结构，对于资源节约型和环境友好型社会的发展具有一定的影响。根据相关研究报告，我国的大气污染属于煤烟型污染，SO_2、NO_x、CO_2 排放的 85%、烟尘的 70%均来自燃煤。我国 63.5%的空气环境处于中度或严重污染，南方城市中出现酸雨的比例占 61.8%，全国酸雨面积占国土面积已高达 1/3。由于能源短缺问题日益严重，发展新能源已被逐渐提上了各国的日程。新能源属可再生能源，它们共同的特点是：能源密度低，蕴藏的分散性、间隙性、随机性。因此，它们的开发和利用受到一定的限制，在技术上也有一定的难度。但新能源又属于清洁能源，它们的开发利用不会污染环境。而化石能源的生产和消费正在改变着全球的气候，环境问题将对能源的供应产生重大的影响。因此，大力开发利用新能源和可再生能源将是各国未来能源政策的重大选择。

静电纺丝技术是近年来逐渐兴起的一种制备纳米纤维的新兴技术，也是目前为止获取纳米纤维最简单有效的方法之一。很多科技工作者也开展了利用纳米纤维在环境催化和能量存储领域的研究。但是，将电纺纳米碳纤维用于室温下低浓度氮氧化物（NO_x）的吸附和催化氧化研究及用于锂离子电池负极高氮掺杂一维自支撑材料研究较少，迄今尚无专著出版。本书作者敏锐地洞察到这种新型环境功能和能量存储材料重要的学术和应用价值，历时数年深究其理，在室温下氮氧化物（NO_x）的吸附和催化氧化，以及锂离子电池负极材料的制备及改性方面做了大量卓有成效的研究，取得了一系列重要研究成果。这些工作具有较好的系统性和创新性。

该书不仅介绍了作者多年来采用静电纺丝技术制备的纳米纤维在氮氧化物（NO_x）催化方面及锂离子电池负极材料方面的研究成果，而且全面分析和系统归纳了国内外有关电纺纳米纤维在环境和储能领域的基本理论与技术方法的研究进展，并对一些相关科学技术问题进行了深入思考和展望。该书可为从事相关研究与开发的同行们提供有益借鉴。

康飞宇

清华大学深圳研究生院

2017 年 7 月

前　言

环境和能源问题是当今世界所面临的两大重要课题。如今，以石油和煤炭作为主要燃料的国家，环境污染问题日益严重，再加上化石燃料储量减少的双重危机，开发和利用清洁性可再生能源，改善能源结构，减少温室气体排放，保护人类赖以生存的环境，已经成为世界能源可持续发展战略的重要组成部分。近年来，由于工业化进程的不断加快及燃油机动车保有量的持续增加，大气中氮氧化物（NO_x）的浓度逐年递增，对环境和人类健康的危害日益严重。因此，环境污染控制迫在眉睫，研究和开发出新型有效脱除 NO_x 的材料对于解决由此引起的污染有着十分重要的意义。此外，随着锂离子电池逐渐广泛用于动力、储能等大容量、高功率电池领域，锂离子电池的能量密度、功率密度、使用寿命、安全性和成本成为最重要的因素，而高性能负极材料的研发是解决这些问题的关键之一。

本书分为两个部分，第一部分共设 6 章（约 20 万字），主要讲解电纺纳米碳纤维在环境催化领域的应用，介绍采用静电纺丝法制备超细碳纤维，通过添加氧化石墨烯（GO）及低温催化石墨化处理，获得了局域石墨化的超细碳纤维。通过对比表面积、孔结构和石墨化度的调控获得了对 NO_x 吸附和催化氧化性能优异的局域石墨化多孔超细碳纤维。第二部分共设 6 章（约 10 万字），主要讲解电纺纳米碳纤维在能量存储方面的应用，介绍选取聚酰亚胺为碳前驱体，以原位生成 SiO_2 纳米颗粒为牺牲模板，通过电纺丝、热处理和后续的化学处理等方法，制备一种适用于锂离子电池的、具有自支撑结构的聚酰亚胺基一维多孔碳负极材料。同时介绍通过利用富氮物质，三聚氰胺、氨气等，对纳米碳纤维进行氮掺杂处理，获得高氮掺杂自支撑结构锂离子电池用一维多孔碳负极材料。

本书系统地总结了电纺纳米碳纤维、碳/碳复合纳米碳纤维和氮掺杂纳米碳纤维的制备，以及在室温下对低浓度氮氧化物（NO_x）的吸附和催化的过程，系统阐述了具有自支撑结构锂离子电池用一维掺氮多孔碳负极材料在提高电化学性能方面的改性工艺，以及具有一定预置空间的高电化学性能锂离子电池自支撑一维硅碳复合负极材料的制备及改性研究。

本书中介绍的主要工作得到了国家自然科学基金青年基金项目“富氮局域石墨化多孔碳纳米纤维的可控制备及常温下 NO 催化氧化机理研究”（编号：51602162）、“柔性锂离子电池高性能自支撑高含氮量一维层次孔碳负极材料的可控制备及其储能机理研究”（编号：51502147）、内蒙古自治区高等学校科学研究重点项目“高氮掺杂碳纳米纤维的制备及对 NO 的吸附性能研究”（编号：

NJZZ17054）、内蒙古自治区高等学校科学研究项目“新型高能量密度锂离子动力电池一维硅碳复合负极材料研究”（编号：NJZY090）、内蒙古农业大学高层次人才科研启动金项目“石墨烯基纳米纤维、富氮生物质碳功能化制备及催化性能研究”（编号：NDGCC2016-20）、先进材料教育部重点实验室开放课题“柔性锂离子电池高性能负极材料的可控制备与电化学性能研究”（编号：2016AML08）、内蒙古自治区自然科学基金项目“高能量密度、长寿命锂离子动力电池一维硅碳复合负极材料研究”（编号：2015BS0510）等的资助，在此表示由衷感谢。本书第一部分主要由郭泽宇撰写，第二部分主要由楠顶撰写，两位对本书具有同等的贡献。在本书的撰写过程中，课题组的同事和同学做了大量的工作，在此一并表示诚挚的谢意。

本书的撰写力图体现系统性、理论性和前沿性，但由于该领域涉及学科较多，新成果、新应用层出不穷，限于笔者知识水平和精力，书中难免有疏漏和不妥之处，敬请同行专家及广大读者批评指正。

郭泽宇　楠　顶

2017 年 7 月

目　录

第二部分 能量存储应用

第一部分　环境催化应用

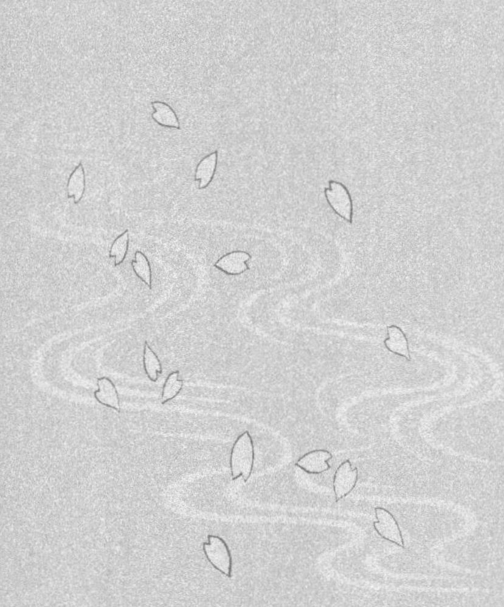

第1章 绪　论

1.1 氮氧化物（NO_x）简介

氮氧化物（NO_x）是多种含氮、氧两种元素气态化合物的统称，一般包括一氧化二氮（N_2O）、一氧化氮（NO）、二氧化氮（NO_2）、三氧化二氮（N_2O_3）、四氧化二氮（N_2O_4）和五氧化二氮（N_2O_5），这些气体大部分在常温常压下不稳定，容易转化为NO和NO_2，因此我们通常所说的空气污染物中的氮氧化物主要指的是NO和NO_2[1, 2]。氮氧化物（NO、NO_2）主要产生于工业燃烧中的废气和燃油机动车排放的尾气，在火力发电厂、燃煤锅炉区及机动车密集的市区氮氧化物的浓度往往较高，而在一些密闭的空间中（如地下停车场等）由于空气流动性较差，氮氧化物的浓度也高于开放空间的浓度。以NO和NO_2为主的氮氧化物是形成光化学烟雾和酸雨的一个重要原因，它可以破坏生态环境，此外它还可以侵入人的呼吸系统危害人体健康[3–6]。近年来，由于工业生产的迅猛发展及机动车保有量的显著增加，大量的氮氧化物被排放到大气中使空气中的氮氧化物浓度大幅提高，大气污染问题日益严重。因此，采取有效的技术措施及寻找新型有效的材料来解决氮氧化物的污染已经成为大气治理及环境保护中的一个非常重要的课题。

氮氧化物（NO、NO_2）是大气污染物中较难脱除的气态污染物，同时也是治理环境污染的一大难题。目前，氮氧化物的脱除主要有三种方法，分别是物理吸附法[7–16]、选择性催化还原（SCR）法[1, 4, 17–30]和催化氧化法[5, 31–35]。物理吸附法一般是采用多孔材料，特别是微孔发达的多孔材料对NO和NO_2有害气体进行吸附，不过物理吸附存在一个吸附饱和问题，即随着吸附时间的增加会发生吸附饱和现象从而使吸附剂失效。选择性催化还原法被认为是去除浓度较高的氮氧化物的一种有效的方法，特别是针对固定污染源氮氧化物的排放，如发电厂等[36, 37]。此外，该方法往往引入额外的还原剂[38–42]，如氢气（H_2）、一氧化碳（CO）、甲烷（CH_4）和氨气（NH_3）等，这些还原性气体在中高温度（远高于室温）下与NO_x反应生成无害的氮气（N_2）。因此，此方法存在两个弊端，一是额外引入还原性有害气体造成二次污染，二是需要较高的反应温度[43–45]（300～500℃）。催化氧化法一般是将NO气体在催化剂的作用下氧化为易于处理的NO_2气体，由于NO_2极易溶于水，因此脱除NO_2较为简单。此外催化氧化法的反应温度都不高，一般是室温到300℃以下，因此催化氧化法被认为是一种较为温和的脱除氮氧化物的有效方法[46–52]。随着社会的高速发展及人民生活水平的显著提高，人们对环境及生活质量有了新的更高的要求，而与我们息息相关的空气质量是被关注的重中之重，因此如何有效改善大气质量显得尤为迫切。科技工作者已经采取了诸如从源头上控制污染源的措施及对大气污染物进行后续多次处理的方法进行脱除，但是空气中的氮氧化物仍然居高不下，特别是在北京、上海和广州等这样的超大型城市大气污染尤为严重。综上所述，这不得不迫使我们去寻找或者开发一种高效脱除 NO_x 的材料及先进的工艺来对大气中的氮氧化物进行有效脱除。

在对 NO_x 的脱除过程中，催化剂材料的选择对 NO_x 的吸附、催化氧化和催化还原具有决定性的影响。特别地，对 NO 的催化氧化和催化还原的过程中一般是先对 NO 进行吸附，然后在吸附的基础上再进行催化氧化和催化还原。目前碳材料及其衍生材料在环境治理尤其是大气污染物的控制方面起到了显著效果。例如，活性焦炭[53]、活性炭[54–60]、活性碳纤维[61–67]、活性碳纳米纤维[68–73]和碳纳米管[74–77]等由于其优良的物理和化学特性、强吸附性和优异的力学性能已经在能量储存、环境净化及生命科学领域得到了广泛应用。在这些材料中，碳纳米纤维（CNF）是近年来兴起的一种新型纳米材料，除具有碳纤维的优异性能之外还具有较低的密度、较高的比模量、高的比强度、突出的导电性、巨大的比表面积、发达的微孔结构、较少的缺陷数量等。由于 CNF 的表面分布着许多浅层孔和微孔使它相比于碳纤维具有更强的吸附能力。此外，CNF 的表面物理性能非常稳定，能够在高温、具有强氧化和腐蚀性的强酸和强碱中稳定存在，这样使其可以在复杂的气相和液相中吸附有害物质，而且还可以实现脱附过程中的循环利用，所以这些特殊的物理化学特性使 CNF 是一种极有潜力的新型环保材料。

本课题组的研究目的是以含碳高分子有机材料为基础，设计和制备出能够在室温（30℃）常压下对低浓度的 NO_x 进行脱除的新型材料，以解决大气污染中氮氧化物治理的难题。NO_x 的脱除主要是对 NO 的脱除研究，目前采取的主要方法有物理吸附、催化氧化和催化还原。物理吸附会达到吸附饱和，从而使吸附材料失效；催化还原的方法（即催化还原 NO 为 N_2）也面临着两个问题：第一，一般催化还原反应的温度比较高（远高于室温），对设备和环境提出了较高的要求且耗能较高；第二，反应需要催化剂（还原剂），这些还原剂一方面价格昂贵，另一方面在常温下几乎没有催化活性。常温常压下，NO 是无色无味不溶于水的有毒气体，而 NO_2 为红棕色有气味且极易溶于水的气体，NO 带有自由基使它的化学性质非常活泼[78, 79]。此外，在室温且有氧气（O_2）存在的情况下，高浓度的 NO_x 中大部分是 NO_2；而在低浓度的 NO_x 中大部分是 NO[80, 81]。鉴于本课题研究是室温下低浓度 NO 的脱除，我们将采取的方法是利用制备的新型碳纳米材料将低浓度的且不溶于水的 NO 在室温下氧化为极易溶于水的 NO_2，然后将 NO_2 以硝酸及其硝酸盐的形式回收。由于低浓度下 NO 的反应活性极低，因此在室温下将 NO 催化氧化或者催化还原将变得十分困难。本研究的开展一方面可以直接解决大气污染物中氮氧化物对环境的破坏问题；另一方面可以制备出具有能在室温下对低浓度 NO 催化氧化的新型材料，以及对其催化氧化的理论研究，具有十分重要的现实意义。

1.2 多孔碳材料对氮氧化物的吸附和催化

碳材料，尤其是经活化处理后多孔碳材料，由于具有丰富的浅层孔和发达的微孔，在吸附方面得到了广泛而深入的应用，其中包括活性炭、活性碳纤维、碳气凝胶、碳纳米管及活性碳纳米纤维。再者，碳材料本身就是一种非常廉价的还原剂，碳基的催化剂既可以作为催化剂的载体又可以作为反应剂，这在一定程度上避免使用额外的气态或固态还原剂[82]。因此，活性碳材料由于其具有潜在的优良性能已经被广泛应用于催化剂的载体方面。多孔碳材料脱除 NO_x 归结起来具有以下几个方面的优势：①价格便宜；②由于其特殊的表面特性可以将其修饰为具有疏水的特性；③可以在强酸、强碱和最基本的条件下使用；④可以重复循环利用；⑤可以调节孔径范围以便用于不同的催化领域。对于 NO_x 的脱除，多孔碳材料既可以用于高浓度的 NO_x 脱除也可以用于低浓度的 NO_x 脱除，不受浓度的限制。

1.2.1 活性炭对氮氧化物的吸附和催化

活性炭是一种无定形非晶材料，在多孔材料中以其较高的性价比、高的孔隙率、巨大的比表面积和优异的表面性能最早被广泛应用于环境污染领域，例如，工业上脱除电厂排放的高浓度氮氧化物、吸附水中的重金属离子方面等。多孔碳的制备总体来说是从富含有机碳的物质中通过高温热解、气化或者化学氧化而得到，在碳化的过程中可以通过改变工艺条件来有目的地增加孔的体积和直径[83]。多孔碳上的吸附是被研究最多的一种吸附方式，除了其具有可再生的能力，它还可以去除废水中的绝大部分杂质，如二氧化硫（SO_2）、NO_x、颗粒物、汞、二噁英、呋喃、挥发性有机物（VOC）和重金属等[84]。此外，活性炭作为催化剂和催化剂的载体已经得到了应用[85, 86]，先前的研究表明，活性炭作为催化剂的载体时其吸附量有显著的增加[87]。在氧气存在的条件下会对活性炭吸附 NO 产生一定的影响。Claudino 等[88]研究表明，NO 在活性炭表面的吸附可以认为是 NO 与活性炭表面的氧气相互反应的结果，其结果会形成部分的 NO_2，且在温度达到 100℃时，NO_2 可以从活性炭表面脱附。Zhang 等[16]研究表明，NO 转化为 NO_2 的转化率随 NO 浓度的增加而上升，在 NO 的浓度达到 500 ppm 时其转化率达到一个稳定的值，如图 1-1（a）所示。其研究结果还表明，NO 的转化率强烈依赖于 O_2 的浓度，正比于氧气分子浓度的平方根，如图 1-1（b）所示。Li 等[89]研究发现，NO 分子在没有氧气存在的条件下是几乎不会吸附于活性炭的表面，因为在通常环境条件下

NO 是超临界气体，只有极少量的 NO 会吸附于多孔的吸附剂上[90]；相反，NO_2 相对于 NO 而言会更容易吸附于活性炭的表面。

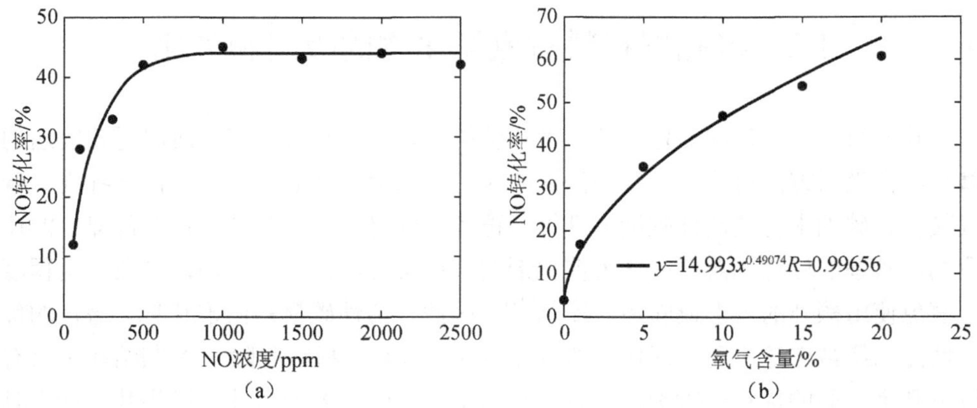

图 1-1　NO 的转化率与 NO 浓度（a）和氧气浓度（b）的关系[16]

当 NO 在活性炭表面吸附完成后，N 元素会以不同的形式存在于活性炭的表面。Lopez 等[83]用 XPS 测试结果表明，在活性炭表面存在 5 种类型的 N 及 N—O 的复合体，分别是：①以硝基（—NO_2）形式存在的复合物；②以吡啶类形式存在的 N（N-6）；③以吡咯、吡咯酮形式存在的 N（N-5）；④吡啶的 N 和 O 的复合物形式（N-X）；⑤四元结构的 N（N-Q），这些氮以吡啶和吡咯形式最多，如图 1-2 所示。目前普遍比较认可的活性炭结构是由包括芳香族片层和条状结构，且由其两者弯曲组装而成似木材刨花状和皱褶的纸状复合结构，由分子尺寸构成的这种可变的带隙构成了微孔[86]，其结构和空隙分布如图 1-3 所示。Klose 等[10]研究了在水蒸气和氧气存在的情况下 NO 在活性炭上的吸附和反应，NO 还原的过程是发生于 NO 总量的减少和 NO 吸附的平衡态，而这两种状态分别可以由其穿透曲线和脱附测试结果得到，如图 1-4 所示。研究结果表明，在 H_2O-O_2-NO-C 的体系中，吸附、还原、催化氧化和 NO_2 的吸附是同时发生的。四种不同的 NO 种类存在于活性炭中，分别是：①微量吸附的 NO 和三种强吸附的 NO 种类；②NO_2，在低温下可以解吸；③强吸附的 NO，在中温下可以解吸；④NO 的二聚体$(NO)_2$，在高温下可以解吸。此外，Teng 和 Suuberg 在研究结果中提出了 NO 在活性炭表面反应的机理，他们认为还原反应的发生是通过在表面含氧官能团上形成的 NO 二聚体来进行的，其反应过程基于下面的方程：

$$2NO \rightleftharpoons (NO)_2 \quad (1\text{-}1)$$

$$2C_f + (NO)_2 \longrightarrow 2C(O) + N_2 \quad (1\text{-}2)$$

$$C_f + (NO)_2 \longrightarrow CO_2 + N_2 \quad (1\text{-}3)$$

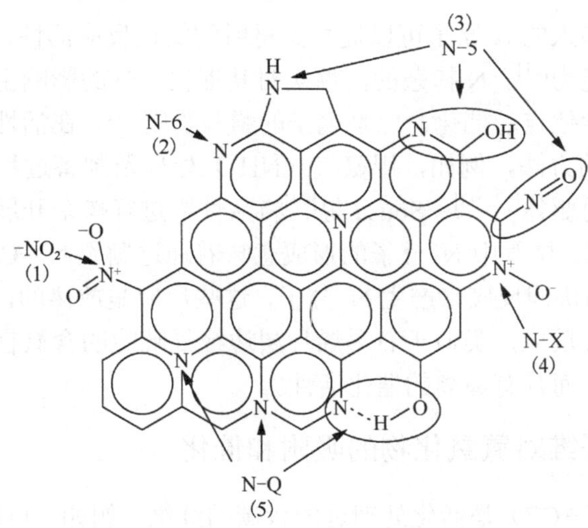

图 1-2 活性炭表面 N 的通常存在形式示意图[83]

图 1-3 多孔碳结构示意图[86]

（a）活性炭结构示意图；（b）颗粒活性炭表面孔的结构分布示意图

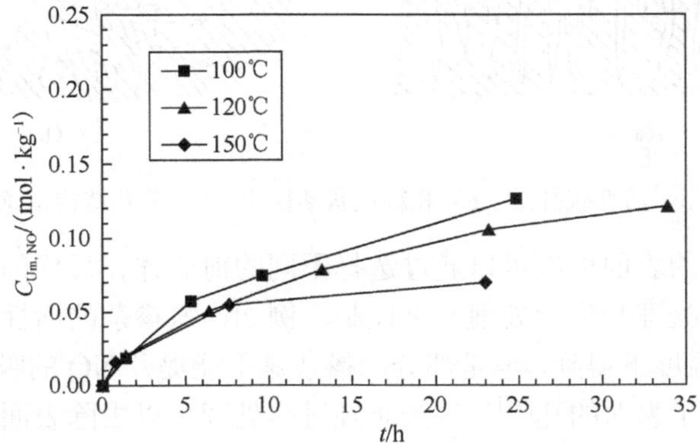

图 1-4 不同温度下（100℃、120℃和 150℃）NO 的还原随时间的变化[10]

碳基材料中掺入的N原子可以提高碳材料的氧化反应活性，还能够增加其对酸性气体的吸附能力[91]。N掺杂的活性炭对其催化活性的影响主要归功于两个方面：一是表面活性位点的催化，二是电子的赠与机制[91]。在活性炭结构中引入氮元素有多种不同的方法，例如，用氨气（NH_3）处理及制备过程中采用含氮量较高的聚合物作为前驱体[92, 93]。Sousa等[94]将活性炭进行掺杂开展对NO的催化氧化研究，结果表明，尾气中N_2分子的形成意味着通过撕裂N—O键从而形成N—N键和C—O键的协同反应来产生N_2分子，这些反应是放热的，说明它们适合在更低的温度下进行反应，类似于石墨烯片层边缘处吡啶的含氮官能团的碳原子具有最低的带隙，从而具有最高的催化活性。

1.2.2 活性碳纤维对氮氧化物的吸附和催化

活性碳纤维（ACF）是活化处理过的含碳的纤维，例如，可以将PAN基碳纤维、沥青基碳纤维、酚醛基碳纤维等在一定的温度和气氛下活化，使纤维的表面产生不同尺寸的微孔、中孔和大孔以提高其比表面积从而改变其物理化学性能。它是继粉末状活性炭和颗粒状活性炭之后的又一代全新的吸附材料，与活性炭相比，活性碳纤维结构简单，具有更加发达的微孔结构，孔径分布均匀、比表面积更大、良好的再循环特性等，对于小分子的吸附具有吸附速率快且更容易解吸等特点，其孔结构如图1-5所示。基于活性碳纤维的这些优异特性，活性碳纤维已经被广泛地应用在环保领域，特别在大气污染治理中脱除NO_x和SO_x的方面起到了积极有效的作用。

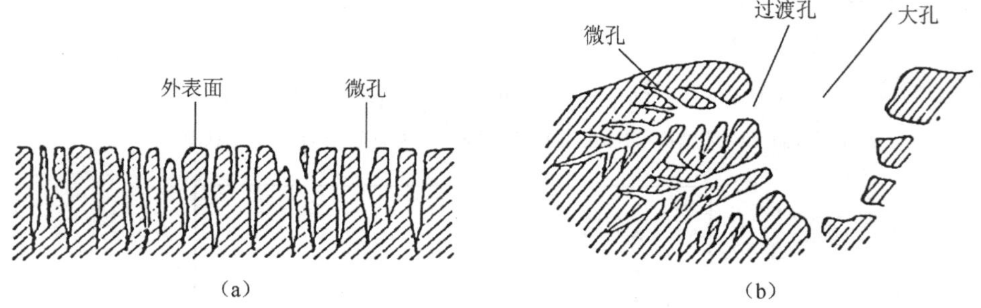

图1-5 活性碳纤维（a）和颗粒状活性炭（b）的孔结构示意图[3]

活性碳纤维的表面性能可以通过选择不同的前驱体、活化的条件和后续的改性处理（如加热处理和化学处理）来控制。例如，氮掺杂的活性碳纤维可以由吡啶在1023 K的温度下得到，但是部分的掺杂氮不能提升NO的吸附性能，这是由于沉积的碳阻塞了表面的孔[91]。进一步经过热处理可以去除表面的碳以增加氮原子的位点，这样有利于NO的吸附。因此，氮掺杂的ACF对于NO的吸附是一个非常好的应用。此外，ACF已经被用于在室温下对NO的催化氧化研究[95]。Guo

等[91]分别利用聚丙烯腈基活性碳纤维（PAN-ACF）、沥青基活性碳纤维（pitch-ACF）和椰壳活性炭来研究室温下对NO的催化氧化性能，用以开发一种从烟气中脱除NO的有效方法。研究结果表明，室温下对NO的催化氧化活性高低的顺序为：PAN-ACF＜pitch-ACF＜椰壳活性炭。Mochida等[96]采用沥青基的活性碳纤维在室温下对NO进行催化氧化研究，实验表明当热处理温度在850℃时会显著提高其活性，但是在潮湿的空气中会大幅度地降低其催化活性。纤维固有的活性在热处理后同样会增强，这种增强是基于去除了纤维表面的含氧官能团，在超过600℃时比表面积和孔容逐渐下降。此外，结果还表明，比表面积、孔容和一定程度的含氧官能团是决定其催化活性的关键因素，通过去除含氧官能团而引入的空位将成为催化活性位点。

氧气（O_2）对于NO在ACF上的吸附和稳定的催化氧化过程有着很重要的影响，Mochida等[97]在研究NO在ACF上催化氧化的动力学机制时发现，NO在ACF表面的吸附和稳定的氧化都随着O_2的增加而明显增加，在低浓度的O_2下增加显著，在高浓度O_2下仍能保持逐渐增加的趋势，对于NO的催化氧化没有观察到随O_2浓度增加而达到饱和的特征，如图1-6所示。

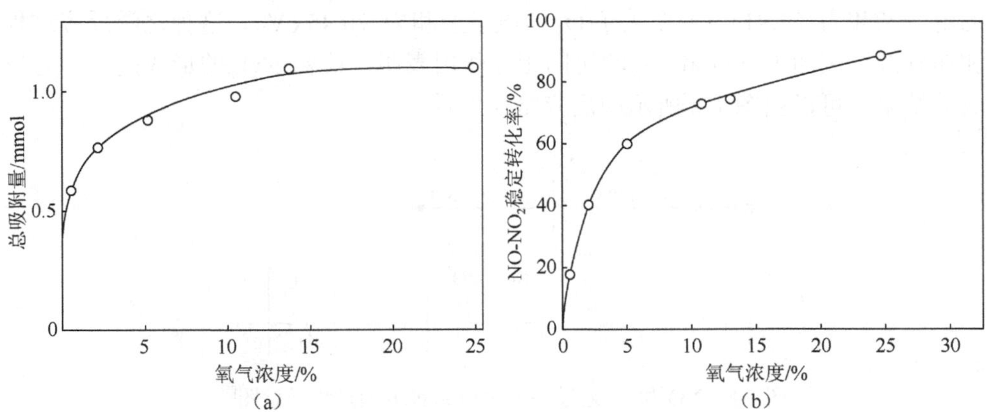

图1-6　氧气浓度对NO在ACF上吸附（a）和催化氧化（b）的影响[97]

发生在ACF表面上NO的吸附（ad）、氧化（g）和脱附可以由图1-7所示的途径表示：（其中NO-O-NO_2假定为吸附的物种）

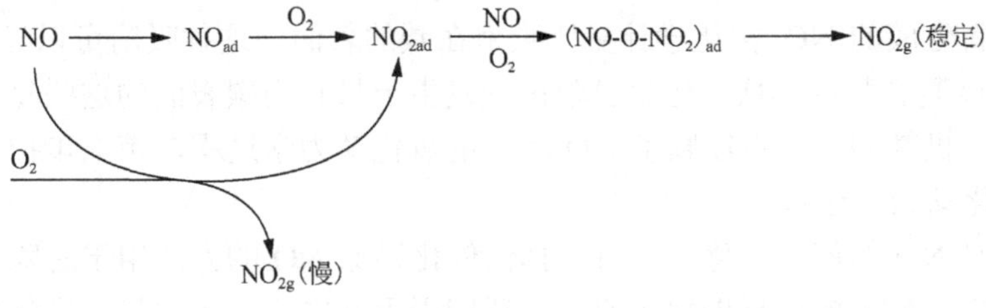

图1-7　NO在ACF上吸附、催化氧化和脱附的过程[97]

温度为 90～150℃时，NO 转变为 NO_2 及后续 NO_2 通过与碳相互作用的分解可以基于如下的反应。

$$2NO+O_2 \rightleftharpoons 2NO_2 \tag{1-4}$$

$$2NO_2+2C \rightleftharpoons N_2+2NO_2 \tag{1-5}$$

碳表面的氧化物可以被看做是能与 NO 相互反应的催化活性位点[98]。实验中，在 NO_2 的脱附过程中没有明显的 CO_2 被检测到，此外，碳表面的气相氧没有饱和的情况下，表面形成的任何氧化物对 NO 的吸附不可能形成活性位点。因此，尽管反应（1-4）定义了一个在 ACF 上的正确化学计量比的反应，但是关于反应（1-5）的机制和重要性仍需进一步明确。部分研究者[99]提出了 NO 二聚体表面复合物中间态的形成机制。在前述条件下，假定吸附的 NO_2 是被吸附的 NO 二聚体与气态的氧相互作用而生成，这种反应需要 O—O 键的激活且伴随着氧表面的相互反应其动力学将会被提升。还有学者[100]认为中间态为其他的过渡态复合物，除了 NO 或 $NO+O_2$ 暴露于活性炭的表面形成的 C-NO_2 和 C-NO，这些都是主要的吸附种类。根据 Brandin 等理论[101]，NO 可以键合其他的原子以 NO^+、NO^- 和共轭的 NO 分子形式存在，其转化行为类似于 H 原子形成 H^+、H^- 或者共价键的 H。此外，NO_2 的电子亲和力（3.91 eV）要大于 O_2 的电子亲和力（0.45 eV）。这种化学反应过程和在碳纤维表面上 NO 和 O_2 的协同相互作用表明，最初 NO_2 的形成是离子对形成的结果，可以由图 1-8 所示的反应路径表示。

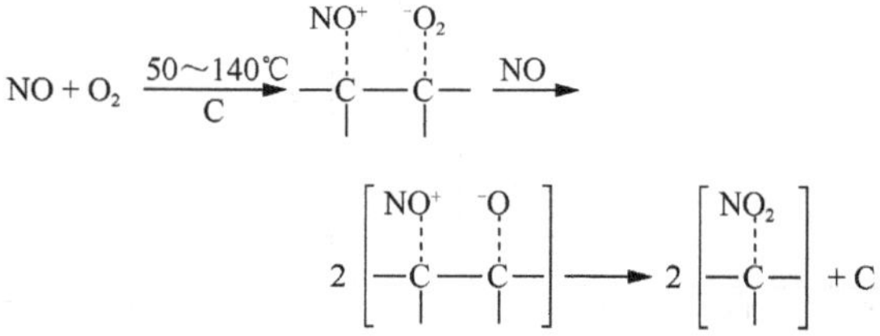

$$NO+O_2 \xrightarrow[C]{50\sim140℃} -\overset{NO^+}{\overset{\vdots}{C}}-\overset{^-O_2}{\overset{\vdots}{C}}- \xrightarrow{NO}$$

$$2\left[-\overset{NO^+}{\overset{\vdots}{C}}-\overset{^-O}{\overset{\vdots}{C}}-\right] \longrightarrow 2\left[-\overset{NO_2}{\overset{\vdots}{C}}-\right]+C$$

图 1-8　NO 和 O_2 通过离子对形成 NO_2 的过程示意图[101]

Zhang 等[102]认为，NO 在微孔碳材料表面的催化氧化机制是由两步来完成的。第一步是 NO 在多孔活性碳纤维的微孔内被迅速氧化为 NO_2 且能保持一个恒定不变的转化效率，这一步的发生是优先于中间吸附态（如 C-NO_2、C-NO_3 或 C-NO-NO_3）的形成，这对于 NO 氧化为 NO_2 需要分解中间态的结论提出了挑战。第二步是新生成的 NO_2 按化学计量比吸附在碳的表面，这种吸附可以导致 NO、C-N 或 C-O 复合物的形成。化学脱附过程发生于只有当碳表面的这些复合物达到饱和状态。机制的第一步控制了 NO 稳定的氧化动力学过程，第二步控制了瞬态的 NO 氧化动力学过程。

除了对 NO 的催化氧化，还有选择性催化还原 NO 的方法用于脱除大气及烟气中的 NO_x。NO_x 的选择催化还原，广泛应用于发电厂排放尾气的净化处理。此反应涉及一个氢（H）的供体（NH_3 或者烃类）将 NO_x 还原生成 N_2 和 H_2O 的过程，因此在对 NO 的催化氧化过程中往往会引入一些还原剂，常用的还原剂有 NH_3、CO、和 H_2 等气体。Muniz 等[103]分别用煤基、石油基、聚丙烯腈基和酚醛树脂基制备了活性碳纤维用于脱除 NO_x 的催化还原研究。研究发现，NO 最小的转化率发生在温度为 150～200℃，同时得到了分别在低温和高温下两种不同的 NO 还原反应机制。在低温下，碳纤维的吸附特性有可能是控制着 NO 的还原，而在高温下碳纤维才起到了真正催化剂的效果。此外，活性碳纤维经过化学处理，例如，在硝酸（HNO_3）中浸泡氧化后可以大幅度提高纤维对 NO 的催化还原活性，这是由于在纤维的表面引入了含氮的官能团，这些官能团在低温下（<200℃）可以作为吸附位点或反应剂，在高温下（200～400℃）转变为真正的催化活性中心。在这些测试的碳纤维中，PAN 基的碳纤维在整个温度区域下都表现出对 NO 的最高还原活性。实验还研究了 NH_3 浓度对 NO 转化率的影响，当 NH_3 与 NO 浓度比例大于 1（$NH_3/NO>1$）时，NO 的转化率不会随着 NH_3 浓度的增加而改变，但是会随着 NO 浓度的增加而提高，如图 1-9 所示。

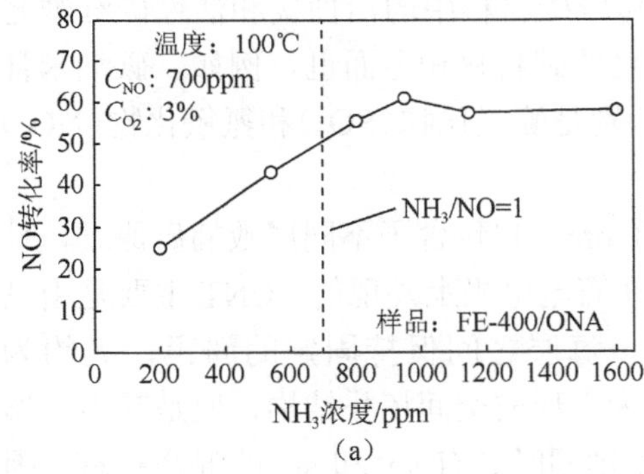

（a）

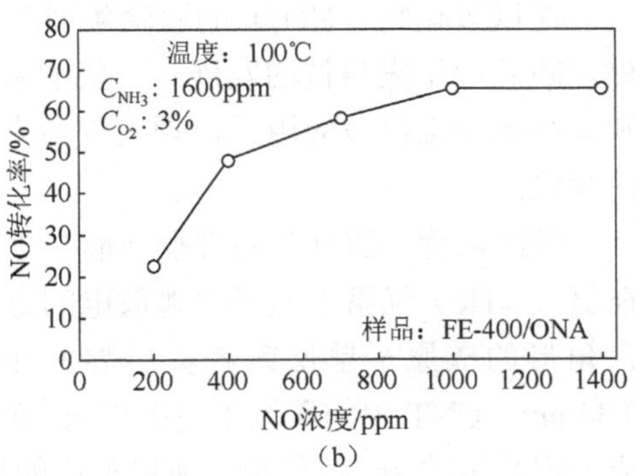

（b）

图 1-9 NH_3 浓度（a）和 NO 浓度（b）分别对 NO 的还原转化率的影响[103]

除了碳纤维本身对 NO 的催化还原外，许多研究者还将部分金属，特别是过度金属、贵金属及其金属氧化物负载到 ACF 上以提高其对 NO 的催化还原能力[104, 105]。Marbán 等[106]将多种金属氧化物负载于 ACF 上对 NO 进行催化还原测试，结果表明，在催化剂等量的情况下，催化活性由强到弱的顺序是：Fe>Mn>V>Cr>Ni。Yoshikawa 等[107]将过渡金属氧化物 Fe_2O_3、Co_2O_3 和 Mn_2O_3 负载到沥青基的 ACF 上，分别在相同的温度下（323～423 K）对 NO 进行催化还原测试，结果表明，Mn_2O_3 具有最高的催化活性，Mn_2O_3/ACF 催化剂的活性随着温度的升高而逐渐加强，在温度为 423 K 且在 NH_3 存在条件下 NO 的转化率达到了 92%。在氧气存在的情况下，NO 的二聚体形成 NO_2，形成的 NO_2 在 Mn_2O_3 存在下更容易与 NH_3 进行反应。在低温下选择性催化还原的机制可能的反应如下：

$$2NO+O_2 \rightleftharpoons 2NO_2 \tag{1-6}$$

$$2NO+2NO_2+4NH_3 \longrightarrow 4N_2+6H_2O \quad (1\text{-}7)$$

在室温且有 NH_3 存在的情况下，低浓度的 NO 在沥青基和聚丙烯腈基的 ACF 上还原也得到研究[108]。含氧官能团被证实不是全部都具有催化活性，尤其在室温有湿度的情况下。在反应表面上的 C—O 基团很可能就是活性位点。再者，表面的 C—O 基团是通过 NO 与 C 反应产生的中间态物质，它们可以释放出 CO 或者 CO_2 使碳的活性位点得以再生。通常条件下，吸附的 NO 在 NH_3 下还原不能在 ACF 的表面产生 C—O 基团。在室温下 NH_3 可以稳定存在于 ACF 的表面或者溶于吸附的水蒸气。在反应过程中，NO-NH_3 在 ACF 上的反应随时间变化可以改变转化率，首先，高的 NO 转化率发生在起始阶段，然后转化率在过渡阶段逐渐降低最后在后期达到了稳定的转化率。总之，在真实环境条件下，NO 并不是单一地存在于大气及烟气中，因此，我们在研究的过程中需要考虑很多的影响因素，这项工作需要进一步发展和完善。

1.2.3 碳纳米管和活性碳纳米纤维对氮氧化物的吸附及催化

在氮氧化物（NO_x）的脱除领域除了传统碳材料中的活性炭和活性碳纤维之外，随着近年来科技的发展，一些纳米尺度的碳材料相继面世，例如，碳纳米管和碳纳米纤维已被应用于治理大气污染，特别是硫氧化物（SO_x）和氮氧化物（NO_x）的脱除。

碳纳米管（CNT）的直径一般在 1～50 nm，它包含了不同层数的碳原子，是在氦气（He）气氛下通过电弧放电的方法在石墨电极上发现的。CNT 主要是由呈六角形的碳原子单层或者多层卷曲而成，每层之间保持固定的间距，大约为 0.34 nm。CNT 中的碳原子主要以 sp^2 杂化为主形成空间拓扑结构，但是其中可形成一定数量的 sp^3 杂化键，所以形成的化学键同时具有 sp^2 和 sp^3 的混合状态。因其具有优异的力学、电学和光学性能被广泛应用于纳米科技领域[109, 110]。Yim 等[109]通过密度泛函理论（DFT）在碳纳米管上研究了 NO_2 的化学行为，以及建立模型对 NO_2 和 N_2O_4 之间的相互作用也进行了系统的分析。通过 DFT 研究发现，对于 NO_2 的反应活性，CNT 与烯烃比较类似而不同于石墨烯，且 NO_2 基团能够很容易吸附到 CNT 的外表面，在这个过程中会有轻微的吸热并且可逆。Dai 等[111]研究了成对的 NO_x（x=1，2，3）分子在单壁碳纳米管（SWCNT）的吸附，实验发现单个的 NO、NO_2 和 NO_3 分子可以物理吸附于 SWCNT，但是这些分子可以在 SWCNT 闭口端的碳原子上以成对的方式被化学吸附。NO 或者 NO_3 成对分子的吸附能远大于 NO_2 分子的吸附能。研究表明，在 SWCNT 表面上 NO+NO、NO_3+NO_3 和 NO+NO_3 组合形态的键合能要远大于两个 NO_2 分子的键合能。此外，碳纳米管的曲率在对 NO_x 分子和 SWCNT 表面相互作用时具有尺寸效应，随着 SWCNT 尺寸变小其吸附能增加而化学吸附在石墨烯上完全消失，其转变路径如图 1-10 所示。

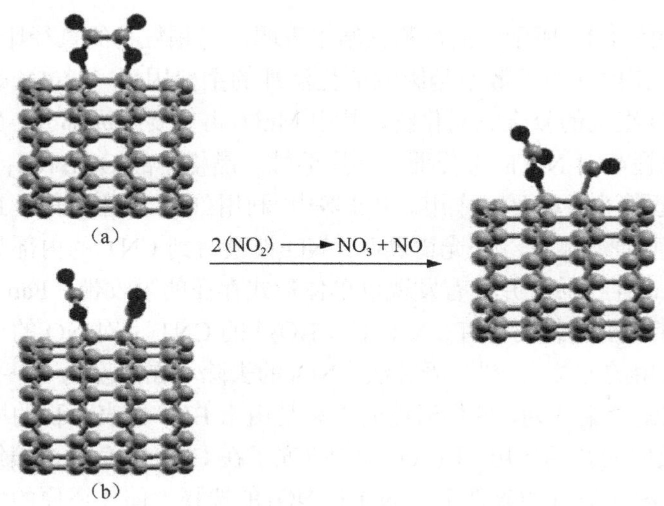

图1-10 由NO_2分子对形成$NO+NO_3$的两种(a)和(b)可能的路径[111]

此外，许多研究者还将多种金属或者金属氧化物负载到CNT的表面对NO进行选择性催化还原测试。Chen等[112]将二氧化铈(CeO_2)负载到经过硝酸(HNO_3)处理过的碳纳米管上，在氨气(NH_3)气氛下对NO的选择性催化还原进行了研究。当Ce/C的摩尔比为0.003且反应温度在250～400℃时NO有最大的转化率，其反应示意图如图1-11所示。

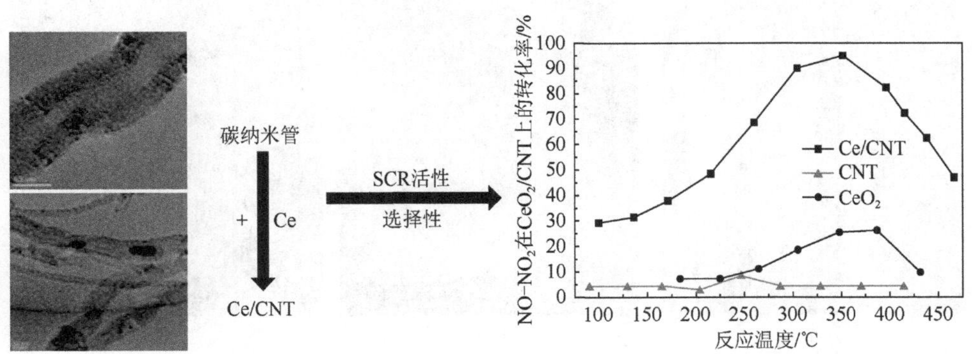

图1-11 碳纳米管负载CeO_2选择性催化还原NO示意图[112]

Zhang等[113]利用原位负载MnO_x和CeO_x到CNT的表面在NH_3存在的气氛下研究在低温下对NO的选择性催化还原。两种金属氧化物负载到CNT上表现出更好的催化活性，这归于在CNT表面上两种氧化物有着更好的分散性，这一项工作同样也到了其他研究者的验证[114]。Wang等[115]和Su等[116]分别都研究了将锰的氧化物(MnO_x)负载到CNT上研究NO的催化还原性能。研究发现，当MnO_x负载到CNT内部时比负载到其外表面具有更高的催化活性，其在CNT外部和内部的分散纤维如图 1-12 所示。活性测试结果表明，当颗粒物的直径比 CNT 的直径更小时，分子在内部的扩散不是影响催化活性的主要因素。MnO_x 是由 MnO_2、Mn_3O_4 和 MnO 组成的复合态氧化物，其中 MnO_2 占主要组成部分。Mn 和 O 的高表面浓度可以提高对 NO 的选择催化还原活性，晶格中的 O 在 NH_3 协助下对 NO 的催化还原起到了很重要的作用。Byl 等[117]利用红外光谱研究了 NO 低温下在 SWCNT 上的物理吸附，红外光谱表明，NO 被吸附到 CNT 的内部是以唯一的二聚体$(NO)_2$ 形式存在的，并没有发现以单体形式存在的吸收带。Fan 等[118]研究了 Mn-Ce-O-X 催化剂负载到含有二氧化钛（TiO_2）的 CNT 上对 NO 的选择性催化还原性能，所采用的方法为溶胶-凝胶法。NO_x 的去除率在温度为 75～225℃之间超过了 90%。实验结果认为，催化活性的提高是由于 BET 比表面积的增加和吸附的 NO_x 与 NH_3 反应的共同作用。Beyer 等[74]研究了在 CNT 上负载金属铑（Rh）颗粒分别在有氧气和无氧气的条件下对 NO 和 NO_2 的选择性催化还原的性能。实验研究表明，碳基材料的化学计量比的氧化是实现稳定态 NO_x 还原为 N_2 的关键因素，这些参与氧化反应的氧是铑催化剂将 NO 分子断裂而产生的。反应路径可以由完整的 N 和 O 的平衡来确定。在没有氧气存在的情况下，Rh/CNT 催化剂对 NO 和 NO_2 的催化还原呈现出非常高的催化活性，这归功于 Rh 作为还原剂在碳材料上的高催化活性。预氧化处理过的 CNT 载体也能够提高其催化活性，通过化学计量比氧化过碳材料催化剂的寿命是有限的。

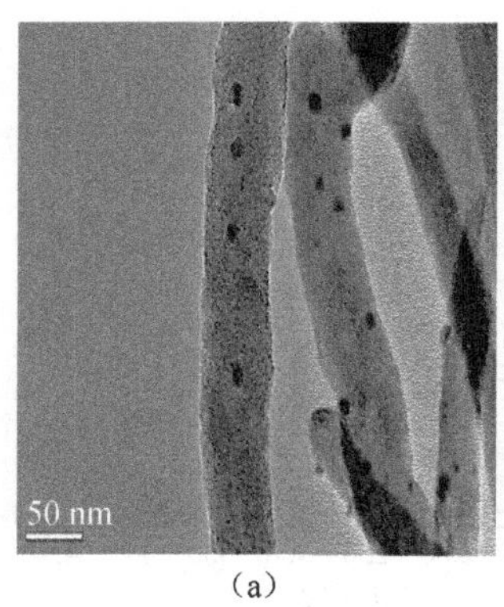

（a）

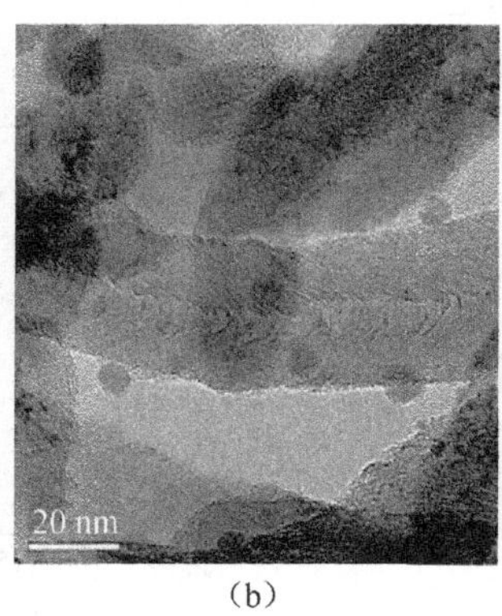

（b）

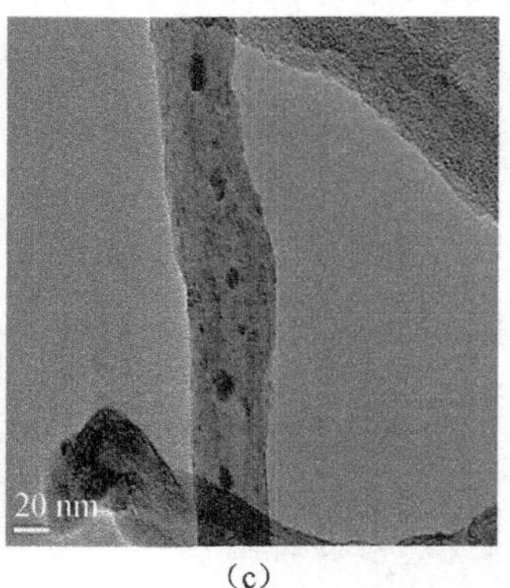

（c）

图 1-12　锰（Mn）催化剂（a）分别负载到 CNT 的外部（b）和内部（c）的 TEM 图[116]

碳纳米纤维（CNF）指的是直径在纳米尺度且具有较大长径比的纤维，一般来说纤维直径在 1000 nm 以下的都可以称为纳米纤维[119]。CNF 除了具有 ACF 的低密度、高比强度、热稳定性、高比模量和高导电性特性外，它本身还具有巨大的比表面积、较大的长径比、较少的缺陷数量等特性。经过活化处理过的 CNF 还具有发达的微孔和中孔结构[120]，而且孔径可调。此外，CNF 还具有优异的结构力学性能[121–124]、强吸附性能[125–130]、低的电阻率、高热导率等[131–133]。碳纳米纤维既可以作为催化剂又可以作为催化剂的载体，作为催化剂是由其自身的物理性质决定的，而作为催化剂的载体又和它本身这种结构的特殊性密不可分。作为催化剂的载体 CNF 具有其他材料所不具备的优势，如惰性的表面、可以在强酸和强碱下稳定工作、巨大的比表面积、可以均匀地分散金属纳米颗粒。此外，CNF 的表面可以经修饰达到不同的应用目的，例如，CNF 在碳化过程中可以引入水蒸气（H_2O）、二氧化碳（CO_2）和氨气（NH_3）等气体，这些气体的引入可以在 CNF 表面产生大量的孔，通过调节工艺条件可以制备具有不同孔径分布的 CNF。同时，在 CNF 的表面含有大量的含氧官能团，主要为羧基、内酯基、羰基和酚醛树脂基等[129]，但是在碳化过程中引入碱性气体如 NH_3 可以调节 CNF 的含氧官能团数量和分布，并且可以引入大量的含氮官能团，前期的研究表明[134]，含氮官能团对 NO 的吸附和催化氧化都具有积极的促进作用。

CNF 用于氮氧化物的催化氧化和催化还原的研究目前还十分少，但是许多研究者已经将其用于其他环境污染物的脱除工作中，如脱除水中的有机溶剂[129]、VOC 气体中甲苯的吸附[135]和有毒有害的化工原料的吸附[125]。Wang 等[136]利用化学气相沉积法在涂有三氧化二铝（Al_2O_3）蜂窝状堇青石表面生长 CNF，通过负载五氧化二钒（V_2O_5）催化剂制备了碳基复合材料的脱硝催化剂。其通过实验分析结果表明，当 CNF 在堇青石表面厚度为 0.74 nm 时，温度为 150～250℃下制备的复合纳米材料具有较高的 NO 脱除活性，当 V_2O_5 的负载量为 1%，在 250℃下 NO 的选择催化还原效率可达 95%。Wang 等[69]利用 PAN 为前驱体配制了高分子聚合物溶液，采用静电纺丝技术通过预氧化、碳化和活化的后续处理制备得到了多孔碳纤维用于室温下低浓度 NO 的催化氧化研究。实验结果表明，当 NO 的浓度为 20 ppm 时，室温下多孔 CNF 对 NO 的催化氧化效率可达 60%，但是当 NO 的浓度为 2 ppm 时，CNF 对其没有任何催化作用。这种转变过程是由于 NO 首先被吸附到微孔内然后被氧化为 NO_2，还有部分的 NO 被还原为 N_2。此外，CNF 本身含有大量的含氮物质也对 NO 的氧化有促进作用。

此外，Wang 等[68]还研究了石墨化的纳米纤维对 NO 的催化氧化作用。经活化处理过的 CNF 分别在 1900℃和 2400℃经石墨化处理后得到的石墨化纳米碳纤维在室温下对 NO 的催化氧化进行了测试，结果表明，得到的石墨化多孔碳纳米纤维在室温下能够显著提高 NO 的催化氧化效率，其转化率分别为 CNF：11%、CNF（1900℃）：38%和 CNF（2400℃）：45%，其三种纳米纤维的微观形貌及对 NO 的催化转化率如图 1-13 所示。

Bhaduri 等[137]将非对称分布的二氧化铈（CeO_2）和铜（Cu）纳米颗粒负载到氮（N）掺杂的活性碳纳米纤维上用于 NO 的催化还原研究。他们采用催化化学气相沉积的方法制备了一种新型多尺度的碳纳米纤维布，其合成过程见图 1-14。CeO_2 和 Cu 纳米颗粒通过原位引入 CNF 中，在制备过程中温度可调且制备的材料呈复合金属的非对称分布，Cu 的纳米颗粒可以负载到 CNF 的顶端而 CeO_2 可以附着到表面。NO 的完全催化还原可以在温度为 500℃时发生且 NO 的浓度设定为

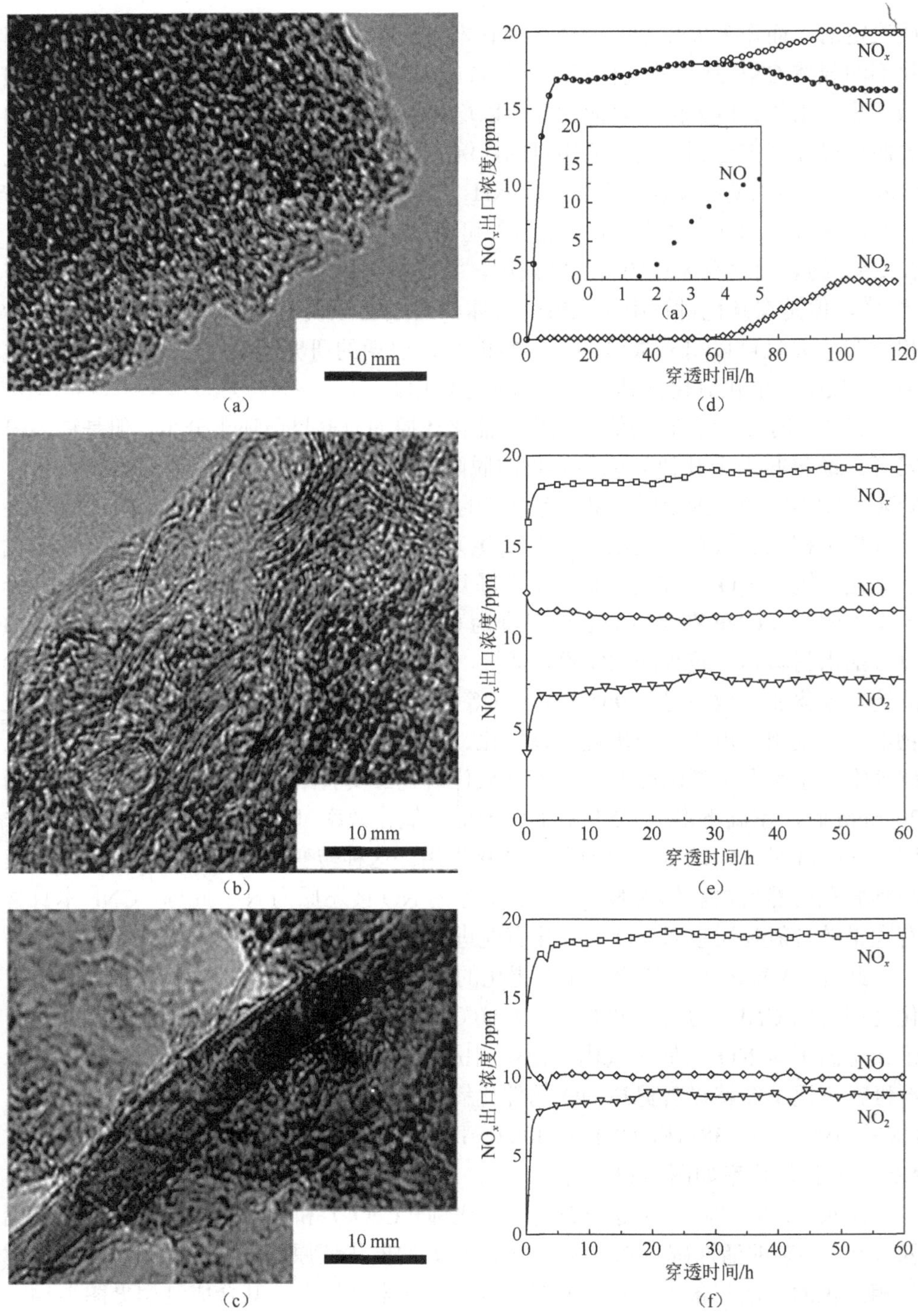

图 1-13　不同石墨化温度处理后的超细纤维微观形貌及其对应 NO 催化氧化结果[68]

（a，d）未经石墨化 CNF 及其对 NO 催化结果；（b，e）1900℃处理后的 CNF 及其对 NO 催化结果；（c，f）2400℃处理后的 CNF 及其对 NO 催化结果（NO=20 ppm）

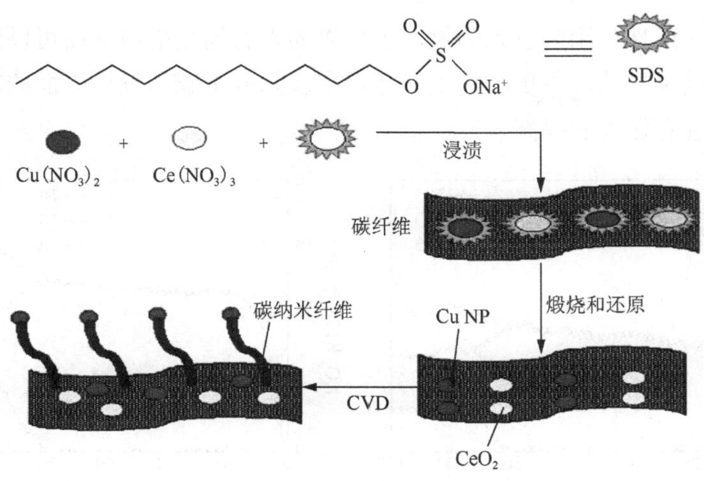

图 1-14 催化化学气相沉积法制备 N 掺杂复合纳米纤维示意图[137]

400 ppm。实验结果表明，Cu 纳米粒子是 NO 发生催化还原的催化剂，CeO_2 可以促进吡啶中的氮进入 ACF/CNF 的表面从而实现了氮掺杂。引入的含氮表面官能团可以提高其对 NO 催化还原材料的反应活性。在 ACF 上的反应机理可以解释为

$$C(O)+NO \longrightarrow C(N)+CO_x \quad (1\text{-}8)$$

$$C_f+NO \longrightarrow C(N)+C(O) \quad (1\text{-}9)$$

$$C(N)+NO \longrightarrow N_2+CO_x \quad (1\text{-}10)$$

其中，式（1-8）通过含氧官能团脱除，式（1-9）通过自由活性位点脱除，式（1-10）是正式的还原步骤。C(O)、C(N)和 C_f 分别代表含氧官能团、含氮官能团和自由活性位点。Cu 的加入对 NO 的转化起到了明显的效果。未添加 Cu 的复合纳米纤维对 NO 的转化率为 15%，而加入 Cu 后的转化率达到了 20%，其表面的反应可由如下方程表示：

$$2Cu+NO \longrightarrow Cu_2O+1/2N_2 \quad (1\text{-}11)$$

$$Cu_2O+NO \longrightarrow 2CuO+1/2N_2 \quad (1\text{-}12)$$

$$2CuO \longrightarrow 2Cu+O_2 \quad (1\text{-}13)$$

此实验过程中没有引入额外的有害有毒气体作为反应物也是一个创新点。Wang 等[134]将 PAN 基的电纺碳纳米纤维在 800～900℃下经过 NH_3 处理后得到氮掺杂的多孔碳纳米纤维用于室温下低浓度（20 ppm）NO 的催化氧化研究。研究结果表明，经 NH_3 处理过的 CNF 相比于经水蒸气处理过的 CNF 在室温下对 NO 的催化氧化效率有大幅度的提升，在模拟空气气氛的情况下 NO（20 ppm）的脱除率可达 64.5%，三种不同温度下 NO 转化率如图 1-15 所示。氮掺杂的 CNF 相比普通的 CNF 具有更高的反应活性是由以下原因引起的：最主要的原因是引入的氮原子提

高了催化氧化活性，因为引入的氮原子可以插入石墨晶格内从而可以降低带隙宽度，这样的结果导致产生更高的电子迁移率且降低了碳与气体界面的功函数，因此催化性能会有显著的提高。

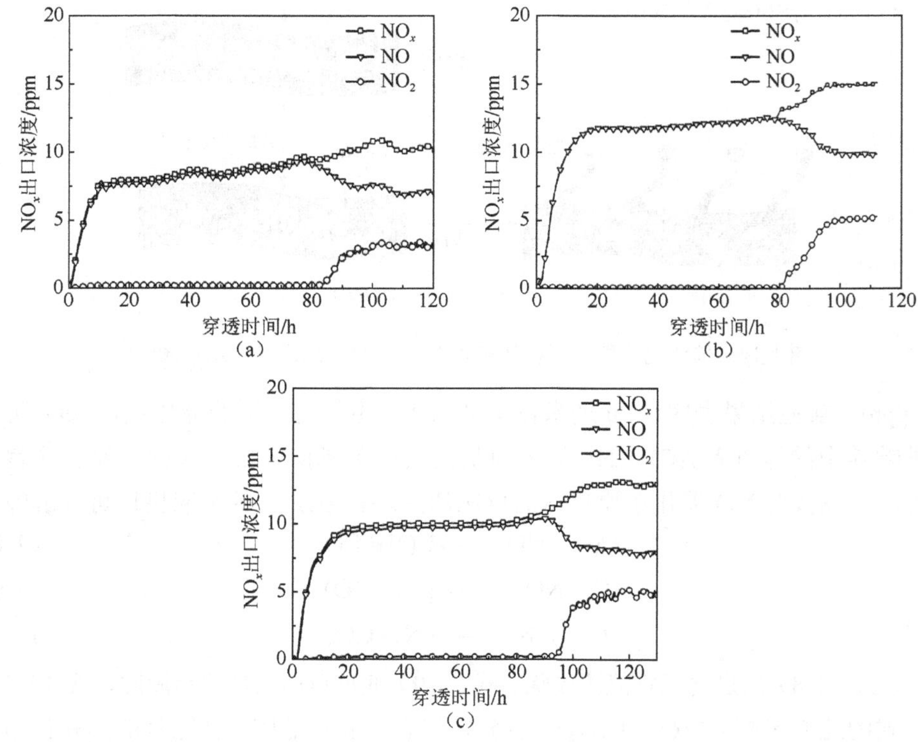

图 1-15　不同温度下 NH_3 处理的 CNF 对 NO 的催化性能[134]

(a) 800℃；(b) 850℃；(c) 900℃

1.3　碳纳米纤维的制备方法

1.3.1　化学气相沉积法

碳纳米纤维在不同的温度及在不同的气体条件下碳化后可以得到孔径发达的多孔活性碳纳米纤维（porous activated carbon nanofibers，PACNF）。活性碳纳米纤维（ACNF）具有巨大的比表面积、丰富的表面官能团、发达且可调控的孔径分布等一系列优异的特性，在气态污染物、重金属离子及储能方面具有潜在的应用前景。ACNF 的孔结构及孔的尺寸分布与其合成或制备方法密切相关。目前多孔碳纳米纤维的制备主要有以下三种方法：化学气相沉积法（CVD）、模板法和静电纺丝法。

化学气相沉积法是将含有碳元素（C）的有机气体通入管式石英炉或气氛炉中，在催化剂（一般为金属）和高温气氛下沉积产生碳纳米纤维的方法[119, 138, 139]，其实质就是含碳有机物的脱氢过程，气相生长示意图如图 1-16 所示。Rinaldi 等在负载有镍（Ni）催化剂的活性炭上通过化学气相沉积乙烯（C_2H_4）制备了 CNF，其制备的 CNF/AC 织构可以通过生长温度和预先在还原性气氛 C_2H_4/H_2 暴露的时间来实现调控。实验研究表明，后续在还原性气氛中的处理可以增加 Ni 催化剂对 CNF 生长的活性。

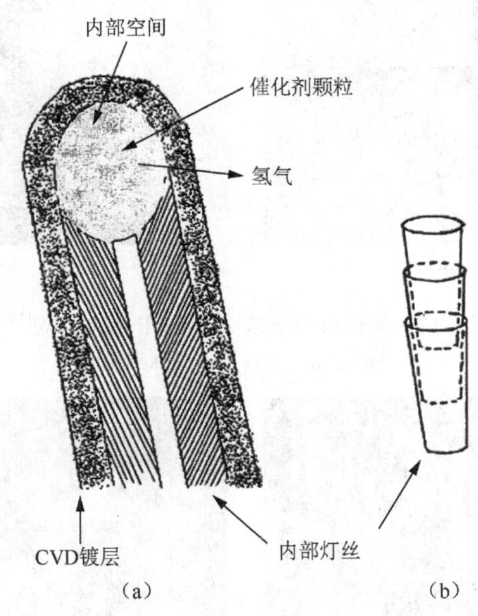

图 1-16 气相生长 CNF 的示意图[140]

Park 等[141]利用 Y 型沸石负载 Ni 催化剂从乙烯和氢气的混合气体中通过 CVD 的方法制备出高度有序的碳纳米纤维，在反应过程中 Ni 可以通过离子交换和渗透机理到硅酸盐的结构中。通过此方法制备的纳米纤维其石墨片层的方向大部分平行于纤维的轴向，金属 Ni 颗粒位于碳结构的顶端且 Ni 片层均匀分散在碳的表面。C_2H_4/H_2 在 Ni 催化剂作用下的反应被认为是通过加氢反应产生甲烷（CH_4）和甲烷的脱氢反应产生固态的碳。这种方法产生 CNF 的直径为 20～50 nm，如图 1-17 所示。Jiang[138]采用微波等离子体化学气相沉积（MPCVD）的方法在金属颗粒作为催化的条件下制备了 CNF。实验过程中提出了一个四步的反应机制，即吸附、脱附、扩散和沉积。此种方法可以在相对低的温度下利用热 CVD 方法实现。由于催化剂化学性质（组成、尺寸和密度等）和生长条件（基底温度、气氛等）的不同，产生的 CNF 可以有不同的结晶度和形貌（如直径可以从几纳米到几百纳米，长度可以从几纳米到几百微米），它们具有石墨的结构但是有序性要低于高温定向热解石墨。Zhang 等[142]在 2003 年第一次实现了微波辅助 CVD 的方法合成 CNF。

他们采用直径为 0.25 nm 的细铁线作为基底，其顶端通过电化学刻蚀到微米尺度。混合气为 N_2 ∶ CH_4（50 ∶ 1）、基底温度为 900℃且保持腔体压强为 15mbar（注：1mbar=100Pa），生长时间为 30min，可以得到一种螺旋结构的 CNF，如图 1-18 所示。它们呈现垂直于基底的排列生长方式，直径和长度分别为 200 nm 和 20 μm，通过调节催化剂的类型和尺寸其直径可变。

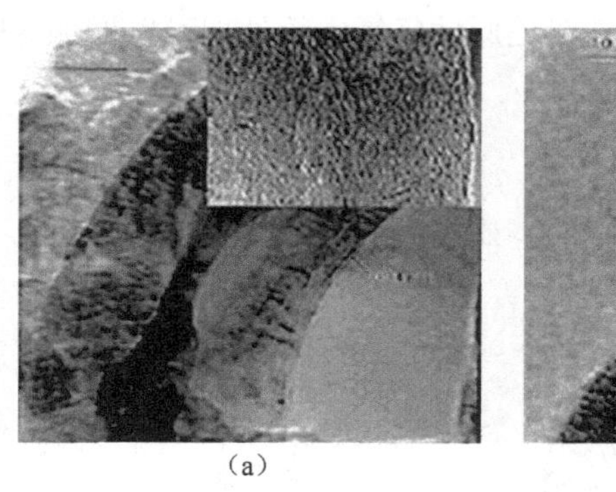

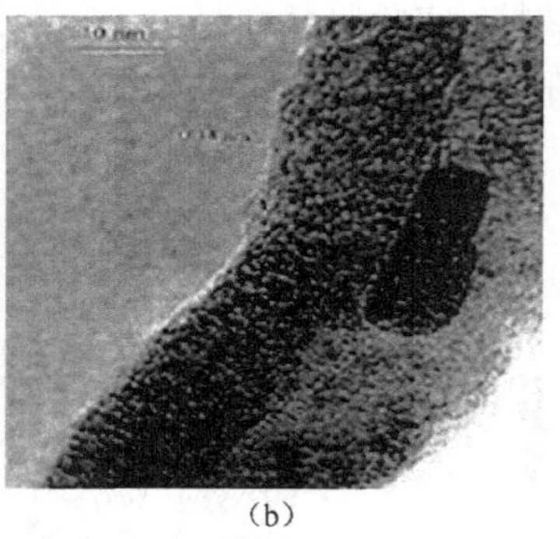

（a）　　　　（b）

图 1-17　高分辨率电镜下的 CNF 微观形貌[141]

（a）晶格边缘；（b）链状形貌

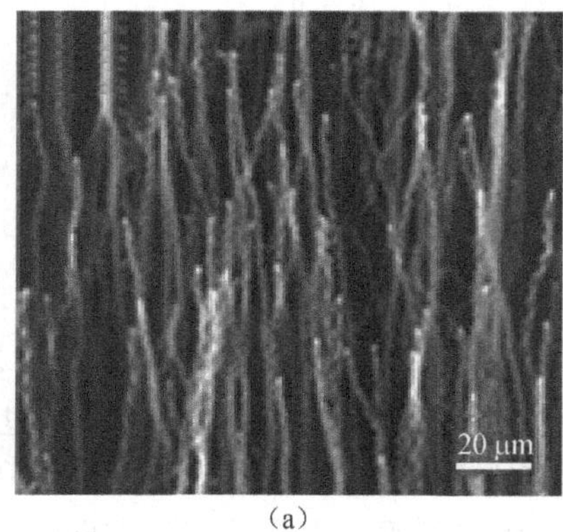

（a）　　　　（b）

图 1-18　CVD 发制备的螺旋状碳纳米纤维 SEM 图[142]

（a）低倍形貌；（b）高倍形貌

1.3.2　模板法

模板法是以所采用的模板为主体构型去控制、影响和修饰目标材料的形貌和结构进而决定材料性质的一种合成方法。将含碳的前驱体材料与选取的模板材料相混合，在碳化过程中借用模板的限域作用可以制备不同直径的碳纳米纤维[143]。其合成原理是选取特殊结构的材料作为模板，将目标材料的前驱体导入模板的空隙中，在某个温度范围模板内的材料发生物理化学反应，在此过程中由于模板的整体限制作用，所以发生反应的过程是可以调控的，这样最终可以制备出结构可控的新型纳米材料。其最明显的特点是能够有效地控制孔的分布和结构，所以采用模板法可以制备出具有微孔、中孔或大孔结构的材料。Hulteen 等[143]利用模板辅助的方法制备出了定向排列的、具有不同孔径分布的 CNF 簇列，同时研究了四氯化碳（CCl_4）在 CNF 上的吸附等温线。实验采用不同孔径的阳极氧化铝（AAO）作为模板，其含有高密度的纳米通道（10^{-11}～$10^{-9}cm^{-2}$）。CNF 可以实现在 AAO 模板的尺寸范围内限域生长从而形成 CNF 簇列。为了确保纳米线的一致性，模板预先在溶液中浸渍 12 h，然后含碳的前驱体被嵌入模板中在氩气（Ar）气氛温度为 700℃下碳化处理。碳化的过程可使定向排列的 CNF 发生固化以保持形貌。最后采用 3mol • L^{-1} 的氢氧化钾（KOH）溶液作为刻蚀液以除去模板。得到的 CNF 纳米簇列如图 1-19 所示。此外，Hsieh 等[144]也用模板辅助的方法制备了碳纳米线并且研究了 CCl_4 在 CNF 上的气体吸附特性。

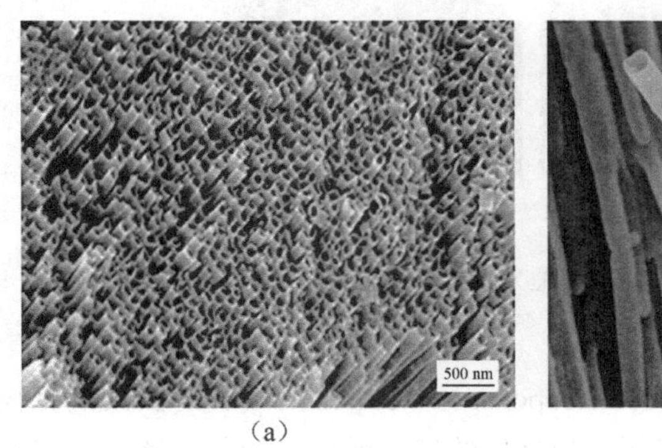

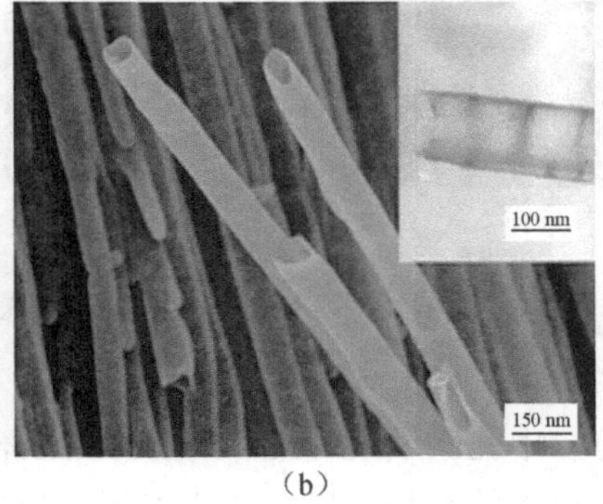

（a） （b）

图 1-19 采用 AAO 模板法制备的 CNF 簇列 SEM 形貌图[143]

（a）低倍形貌；（b）高倍形貌

除了以 AAO 作为模板，还有研究者采用中孔二氧化硅（SiO_2）纳米纤维作为模板制备 CNF。Chae 等[145]利用中孔 SiO_2 纳米纤维作为模板制备了新型较长的一维中孔 CNF。制备得到的中孔 CNF 表现出独特的中孔结构且产生的圆形纳米孔道排列的方向是垂直于纤维的轴向，其微观形貌图如图 1-20 所示，此外还具有高的气体吸附性能。其氮气吸附脱附曲线具有回滞环的形状，这与预期要制备的中孔结构一致。制备的中孔 CNF 的 BET 比表面积、孔容和孔径分别为 489.3 $m^2 \cdot g^{-1}$、0.37 $m^2 \cdot g^{-1}$ 和 3.87 nm。Taha 等[146]采用一步自模板法合成具有介孔结构且有五氧化二钒（V_2O_5）嵌入在其上的 CNF 用于可见光的光催化剂。实验将无机的偏钒酸铵（NH_4VO_3）作为前驱体，其作为前驱体可以产生介孔结构，这一步是对实验非常关键的步骤。NH_4VO_3 可以在很低的温度下（200～280℃）分解为中间态的氧钒根复合物（$[NH_4]_2V_6O_{10}$ 和 $NH_4V_4O_{10}$）等，当温度升高到 450℃时可以形成 V_2O_5。由于其熔点为 700℃，所以在高温下可以分离为金属的 V 和 O，碳化过程中分离的 O 可以在 CNF 上形成一氧化碳（CO）或二氧化碳（CO_2），这样可以在金属催化剂和孔之间产生一个通道。在电纺的过程中，将聚乙烯吡咯烷酮（PVP）加入 PAN 中以提高其可纺性，其原理是 PVP 的加入可以降低聚合物溶液的黏稠度因而可降低电纺纤维的直径。实验制备出的纯 CNF 直径为 250～300 nm，而含有氧化钒的 CNF 直径缩水到 150～200 nm 且纤维会变得弯曲和皱褶。

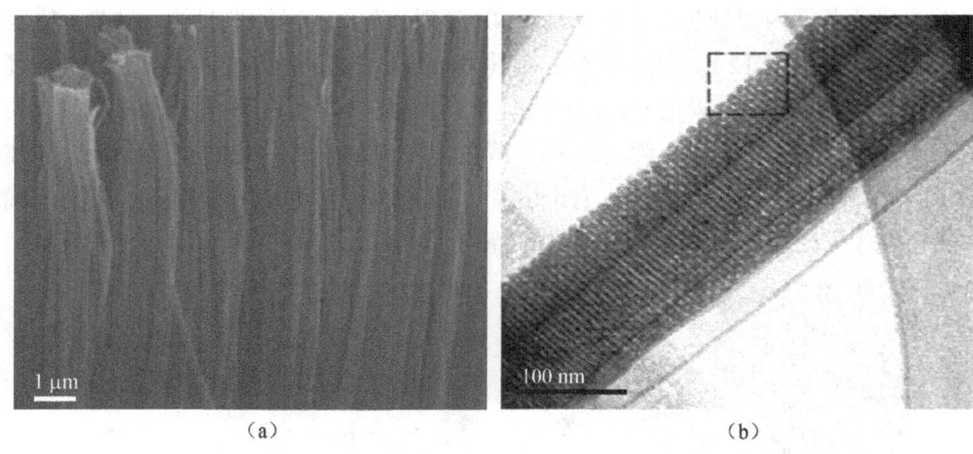

（a）　（b）

图 1-20　利用二氧化硅纳米纤维为模板制备的 CNF 微观形貌[145]
（a）宏观形貌；（b）高分辨形貌

有序中孔碳纳米纤维（ordered mesoporous carbon nanofibers）因其具有较大的孔容、可控的孔径、巨大的比表面积和良好的气体或离子的通过性，近年来受到人们的极大重视，它的这些独特的结构特征使其可以用在许多领域，如作为催化剂的载体、气体分离及电极材料方面。总体来说，CNF 的模板法制备通常由两个步骤组成：第一步是含碳的物质作为前驱体注入目标模板的空隙中，第二步是在热处理和后续的酸处理过程中模板的去除过程。通过这两步可以实现孔结构的精确调控，而形貌则通过复制模板的形态得以实现。但也存在一些不足之处，如有时碳的前驱体往往难以全部深入模板的空隙导致模板表面形成许多无孔的碳；此外还会出现渗入时间太长、制备过程成本高等缺点。基于这些原因，亟待科研工作者开发一种高效简单、易于操作和实现的模板制备 CNF 的方法。Liu 等[147]利用蟹壳作为生物模板制备了高度有序的中孔碳纳米纤维阵列，其用于超级电容器和燃料电池。实验报道了一种新型且简单的合成高度有序的 CNF 阵列的方法，该方法结合了有机酚醛树脂自组装的表面活性剂模板和天然蟹壳硬模板的合成方法。制备的 CNF 具有介孔的结构，直径大约为 70 nm，孔宽为 11 nm 左右，纳米纤维之间的层间距为 70 nm。研究结果表明，这种独特的结构可以为电解液的扩散和渗透提供更有力的路径，具有较高的电导率且其比表面积可达 1270 $m \cdot g^{-2}$。实验具体步骤为：蟹壳首先在 350℃的温度下焙烧去除有机的蛋白质和表面的甲壳素；然后用研钵将其研磨成粉末，通过硬模板和表面活性剂自组装相结合的方法将乙醇的酚醛树脂嵌段高聚物溶液注入模板获得。在氮气的气氛下加热到 900℃保持 2 h 来完成碳化过程；最后将得到的碳酸钙/碳（$CaCO_3$/C）的复合物用 6 mol·L^{-1} 的盐酸（HCl）去除 $CaCO_3$ 模板，接下来用去离子水和乙醇清洗，然后在 100℃下烘干 24h 即可得到 CNF，其具体制备示意图如图 1-21 所示。该实验结果表明，该法制备的 CNF 的孔径要远大于用传统的有机-有机自组装得到的 CNF 的孔径，这是由于在蟹壳硬模板的限域作用下，在碳化过程中去除共嵌段聚合物模板时由于向心力的驱使使其结构大幅度收缩。

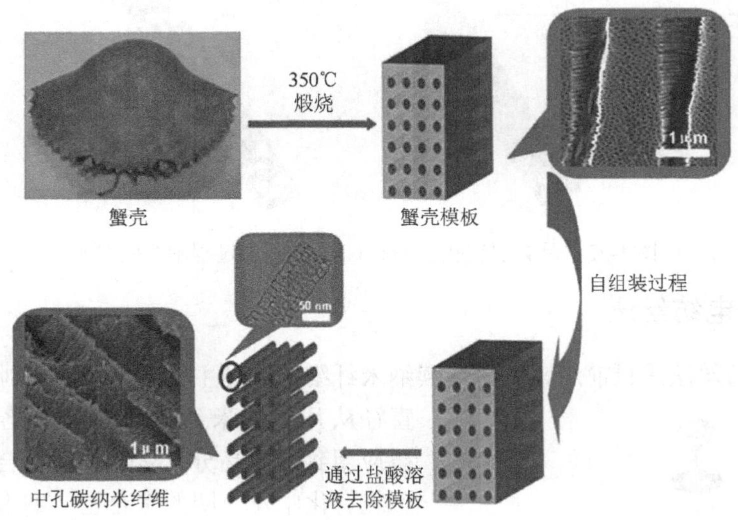

图 1-21 高度取向的中孔 CNF 的模板法制备示意图[147]

Liu 等[148]采用 $CaCO_3$ 纳米颗粒作为一个双导向的模板制备了大孔/中孔并存的 CNF 用于催化剂载体材料。该实验利用 PAN 作为碳的前驱体，以纳米 $CaCO_3$ 作为双模板，采用电纺的方法制备出一维的具有层次孔结构的 CNF。在碳化过程中，纳米 $CaCO_3$ 被分解同时释放出 CO_2 气体，这些 CO_2 气体可以在碳的表面形成介孔，而大孔的形成则是由在后续用酸去除生成的 CaO 纳米颗粒时产生。该方法具有制备简单、成本较低和产量较高的特点。这种具有大孔/中孔的层次孔结构可以作为良好的载体负载多种金属纳米粒子，其制备过程示意图如图 1-22 所示。具体步骤如下：将电纺得到的复合纳米纤维原丝在 280℃下稳定化处理，然后在氩气的气氛中加热到 900℃并保持 2h 以完成碳化过程。为了去除纳米纤维中的 CaO 纳米粒子，碳化后得到的 CaO/C 纳米纤维浸渍在 2mol·L^{-1} 的 HCl 中 0.5h 后用去离子水清洗彻底即可。

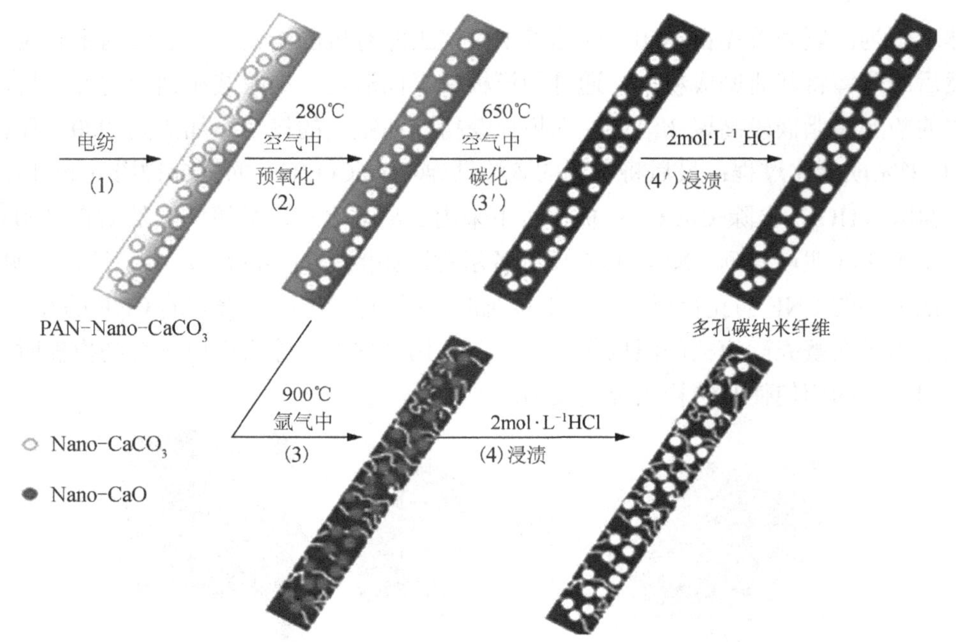

图 1-22　具有层次孔结构的 CNF 的制备过程示意图[148]

1.3.3　静电纺丝法

静电纺丝法是目前用来制备连续纳米纤维的一种主要的方法，其制备的 CNF 直径从几十纳米到几个微米。此方法可以被应用到合成高分子聚合物、聚合物合金、负载有化学发色团的聚合物、纳米颗粒、活性剂、金属和陶瓷的聚合物[149]。静电纺丝法是一种相对简单而且价格低廉制备连续纳米纤维的方法。在过去的 10 年，电纺纳米到亚微米尺寸的聚合物纤维已经引起人们对其商业和科研的极大兴趣。在过去的 20 年，已经有超过 100 种的聚合物通过静电纺丝法制备纳米纤维[150]。静电纺丝的基本装置如图 1-23 所示。

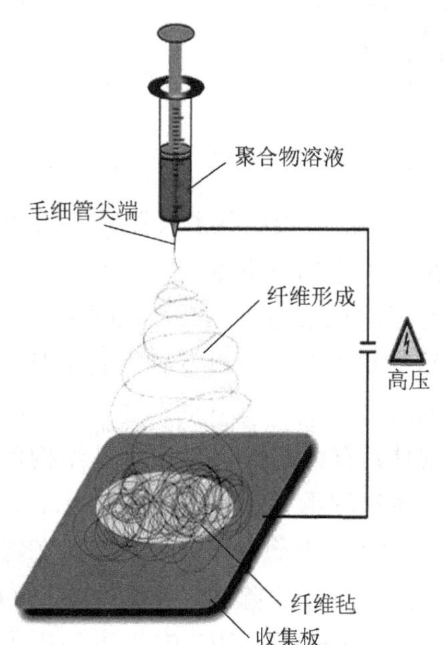

图 1-23　静电纺丝装置及过程示意图[149]

静电纺丝的工作原理如下：聚合物高分子的黏稠溶液通过直流或者交流电压带上高压静电，带电的一端作为正极，在与注射器垂直的下方为收集板，其接地作为负极。调节正极与负极之间到合适的距离后，在正极和负极之间产生高压静电场，当电场强度逐渐增加到静电引力足以克服高分子溶液的表面张力时，正极尖端液滴会在高压的作用下将液滴拉成丝状而喷射到负极的收集板上。喷射的过程中大部分的有机溶剂在空气中挥发掉，在负极就可以收集到纳米纤维的原丝。有以下几个因素对纳米纤维的成形及形貌有着决定性的影响，分别是有机高分子聚合物溶液浓度、电压、注射器的进料速度及正负极之间的距离。为了达到可纺的效果，聚合物溶液的浓度不能太高也不能太低，必须在一个合理的范围内，浓度太高会导致黏稠度太高从而无法在电场作用下被拉成细丝，浓度太低则黏稠度下降导致液滴直接滴到收集板，一般来说较高的浓度得到的纤维直径较大，较低则相反[69]；电压也是一个很重要的因素，电压太低导致静电引力太低不足以克服表面张力发生喷射。进料速率必须与电压大小相匹配，速度太快时电场来不及将其拉丝就滴到收集板上。正负极之间的距离必须控制在一个合理的范围内，距离太远电场强度就会降低，从而无法克服分子表面张力，太近聚合物液滴来不及挥发掉溶剂导致不可纺。所以综上，这几个条件必须相互匹配，调节到一个合适的范围内。近年来的实验表明[151]，在电纺过程中喷射的细线化主要是由电场喷射下的弯曲失稳造成。电纺喷丝的光学照片可以实时观察到喷射最初开始为直线的状态然后会变得发散不稳定，如图 1-24 所示。从图 1-24（b）中可以看出喷射而出的锥形包络仅包含了单一的、快速弯曲或鞭形状的线。在某些情况下，电场喷射端的展开同样可能会被观察到。喷出的鞭形状细丝的甩动频率特别高以至于光学显微镜无法分辨，这样给人的印象就是最初的液滴喷射分裂成多个分支后一直移动到收集板[152]。

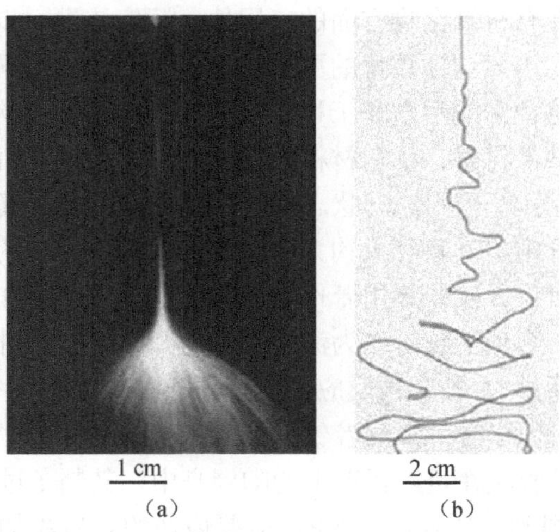

（a） （b）

图 1-24 静电纺丝制备 CNF 喷丝及形貌图[151]

（a）光学照片；（b）单根 CNF 形貌图

静电纺丝得到的聚合物纤维一般具有光滑平整的表面结构，但是通过包含两个微管的同轴喷头将不同的聚合物溶液分别注入两个微管中就可以得到核-壳结构的纤维[153, 154]或者中空的纤维[155]。采用挥发性的溶剂可以产生多孔的碳纳米纤维[156, 157]。相比于机械制图的方式，静电纺丝能够更好地产生直径更细的纤维，因为通过外部电场的作用力可以将纤维实现无接触的拉长[158]。尽管有许多聚合物已经被用于电纺，但是聚合物纤维可以被转变为碳纳米纤维是非常有限的，如PAN、聚酰亚胺（PI）、聚乙烯醇（PVA）、聚偏二氟乙烯和沥青等。聚合物溶液的可纺性和产生纤维的形貌主要取决于三个方面的因素：聚合物溶液的特性、处理过程和气氛条件。第一个溶液性能的因素，包括表面张力、电导率、电极化常数、溶液的黏稠度等强烈地依赖于聚合物的浓度、分子量和结构，也依赖于溶剂的气压、在空气中的扩散率和添加物（表面活性剂和盐等）。聚丙烯腈（PAN）已经被用作制备高质量和不同直径 CNF 的主要前驱体。虽然电纺纤维的形貌（直径和均匀性）受上述三个因素影响很大，但最主要的影响因素来自于溶液的性质[159, 160]。一般来说，纤维的直径随着聚合物溶液浓度的降低呈现显著的减小而电导率会增加。到目前为止，仍然难以通过静电纺丝的方法制备出直径在几个纳米且形态均匀一致的聚合物纤维[161]。在电纺过程中可以通过控制电场的分布来完成对纤维定向排列[162]。此外，CNT 可以通过电纺的方法嵌入 PAN 纤维的内部以提高其机械性能、热稳定性和电导率[163, 164]。

可以预见，静电纺丝的研究在不久的将来会凸显出更加跨学科、多学科的整合。通常来说，该领域已经被在聚合物和结构工程领域的专业技术人员主要涉猎。静电纺丝技术除了在有机聚合物方面的应用外，还应该进一步扩展到功能材料领域且有更加新颖的应用，这项技术的更进一步发展需要与不同研究领域的科学家广泛合作。在当今这种大的科学和工程不断创新中，静电纺丝技术必将会是一个在制备纳米结构和纳米材料、拓宽材料的功能化和应用化方面强有力的工具。

其他方法：Ci 等[165]采用流动状态的催化剂方法制备了高质量、直径均一和形态规整的碳纳米纤维，其直径大约为 10 nm，他们用同样的方法制备得到了单壁碳纳米管（SWCNT）。实验选用苯作为碳源，氢气（H_2）作为载气，二茂铁作为催化剂的前驱体，含硫的噻吩作为添加物来提升 CNF 的生长。在制备过程中，苯和噻吩的混合物通过 H_2 被带入反应器中，二茂铁在 90℃下气化被载入反应中。这些复合物首先在团聚的铁簇或者铁颗粒中会被分解成原子态的铁用于生长 CNF。碳产物将会被收集在反应器壁上的陶瓷舟中，其制备过程示意图如图 1-25 所示。实验中为了得到高质量的 CNF，需要最佳的含硫添加物的加入量和超过 1140℃的温度，尽管在此条件下制备了 CNF 和 SWCNT，但是 H_2 的流速对实验结果的影响仍然比较复杂，需要进一步实验，它可能会影响到金属颗粒的活性和尺寸，也会控制 CNF 的生长时间。Huang 等[166]利用热分解聚乙二醇[poly（ethylene glycol）]的方法制备了多孔碳纳米纤维。实验在 600℃的氮气条件下且镍（Ni）作为催化剂存在情况下在均匀的晶片上合成了高纯的 CNF。制备得到的高纯多孔 CNF 的直径在 40～60 nm，长度为几微米，纤维具有石墨的结构且在边缘处具有中孔结构，如图 1-26 所示。相比于其他的制备方法，如模板法或活化法，此制备方法可以实现在 CNF 生长过程中孔的产生随 CNF 的生长一步合成。这种特殊的结构是作为电极材料、催化剂载体和吸附材料的合适之选。

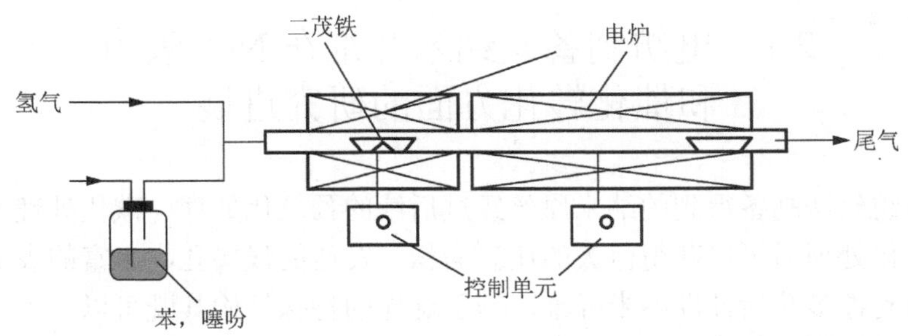

图 1-25　浮动催化剂发制备 CNF 和 SWCNT 装置示意图[165]

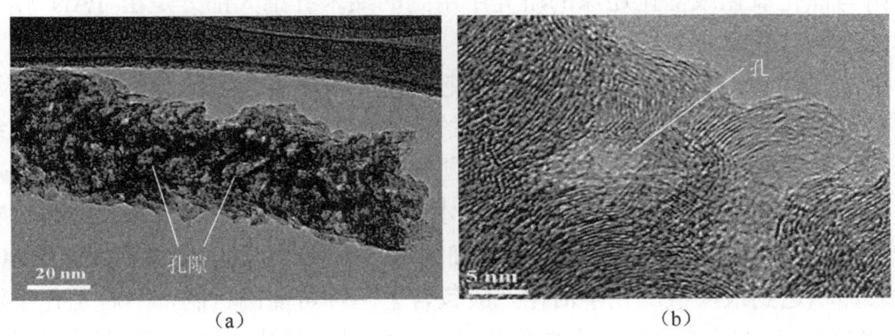

图 1-26　热解法制备得到的高纯 CNF 微观 SEM 和 TEM 形貌[166]

(a) SEM 形貌；(b) TEM 形貌

第 2 章　电纺碳纳米纤维的制备及分析测试方法

2.1　电纺制备碳纳米纤维在 NO_x 吸附和催化转化方面的研究进展

静电纺丝法制备得到的纳米原丝经过后续的预氧化处理、碳化处理及不同气氛下的活化处理后可以获得巨大的比表面积、发达的浅层孔、丰富的表面官能团的一维自支撑多孔活性碳纳米纤维，基于这样的特殊结构其既可以作为催化剂又可以作为催化剂的载体用于有机或无机废气的吸附与催化转化研究。目前在 NO 的吸附与催化氧化或催化还原的研究中用到的纳米纤维大部分是由 PAN 作为前驱体通过电纺获得。

Song 等[167]研究了电纺获得的 PAN 超细纳米纤维经过氢氧化钾（KOH）活化处理后对 NO 的吸附性能，同时与商业的多孔碳纤维进行了比较。实验将传统的预氧化纤维和电纺超细纳米纤维室温下同时在 KOH 的水溶液中浸渍 30 min 后，然后在温度为 105℃下真空干燥 4h 去除水分，最后在氮气气氛下碳化处理。实验结果表明，经过碱活化处理过的电纺超细纳米纤维具有更大的比表面积，在 800℃下比表面积达到最大值。化学活化一般包含了两种可能的机制，一种是化学活化剂与预氧化材料的反应导致了孔的形成，另一种是化学活化剂进入了孔的内部导致了孔的扩宽。对 NO 的吸附测试结果表明，经 KOH 活化后的超细纳米纤维对 NO 的吸附率要高于商业的碳纤维，结果如图 2-1 所示，其稳态下的转化率分别是 82%和 69%。产生的原因是超细纤维的孔径大都集中于 0.8nm，这与 NO 分子的 N—O 键长较为接近（0.124nm），另一个原因是，相比于商业的纤维超细纤维含有更大的微孔体积。

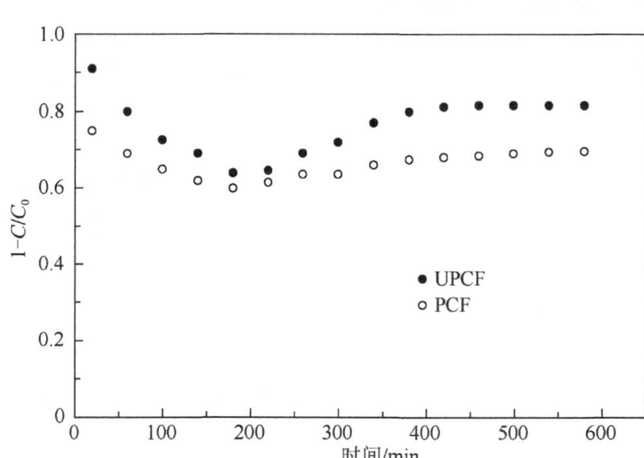

图 2-1　超细纳米纤维与商业碳纤维对 NO 的吸附对比[167]

由于 NO 在常温常压下是超临界气体，相比于高浓度的 NO_x，低浓度的 NO_x 更难以脱除。低浓度的氮氧化物通常存在于一些车辆密集的区域及地下停车场等，这些区域的 NO 对人体的健康会造成无形的伤害，亟待解决。Wang 等[69]利用 PAN 作为前驱体通过静电纺丝的方法制备了多孔碳纳米纤维，同时将其应用于室温下低浓度 NO 的吸附脱除研究。实验选取 NO 的浓度分别为 20 ppm 和 2 ppm，PAN 基的 CNF 在 280℃下预氧化后在 800℃含有 30%的水蒸气和 N_2 的混合气体中处理 30min。该实验中气体组成是模拟大气组成，其中 O_2 和 NO 的体积分数分别为 21%和 7.8%，其余为氮气。结果表明，20 ppm 的 NO 在 CNF 上脱除率可以达到 60%，而浓度为 2 ppm 的 NO 在 24 h 内没有在出口端检测到 NO 或 NO_2 的任何成分。NO 除了被氧化为 NO_2 外，还有部分的 NO 被还原为 N_2，其穿透曲线如图 2-2 所示。

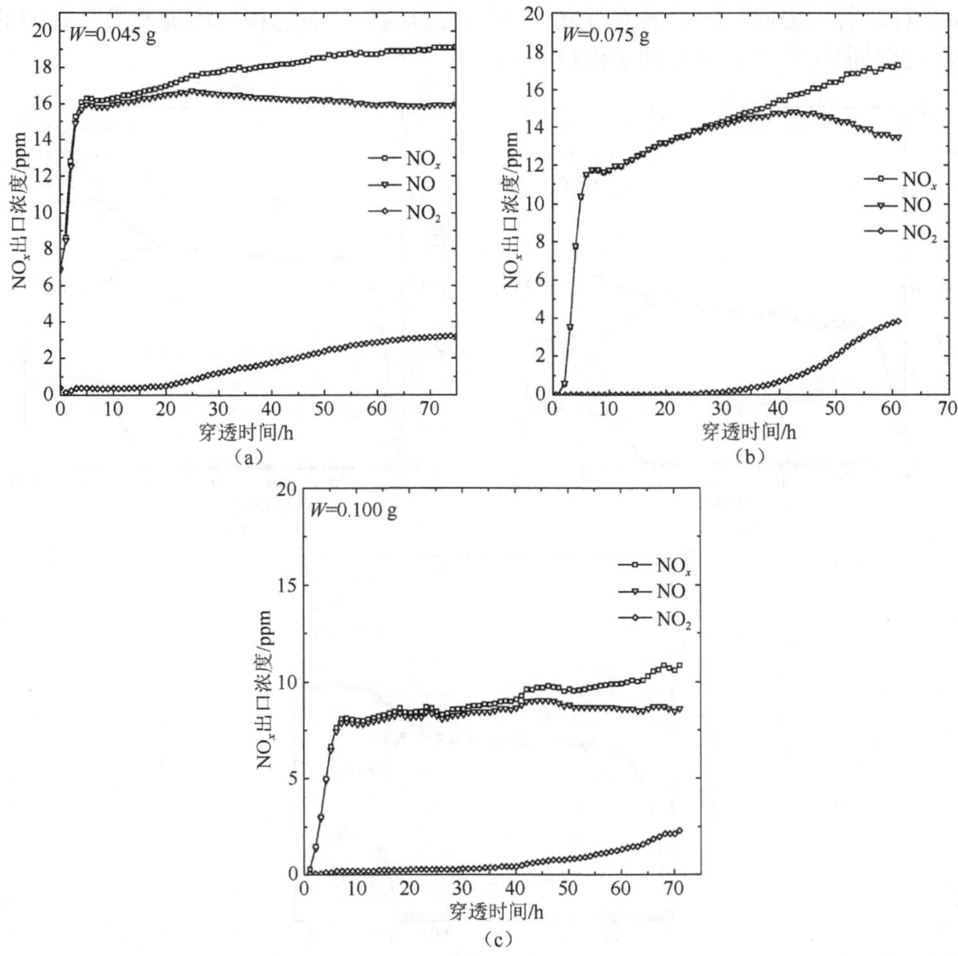

图 2-2　不同质量的电纺多孔 CNF 对 NO 的催化氧化结果[69]

（a）45 mg；（b）75 mg；（c）100 mg

对电纺碳纳米纤维的表面进行合理的修饰可以改变其表面物理化学性质，从而对吸附和催化氧化或催化还原起到积极作用。例如，用酸进行氧化 CNF 以增加其含氧官能团，采用富含 N 的气体对 CNF 处理以增加其表面含氮官能团。Wang 等[134]采用 NH_3 处理电纺超细纤维用于室温下低浓度的 NO 脱除。实验分别将电纺 CNF 在 800℃、850℃和 900℃的温度下在 NH_3 气氛中处理 30 min。实验结果表明，相比于水蒸气处理过的 CNF，经 NH_3 处理过的 CNF 对 NO 有着更高的催化氧化效率，在 800℃的碳化下温度下有最高的转化率，达到 64.5%，其在不同温度下的 NO 催化氧化测试结果如图 2-3 所示。经 NH_3 处理后的 CNF 之所以有更高的转化率可以归于以下原因：NH_3 的作用使 C 的表面含有大量的含 N 官能团，N 原子将边缘处的 C 原子取代提高了其催化氧化活性，因为 N 原子插入石墨晶格内部降低了带隙能，后果是电子迁移率更高且 C 与气体界面的功函数降低，因此催化转化率会有显著的提高。除了 N 原子的引入因素影响外，表面积的增加及微孔孔容的效应也对催化率的提高起到了促进作用。

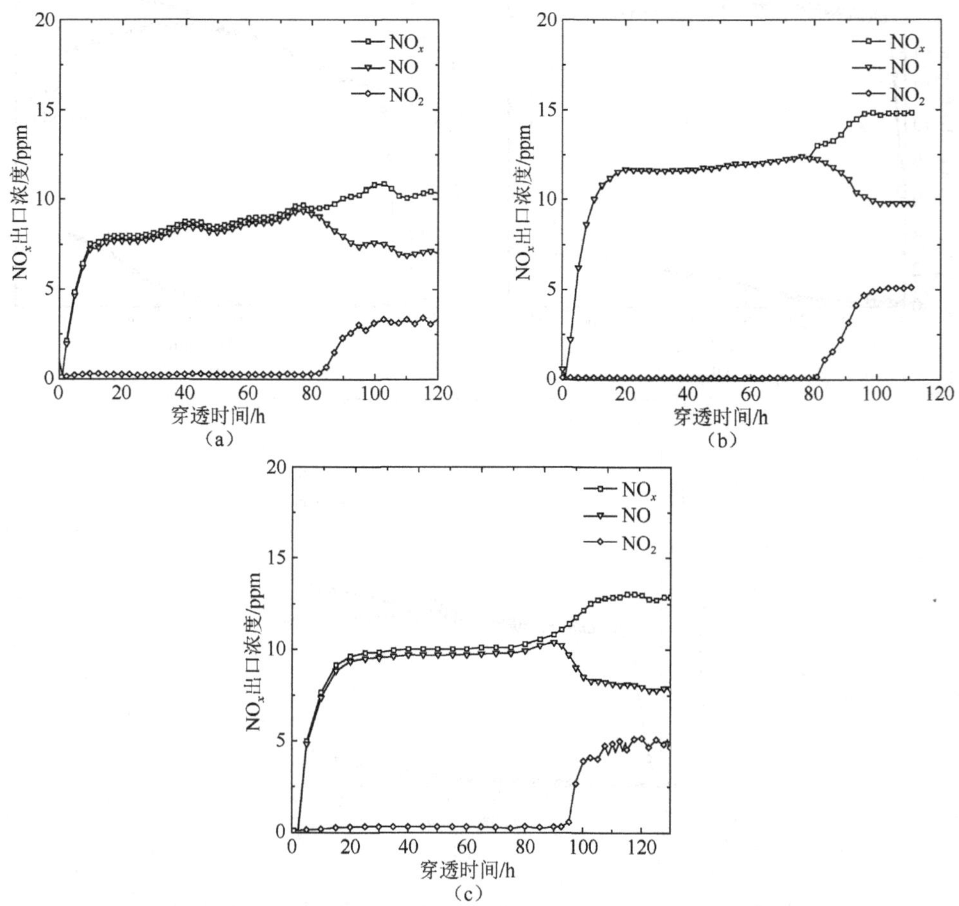

图 2-3　不同温度下 NH_3 处理的 CNF 对 NO 的催化氧化研究[134]

（a）800℃；（b）850℃；（c）900℃

研究还表明，石墨化的 CNF 对 NO 的催化转化率有着很大的提高。Wang 等[68]分别将电纺的超细纤维在 1900℃和 2400℃进行石墨化处理用于在常温下对低浓度（20 ppm）的 NO 催化氧化测试。随着温度的升高在 CNF 的边缘逐渐可以看到石墨的条纹，如图 2-4 所示。与活性碳纳米纤维相比，石墨化后的 CNF 在室温下对 NO 的穿透时间大幅度地缩小，这一原因可以归功于在高温石墨化后导致了孔的坍塌使比表面积和孔容减小，最终导致其吸附能力下降。实验结果表明，未经石墨化处理的普通活性碳纳米纤维对 NO 的催化转换率为 11%，而经 1900℃和 2400℃处理过后的 CNF 对 NO 的转化率分别为 38%和 45%，其测试结果如图 2-5 所示。在 CNF 上 NO 与 O_2 最先被吸附于催化剂活性位点的表面，然后 NO 在碳的表面发生了氧化。石墨化的 CNF 之所以对 NO 有着显著的催化氧化能力可以归于如下原因：首先，在经过高温石墨化后似乎可以引入更多的活性催化位点用于 NO 的催化氧化，这些位点易于被 O—H 和 N—H 基团所引发；其次，未知的活性位点和未达到饱和价态的表面碳被引入，而这些都对 NO 的催化氧化起着积极的促进作用。

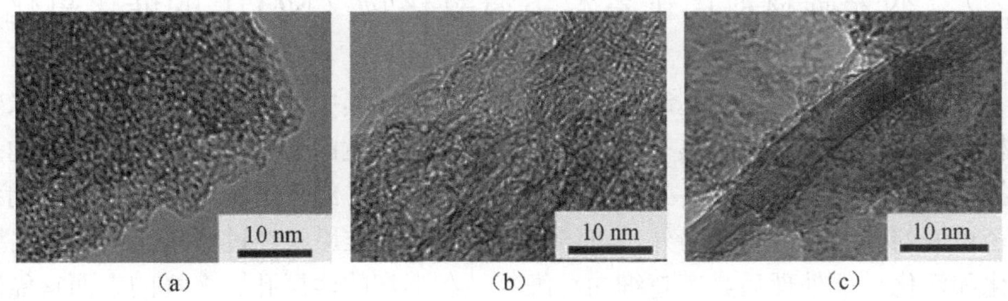

图 2-4　不同温度处理后的 CNF 形貌图[68]

（a）800℃；（b）1900℃；（c）2400℃

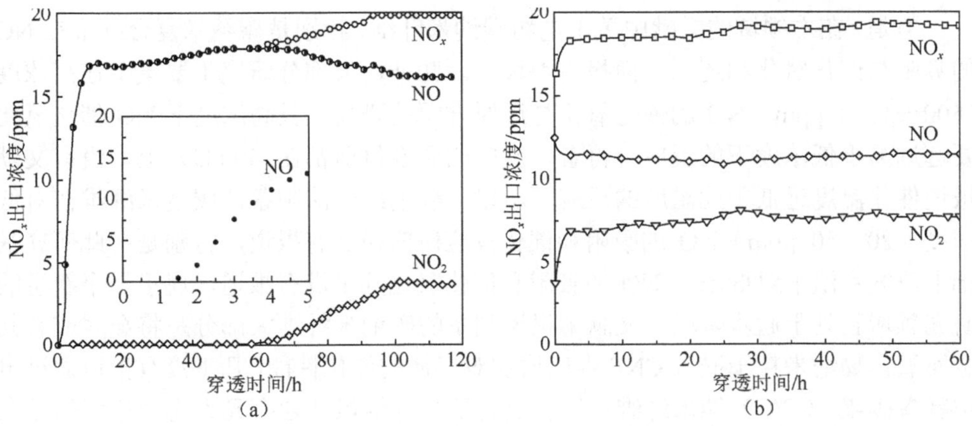

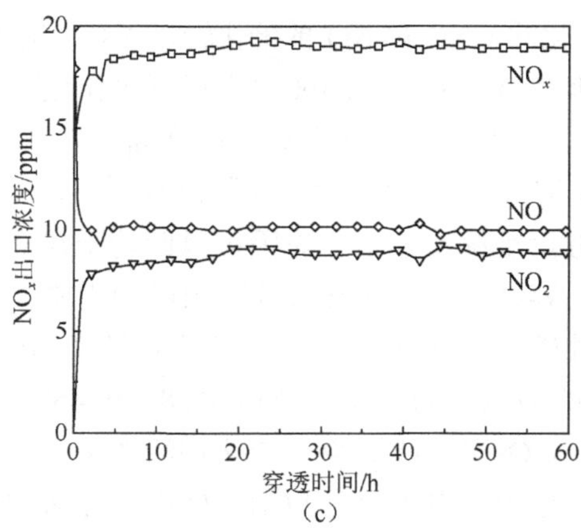

图 2-5　三种纳米纤维对 NO 的催化氧化测试结果[68]

（a）ACNF；（b）1900℃；（c）2400℃

2.2　纳米碳材料用于室温下氮氧化物（NO_x）的催化氧化

静电纺丝法制备的多孔超细碳纳米纤维及嵌入其中的金属及其氧化物纳米粒子构成的碳纳米复合纤维具有巨大的比表面积、发达的微孔结构和高长径比的自支撑结构，相比于其他制备工艺，该方法简单高效、经济适用、可以大批量制备直径可变的碳纳米纤维。另外，电纺得到的纳米纤维原丝经过预氧化（稳定化）、碳化和活化过程处理后具有超细的纤维直径和丰富的浅层孔、多样的表面官能团和均匀分散的催化活性位点，可以促进气体分子的快速吸附、传输和催化。因此，电纺的碳纳米纤维在对 NO 的吸附和催化氧化或催化还原方面显示出潜在的应用价值和研究前景。

但是，在本领域的文献中关于电纺碳纳米纤维，特别是碳纳米复合纤维在 NO 的吸附与催化氧化和还原方面报道得极少。此外，大部分研究主要集中在高浓度（500～1000 ppm）NO 的催化氧化与还原方面的研究，且高浓度下 NO 催化氧化要远远易于低浓度下的反应；再者，反应的温度目前都在 300℃以上，没有文献报道催化温度远低于此温度的反应。所以，静电纺丝法制备的碳纳米纤维在对低浓度（20～50 ppm）NO 的吸附和催化反应研究极少有报道，特别是在此研究基础上研究室温下对低浓度 NO 的吸附和催化氧化几乎没有报道，属于一个新型的研究领域且处于起步阶段。文献中报道制备的碳纳米纤维大部分是将金属或者其金属氧化物纳米粒子嵌入 CNF 中以增加对气体的催化性能，几乎没有报道通过电纺制备碳-碳（C/C）纳米纤维，这种复合纳米纤维虽然含有元素完全相同但是在结构上差异悬殊，作为新型的复合纳米纤维用于 NO 的吸附与催化氧化，目前还未有报道。此外，对于石墨化的碳纳米纤维用于 NO 的吸附和催化氧化研究结果显示，相比于未石墨化的 CNF 其对 NO 的室温催化氧化具有显著的提升。但是，文献中目前报道的石墨化条件非常苛刻，石墨化的反应温度大部分集中在 2000℃以上，这样耗能太大，条件复杂而且不经济，文献中没有对石墨化的 CNF 对 NO 的催化机理做进一步的阐明。所以，低温对 CNF 的催化石墨化研究变得尤为迫切。

因此，为了使低浓度的 NO 在室温下能够被碳纳米纤维及碳纳米复合纤维有效地吸附并且催化氧化变为 NO_2，需要通过调节对 CNF 的后续处理工艺，进一步阐明纳米纤维的微结构、表面性能等对 NO 的吸附影响和催化氧化性能之间的关系。所以，制备功能化的碳纳米纤维用于室温下去除大气污染中低浓度的 NO 变得尤为重要和迫切。

2.3　室温下对氮氧化物（NO_x）的脱除难点及研究方法

本课题组主要的研究内容是针对大气污染物中低浓度（约 50 ppm）的 NO_x（主要是 NO 气体）气体进行吸附和催化氧化研究。这种低浓度的 NO 气体往往存在于一些密闭空间或者尾气集中区域，如地下停车场和高峰期的十字路口等，对人体十分有害且难以消除。再者，由于在常温常压下，低浓度的 NO 是超临界气体，去除非常困难，本课题组尝试用电纺的碳纳米及其复合纤维将 NO 气体首先吸附到纤维的微孔内，再由 CNF 表面上具有催化活性的位点将 NO 在室温下进行催化氧化为极易溶于水的 NO_2 气体，最后将 NO_2 溶于水以硝酸及其盐的形式脱除，本课题组主要研究的是吸附和催化氧化 NO 的过程。为了系统地研究碳纳米纤维的结构、后续处理条件等对 NO 的催化氧化性能的内在联系和机理问题，本课题组只选取聚丙烯腈（PAN）一种电纺前驱体进行研究。为了增加 CNF 的催化活性位点，在电纺过程中采取将氧化石墨烯（GO）与 PAN 混纺制备 C/C 纳米复合纤维。通过改变条件，如活化温度、时间和采用不同的活化气体等制备出具有丰富的含氮官能团的高石墨化度的 CNF 和石墨烯纳米纤维，通过功能化方法从比表面积、孔结构、表面化学和石墨化度等角度进行实验设计，用于室温下低浓度 NO 的催化氧化；为了比较不同方法制备得到的具有石墨化的纳米纤维，采用电纺乙酰丙酮铁与 PAN 混纺的方法制备了复合纳米纤维，经低温处理得到低温催化石墨化的 CNF 用于室温下低浓度 NO 的催化氧化研究，并研究添加量及温度对其催化性能的影响。本书具体研究内容包含以下几个方面。

（1）具有局域催化石墨化的 C/C 纳米复合纤维的制备。利用静电纺丝的方法将从微晶石墨得到的氧化石墨烯（GO）与聚丙烯腈（PAN）混纺制备出 C/C 纳米复合纤维，在碳化过程中通过水蒸气（H_2O）和氨气（NH_3）分别处理得到多孔的且具有含氮表面官能团的活性碳纳米纤维，研究其处理条件对 NO 的催化氧化性能，同时研究 GO 的加入量对 NO 催化氧化能力的影响。

（2）石墨烯纳米纤维的制备及对 NO 催化氧化机理的研究。在电纺前驱体中，进一步增加 GO 的比例直到不可纺发生，探索得到 GO 所允许加入的最大量，在内容（1）的基础上提高活化温度和时间，同时改变活化气体，制备出以还原氧化石墨烯（rGO）为基体的石墨烯纳米纤维用于室温下 NO 的催化氧化测试，调节处理工艺条件，研究石墨化度对其催化性能的影响，同时研究、阐明其成形机理。

（3）低温催化石墨化法制备具有一定石墨化度的碳纳米纤维。将乙酰丙酮铁与 PAN 混纺制备出碳纳米复合纤维，研究了在碳化过程中不同温度下对其石墨化度的影响，同时研究了乙酰丙酮铁的加入量在相同条件下对复合 CNF 石墨化度的影响，阐明具有石墨质纳米结构中孔结构、比表面积与石墨化度的内在联系。

（4）总结静电纺丝法制备的碳纳米复合纤维在如下几个方面对室温下低浓度（50 ppm）NO 的吸附和催化氧化性能的影响规律：①经功能化 CNF 表面性质对 NO 催化性能的影响；②对复合纳米纤维原丝经后续不同的处理化工艺对 NO 催化性能的影响；③不同温度下获得的石墨烯纳米纤维对 NO 的催化氧化规律；④不同温度催化石墨化制备的 CNF 对 NO 催化氧化的影响规律；⑤在相同温度下乙酰丙酮铁的含量对 CNF 的石墨化度及对 NO 的催化性能影响。

2.4　试剂与主要实验设备

所涉及的主要化学试剂如表 2-1 所示。

表 2-1　主要化学试剂

试剂	规格	生产厂家
聚丙烯腈	分子量 150000	Scientific polymer （USA）
N,N-二甲基甲酰胺	分析纯	北京现代东方精细化学品有限公司
浓硫酸	分析纯，95%～98%	同上
硝酸	分析纯，68%	同上
磷酸	分析纯	北京化工厂
高锰酸钾	分析纯	北京现代东方精细化学品有限公司
双氧水	分析纯	同上
乙酰丙酮铁	分析纯	国药集团化学试剂有限公司
乙醇	分析纯	北京现代东方精细化学品有限公司
微晶石墨	工业级	郴州精工石墨有限公司
丙酮	分析纯	北京现代东方精细化学品有限公司
NO（500 ppm）/N_2	标准气	北京华元气体有限公司
NH_3（1000 ppm）/ N_2	标准气	北京华元气体有限公司
高纯氮气	标准气	北京华元气体有限公司
高纯氩气	标准气	北京华元气体有限公司

碳纳米纤维制备涉及的主要仪器设备如表 2-2 所示。

表 2-2 实验仪器与设备

仪器名称	规格型号	生产厂家
高压发生器	0～40kV	北京高压电器有限公司
注射泵	LSP01	保定兰格恒流泵有限公司
多路气体控制装置	自制	清华大学
石英管式炉	OTL1200	南京南大仪器厂
$NO-NO_2-NO_x$	0～100 ppm	美国 Thermo 公司

2.5 纳米纤维的制备装置

本课题组在制备碳纳米纤维原丝及碳纳米复合纤维原丝的过程中采用静电纺丝的装置。该装置由本实验室研究生自行设计组装而成，主要由三部分组成，第一部分为高压发生器（高压电源），第二部分为注射进液泵系统，第三部分为纳米纤维的接收装置。其装置示意图和实物图如图 2-6 所示。

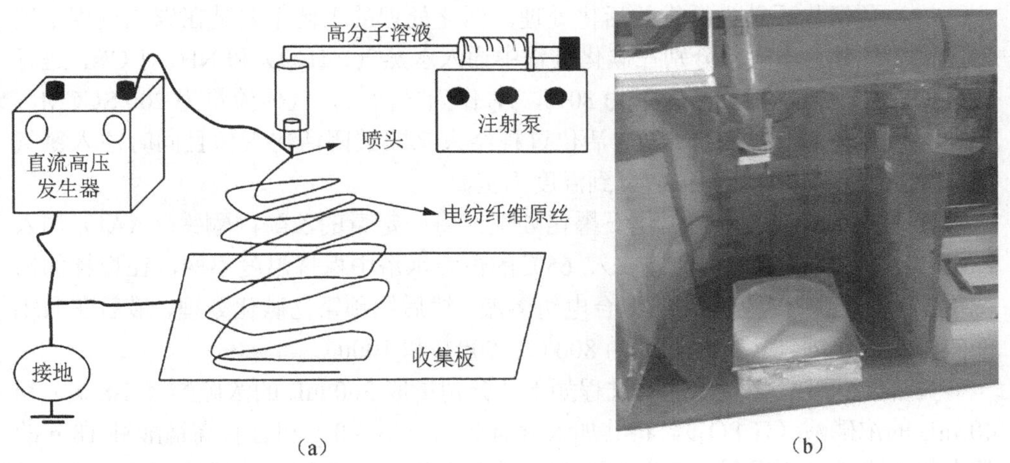

图 2-6 静电纺丝装置
（a）静电纺丝设备示意图；（b）实验装置实物图

2.6 材料的制备方法与处理工艺

本小节主要介绍以聚丙烯腈（PAN）为碳源前驱体通过静电纺丝的方法制备碳纳米纤维及与其他碳材料混纺制备碳纳米复合纤维的方法与后续对 CNF 的处理工艺。具体的不同处理工艺详见各章实验工艺部分所述。基本制备方法如下。

（1）高分子电纺溶液的配制。称取一定量的 PAN 溶于 *N,N*-二甲基甲酰胺（DMF）的溶剂中，在 65℃的恒温水浴中加热并搅拌 24 h 形成均匀的可纺高分子溶液。

（2）静电纺丝法制备高分子纳米纤维原丝。将第一步所得的均匀 PAN 溶液加入注射器中，调节高压发生器的电压为 25 kV，注射泵的给料速率设定为 1 mL • h^{-1}，电纺喷头到接收板的距离为 18 cm，在此条件下电纺制备纳米纤维原丝。

（3）电纺纳米纤维原丝的稳定化（预氧化/固化）。电纺得到的纳米纤维原丝容易发生黏结，在碳化前必须经过预氧化处理。预氧化过程的条件为：将纳米纤维原丝放入恒温鼓风干燥箱中，调节烘箱的升温速率为：在室温下以 3℃ • min^{-1} 升温至 250℃，在此温度下保持 1 h，再以 2℃ • min^{-1} 升温至 280℃，并分别在 260℃、270℃下保持 1 h，最后在 280℃下保温 2 h 即可。

（4）预氧化后纳米纤维的碳化。经预氧化处理后的纳米纤维放入石英管式炉中进行碳化处理，管式炉中通入氮气（N_2）或者氩气（Ar）预先吹扫 1～2 h 以彻底排除管中空气，然后继续通入氮气（N_2）或者氩气（Ar）并以 5℃ • min^{-1} 的升温速率升温至 800～1000℃，并在此温度下保持 10～30 min，然后自然冷却到室温。

（5）预氧化后纳米纤维的活化处理。活化处理的工艺主要是在碳化过程中通入不同的气体，本实验分别在碳化过程中通入水蒸气（H_2O）和 NH_3 对 CNF 进行造孔活化处理，水蒸气的含量为 30%，N_2 作为平衡气，气体流量为 200 SCCM，活化处理时间为 10～30 min，活化过程结束立即关闭活化气体且同时注入氮气（N_2）或者氩气（Ar）保护，直到温度为室温。

（6）对 CNF 的低温催化石墨化处理。将一定量的乙酰丙酮铁（AAI）加入 DMF 中在常温下搅拌均匀并放入 65℃的恒温水浴中保持温度不变，在搅拌的情况下加入一定量 PAN/AAI 的混合电纺溶液，然后经预氧化碳化处理，最后在 NH_3 的气氛中活化处理，处理温度为 800℃、900℃和 1000℃。

另外，制备氧化石墨烯的过程如下。分别量取 360 mL 的浓硫酸（H_2SO_4）和 40 mL 的浓磷酸（H_3PO_4），将其加入含有微晶石墨 3.0 g 和含有高锰酸钾 18 g 的混合粉末中。将所得到的混合溶液在水浴中逐渐加热到 50℃并搅拌 12 h。然后将其冷却到室温并将其缓慢倒入含有 3 mL 30%的双氧水（H_2O_2）中，经过滤、离心后取出上清物，将下部剩余固体物质连续用 200 mL 蒸馏水、200 mL 盐酸（30% HCl）和 200 mL 的乙醇清洗直到中性，最后在真空干燥箱中 60℃温度下干燥 48 h。

2.7　材料与样品的表征方法

主要采用的表征方法如下。

（1）扫描电子显微镜。扫描电子显微镜（scanning electronic microscopy，SEM），

型号为 LEO-1530，加速电压为 20 kV，主要用于观察纳米纤维及复合纳米纤维的微观形貌。

（2）透射电子显微镜。透射电子显微镜（transmission electronic microscopy，TEM），型号为 JEOL-2010，点分辨率为 0.18 nm，最高加速电压为 400 kV，主要用于观察样品的微观高分辨结构。

（3）拉曼光谱分析仪。拉曼光谱为英国雷尼绍公司（Renishaw）的共焦拉曼光谱仪（Invia Rm200）。激光器波长为 514.5 nm，用于分析纳米纤维的微晶结构和石墨化度。

（4）X 射线光电子能谱。X 射线光电子能谱（X-ray photoelectron spectroscopy，XPS）为 ESCALAB 250Xi 型 X 射线光电子能谱仪，使用 C 1s 特征峰位 284.5 eV 进行校准，主要用于表征样品表面的化学组成和原子状态。

（5）傅里叶变换红外光谱仪。傅里叶变换红外光谱（Fourier transform infrared spectroscopy，FTIR）仪器为 Bruker Vertex 70 型光谱仪，采用溴化钾压片制样制备样品，采集光谱范围为 4000～400 cm^{-1}，主要用于分析样品所含的各类官能团。

（6）X 射线衍射分析仪。X 射线衍射（X-ray diffraction，XRD）仪器型号为 D/Max 2500PC 型衍射仪，操作电压 40 kV，电流 30 mA，使用 $Cu\text{-}K_\alpha$ 靶，波长为 1.5418 nm，扫描角度为 $5° \leqslant 2\theta \leqslant 90°$，扫描速率为 $5° \cdot min^{-1}$。主要用于分析样品的物相组成和结构。

（7）氮气吸附脱附测试。样品的比表面积和孔结构特征通过 77 K 时氮气吸附脱附测试分析获得，仪器设备为日本拜尔公司的型号为 Belsorp-Max 的物理吸附仪，吸附仪为滴定法吸附仪。在进行氮气吸附-脱附实验前，先对样品在 250℃氮气气氛保护下脱气 12 h 或 24 h，以便脱除样品吸附的水分及其他杂质。

（8）原子力显微镜。原子力显微镜（atomic force microscope，AFM）型号为 SPM-9600，主要用于测量氧化石墨烯的厚度及尺寸。

（9）元素分析。元素分析采用型号为日本 Shimadzu 公司的 XRF-1800X 射线荧光光谱分析仪，主要用于分析样品中 C、O 和 N 元素的含量。

（10）热重分析。热重分析（thermogravimetric analysis，TGA）仪器型号为 METTLER TOLEDO 公司的 TGA/DSC1，升温速率为 $10℃ \cdot min^{-1}$，主要用于表征样品的热分解行为。

2.8　NO_x 吸附和催化氧化性能测试

本课题组主要研究的是纳米纤维及纳米复合纤维在室温下（30℃）对低浓度（50 ppm）NO 的吸附与催化氧化性能。NO 和 NO_2 的浓度检测装置采用的是美国 Thermo 公司的 NO-NO_2-NO_x 分析仪，分析浓度范围为 0～100 ppm。其余气路装置由本实验室自行设计安装而成，其反应装置示意图如图 2-7 所示。整个装置主要由三部分构成，分别是进气与混气部分、气体与样品反应部分和尾气分析部分。在第一部分中，通过流量计（MFC）可以控制 N_2、O_2 和 NO 的流量，使其以不同的体积比例进入不锈钢混气罐，实现不同浓度的混合气体。在混气罐混合均匀的气体可以通过旁路气路直接进入 NO-NO_2-NO_x 分析仪同时测试进口处气体的浓度。通过调节阀门，也可以将混合气体直接引入填充有一定量活性碳纳米纤维及复合纳米纤维的石英反应管（L=100 mm，I.D.=6 mm）进行 NO 的吸附与催化氧化实验。该实验全部在室温下测试，温度通过恒温水浴槽设定为30℃，反应气体的湿度由湿度计控制。

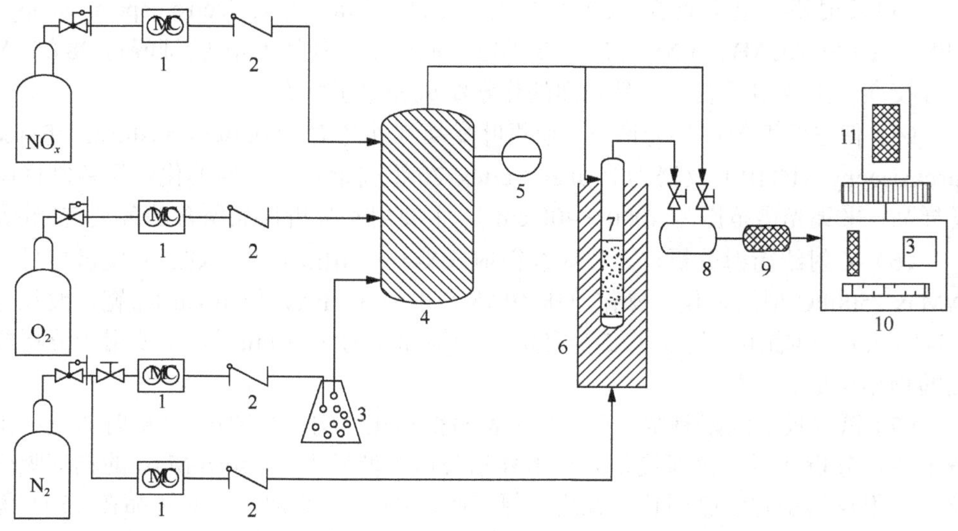

图 2-7　纳米碳纤维及复合纳米纤维室温吸附和催化氧化的 NO 装置示意图[69]

1．质量流量计（MFC）；2．单向阀；3．水浴；4．气体混合罐；5．温度计；6．恒温水浴；7．反应管；8．缓冲罐；9．干燥器；10．NO_x 分析仪；11．计算机

本研究中样品对 NO 的脱除率通过 NO 浓度的减少率来表示，样品对 NO 催化氧化为 NO_2 的催化活性通过 NO_2 浓度的增加率来表示，其公式分别如下所示。

$$R_d = (C_{NO,in} - C_{NO,out}) / C_{NO,in} \times 100\% \tag{2-1}$$

$$R_c = (C_{NO_2,out}) / C_{NO,in} \times 100\% \tag{2-2}$$

其中，R_d 代表 NO 的脱除率；$C_{NO,in}$ 表示进气口中 NO 的浓度；$C_{NO,out}$ 表示出口中检测到的 NO 浓度；R_c 表示样品对 NO 的催化氧化效率；$C_{NO_2,out}$ 表示出口中检测到的 NO_2 浓度。

第3章 碳/碳纳米复合纤维的制备及对NO的催化氧化性能研究

3.1 引 言

静电纺丝法制备的碳纳米纤维经预氧化、碳化和活化工艺处理后具有较高的力学强度、巨大的比表面积、丰富的浅层孔、特定的表面官能团及优良的热学和化学稳定性，在大气污染治理中可以作为吸附剂、催化剂及催化剂载体。相比于传统活性炭、活性碳纤维而言，碳纳米纤维在对不同浓度污染气体的吸附和催化方面具有优异的性能，特别是在对氮氧化物和硫氧化物的吸附及催化方面展示出潜在的应用价值。脱除高浓度的氮氧化物要比脱除低浓度的NO_x容易，特别是对于浓度在20～50 ppm的NO_x去除更加困难，这是由于NO在常温常压下是超临界气体（其临界温度低于常温），不能被表面、中孔及大孔进行物理吸附，只能通过微孔填充的方式逐步吸附[168]。在室温下研究低浓度NO_x的脱除少有报道，特别是采用纯碳材料对NO进行的催化氧化研究也较为少见，一般多是在较高的温度下对NO进行催化还原或氧化。在室温下对NO的吸附及催化氧化研究方面属于起步阶段，特别是采用碳纳米材料脱除，部分的研究目前主要集中于NO的常温吸附及高温下催化氧化，而且纯的纳米纤维研究已经到了一个瓶颈期，急需突破。静电纺丝法制备碳纳米复合纤维作为一种新型的复合材料制备手段将会突破传统单一材料的不足和缺陷，势必在NO_x的脱除方面起到重要的作用。

许多研究者利用碳材料通过金属电镀、浸渍、溅射或者控制孔结构的方法获得复合的碳基材料用于大气污染的治理方面[1]。静电纺丝法是一种制备复合纳米纤维的有效方法。该方法可以通过选择合适的前驱体及良好的溶剂再加入第二相的材料通过简单的电纺工艺就可以实现两项及多项材料的复合。一般加入的碳前驱体中的材料通常是金属或者金属的氧化物。近年来，CNF可作为催化剂的载体材料进行均相催化应用方面引起了人们的极大兴趣。镍（Ni）催化剂负载到CNF上显示出对甲烷分解的高反应活性和长寿命特征[169]。CNF对NO的还原能力主要依赖于CNF的比表面积和石墨化度，但是金属类（如Ni、Co、Pt、Pd和Cu）在氧气存在的条件下不能作为还原剂对NO进行还原[170]。在有氧和无氧的条件下金属铑颗粒负载到CNT上对NO催化脱除分别进行研究，实验结果表明，这种复合CNT对NO具有化学计量比的还原特性[171]。这种强烈的金属与碳材料载体之间的相互作用和 Rh/CNT 复合催化剂在没有过量氧气下的突出催化活性是由于碳支撑的还原剂而没有用到外部还原剂。另外，过渡金属 Cu、Co、Fe 和 Ni 对于 NO 的催化还原具有十分重要的影响。NO 与富勒烯、CNT、活性碳掺杂过渡金属的反应被研究[172]，相比于 CNT 单一材料，其复合的纳米材料能显示突出的催化活性。Ni 电镀处理过的活性碳纤维（ACF）在对 NO 的催化测试实验中表明，由于 Ni 分散在 ACF 的表面使 NO 在 ACF 上的催化活性大幅度提高。

碳材料除了负载金属作为复合材料外，许多金属氧化物也被负载到碳基材料中以提高对 NO 的催化活性。ACF 及活性炭负载金属氧化物作为复合材料对 NO 的脱除主要集中在对 NO 的选择性催化还原，且温度一般为 100℃以上，很少有在室温下且对 NO 催化氧化的报道。在这些反应中有时需要引入额外的还原性气体，如 NH_3 等。综合以上研究可以得知，在相同条件下无论是金属还是金属氧化物引入碳材料获得的碳复合材料对 NO 的催化特性都较单一的材料有很大的提高，这归功于基体材料与掺杂材料协同对 NO 的催化作用。常见的氧化物一般为 Mn_3O_4、Fe_2O_3、Cr_2O_3、Al_2O_3 和 CuO 等。

静电纺丝是一种经济、简单和高效的方法，用于制备碳纳米纤维及不同掺杂的碳纳米纤维。通过静电纺丝的方法将 MgO 和 Al_2O_3 纳米粒子嵌入 PAN 的前驱体中可以得到碳纳米复合纤维，通过调节不同的添加比例可影响复合纳米纤维的孔结构及比表面积等[173]。通过将 TiO_2 添加到碳前躯体中电纺得到的 TiO_2/碳纳米复合纤维可以显著地提高其电化学性能[174]。除了金属及其氧化物通过静电纺丝嵌入 CNF 中，碳纳米管也可以通过电纺嵌入聚合物的前驱体中得到碳/碳（C/C）纳米复合纤维[175]。近年来，石墨烯以其独特的二维结构、优异的力学、机械强度性能、巨大的比表面积、高的电导率和热导率及固有的催化活性已经引起了广大研究者的极大兴趣[176, 177]。因为其具有较高的比表面积，所以可以作为催化剂的载体，然而，研究表明，石墨烯由于其单层的特殊二维结构，除了本身具有催化活性外其还具有可降低气体分子（如 CO、NO 等）活化能的作用，从而促进催化反应的进行[178]。因此，本章将氧化石墨烯加入以聚丙烯腈作为前驱体的混合溶液中，通过静电纺丝的工艺及后续碳化活化处理制备出具有局域石墨化的碳/碳纳米复合纤维，通过这种复合纳米纤维提高对 NO 在室温下的吸附与催化氧化性能，并阐明后续对复合纳米纤维的表面官能化对结构和催化性能的影响及对 NO 催化机理的探究。

3.2　静电纺丝法制备 PAN/GO 复合碳纳米纤维及其表征

3.2.1　实验方法

将制备好的氧化石墨烯（GO）与作为前驱体的聚丙烯腈（PAN）在 *N*,*N*-二甲基甲酰胺（DMF）中混合加热并搅拌均匀，此混合溶液作为高分子溶液用于电纺，电纺得到的纤维原丝经预氧化、碳化和活化处理后得到多孔活性碳纳米复合纤维，具体的实验过程如下。

（1）氧化石墨烯（GO）的制备。用浓硫酸（H_2SO_4）、浓磷酸（H_3PO_4）和高锰酸钾（$KMnO_4$）将微晶石墨氧化获得氧化石墨，经超声分散后获得氧化石墨烯，其具体制备详见第 2 章所述。

（2）电纺溶液的配制。将上一步制备得到的 GO 首先溶于 DMF 中搅拌并形成均一稳定的溶液。电纺溶液的浓度（质量分数）为 11%，溶质分别由 GO 和 PAN 组成。为了测试不同量的 GO 对复合纳米纤维的影响，本实验选取了 5 种 GO 加入量，GO 和 PAN 的加入质量（单位：g）分别为：①0.02/0.98，②0.05/0.95，③0.10/0.90，④0.15/0.85，⑤0.20/0.80，⑥0/1.0（纯 PAN 作为对比样）。最后分别将六组样品在相同条件下通过静电纺丝工艺制备获得高分子聚合物原丝。

（3）原丝的预氧化。将上一步电纺得到的原丝在空气气氛中经过多阶段温度固化处理。其中预氧化的条件详见第 2 章所述。预氧化过程中原丝主要在形态和结构上发生重排、环化、脱氢化和交联反应，使纤维原丝不发生黏接现象，以均一稳定的形态为碳化过程做准备。

（4）复合纳米纤维的碳化处理。将预氧化后的纤维置于石英管式炉中进行热处理。处理温度为 850℃，时间一般为 10～60 min，气氛为氩气（Ar）或者氮气（N_2）（对于碳纳米纤维的碳化和活化处理，本课题组前期的实验结果表明 850℃是一个相对合适的温度[69]）。具体碳化参数请详见第 2 章所述。

（5）复合纳米纤维的活化处理。活化处理即在碳化过程中或之后通入一定量的气体以对纳米纤维进行造孔和表面官能化处理。本实验分别通入水蒸气（H_2O）和氨气（NH_3）作为活化气体。H_2O 体积分数为 30%，N_2 作为载气；NH_3 活化时，关闭 N_2 调节流量计为 200 SCCM 并通入 NH_3。

（6）将碳化和活化后得到的六种复合纳米纤维样品在室温下进行 NO 的吸附和催化氧化测试。温度设定为 30℃，NO 的浓度设定为 50 ppm，NO 和 NO_2 的浓度由 NO-NO_2-NO_x 分析仪实时监测。

3.2.2　氧化石墨烯制备过程与表征

用化学氧化法制备氧化石墨烯（GO）的过程中，各种试剂的主要功能是，浓硫酸：强酸，进入石墨层间；高锰酸钾：强氧化剂，氧化生成氧化石墨经过超声剥离得到氧化石墨烯；双氧水：除去氧化中多余的高锰酸钾，氧化为二价锰离子除去；稀盐酸：洗去其中的金属离子，硫酸根离子；氯化钡：检测其中的硫酸根离子。其制备关键过程如图 3-1 所示。将双氧水（H_2O_2）逐滴加入经强酸、强碱和高锰酸钾氧化后的混合溶液中时，随着加入量的增加，溶液的颜色逐渐由暗棕色变为土黄色，洗后经离心、洗涤和干燥后得到氧化石墨粉体，超声后得到氧化石墨烯，制备方法采用文献中报道的改进方法[179]。

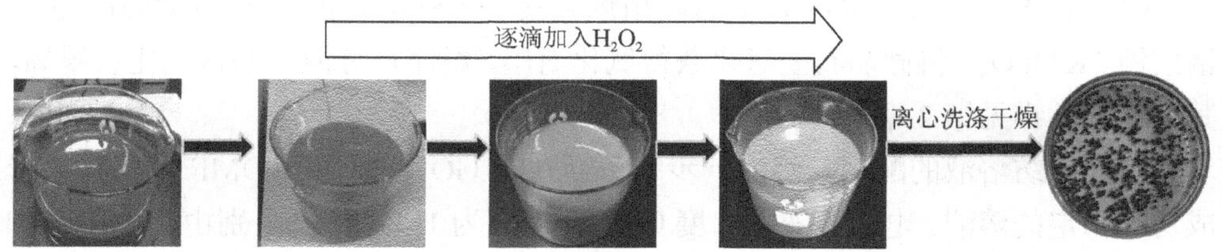

图 3-1　GO 的制备过程

未经超声处理的氧化石墨含有大量的含氧官能团，且许多片层叠加在一起形成皱褶或者团簇状，其微观形貌如图 3-2 所示。氧化石墨经强酸和强碱插层后多数片层极易发生弯曲甚至卷曲，但这时片层与片层之间的空隙已经明显加大，片层之间的作用力也为很微弱的范德华力。经过超声处理后，片层与片层之间极易分开，成为单层或多层的石墨烯。

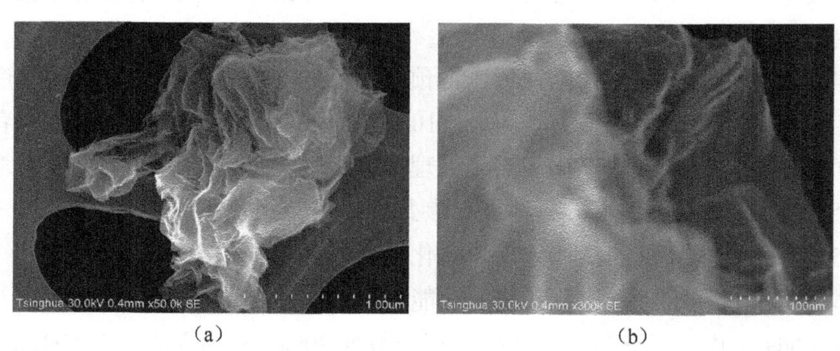

（a）　　（b）

图 3-2　氧化石墨的 SEM 微观形貌图

（a）低倍；（b）高倍

经超声处理后的氧化石墨成为单层或多层的 GO 后，往往由于溶液浓度及其他原因还会叠加在一起，所以得到单层的 GO 很不容易，在实际中往往得到的 GO 为多层叠加在一起的状态，这一点可以由高分辨透射电镜观测到，其 TEM 形貌如图 3-3 所示。

氧化石墨经超声分散处理后可以获得单层或多层的石墨烯，其微观形貌可以由原子力显微镜观测，如图 3-4 所示。由图可知，在稀溶液中超声后的 GO 分散较好，经过随机选取的四片 GO 片层测量后其厚度分别为 0.48 nm、0.35 nm、0.73 nm 和 0.86 nm，可认为是单层石墨烯，其横向尺寸为 100～500 nm。

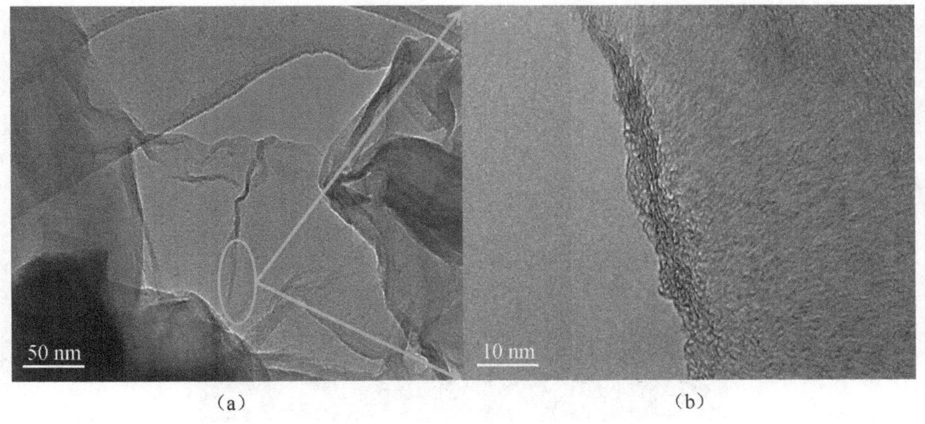

图 3-3 氧化石墨经超声处理后的 TEM 形貌图

(a) 低倍形貌；(b) 高倍形貌图显示出选定区域的多层结构

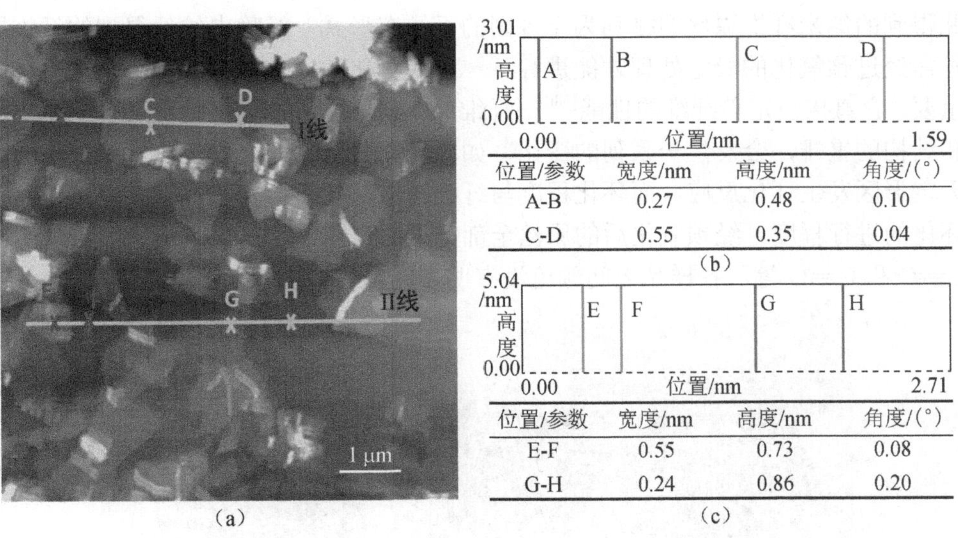

位置/参数	宽度/nm	高度/nm	角度/(°)
A-B	0.27	0.48	0.10
C-D	0.55	0.35	0.04

位置/参数	宽度/nm	高度/nm	角度/(°)
E-F	0.55	0.73	0.08
G-H	0.24	0.86	0.20

图 3-4 氧化石墨经超声分散后的 AFM 纤维形貌图

(a) GO 的微观形貌图；(b) I 线中 A～D 四个位置；(c) II 线中 E～H 四个位置

3.2.3 电纺复合纳米纤维原丝形貌及表征

通过静电纺丝获得的不同 GO 添加量的纤维原丝的宏观形貌如图 3-5 所示。从图中可以看出，随着 GO 含量的增加，纤维的颜色逐渐加深，这与纯的 PAN 原丝的颜色形成了鲜明的对比，同时也说明 GO 已经被成功地电纺到 PAN 前驱体中。

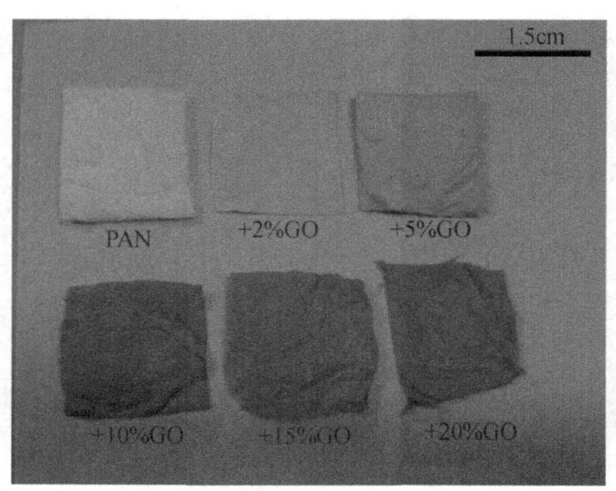

图 3-5　电纺 PAN/GO 复合纳米纤维原丝宏观形貌图

由于高分子溶液在高压下将液滴从上而下喷射到收集板的形状为螺旋状，因此得到的纳米纤维原丝的排列为无规则的无纺布形式。经静电纺丝得到的纤维原丝需经过预氧化的稳定处理才能进行下一步的碳化和活化。其中预氧化过程特别重要，它直接决定着纤维的性能[180]。纤维原丝在固化的过程中主要进行的是形态和结构的重排，会发生一系列的变化，如环化、脱氢化和交联反应。第一步会在无定形区发生环化反应，而环化程度与纤维的放热量密切相关，其能直接反映出环化的进行程度。经预氧化后的原丝全部变为暗棕色，这是由于形成了带色基团 C═C 和 C═O 等，各样品之间颜色没有明显区别，如图 3-6 所示。

图 3-6　复合纳米纤维原丝经预氧化后的宏观形貌图

电纺得到的纤维原丝为高分子聚合物分子搭接成纤维状的最原始形态。从图中可以看出纤维原丝的表面比较粗糙，有许多起伏状的凸起铺附在其上，这样使纤维的表面看起来不是很光滑，这是由于在喷丝过程中溶剂的挥发所致。纳米纤维原丝的直径大约为 500 nm 且为连续的纤维状。从图 3-7（b）和（c）中可以看出经预氧化后的纳米纤维直径发生了显著的变化，直径从 500 nm 左右逐渐缩减至 200 nm 左右，而且从图中无法看到 GO 的形貌。从图 3-7（c）中可知，在预氧化的过程中由于温度的关系部分纤维会发生黏结和融并，致使许多纤维纠缠在一起，但是这种现象只是在纤维的极少数部位发生，这也和电纺的喷丝质量有关。另外，可以从图中看出，经预氧化后的纤维表面相比于纤维原丝会更加光滑和平整，纤维的形态突出更加明显。

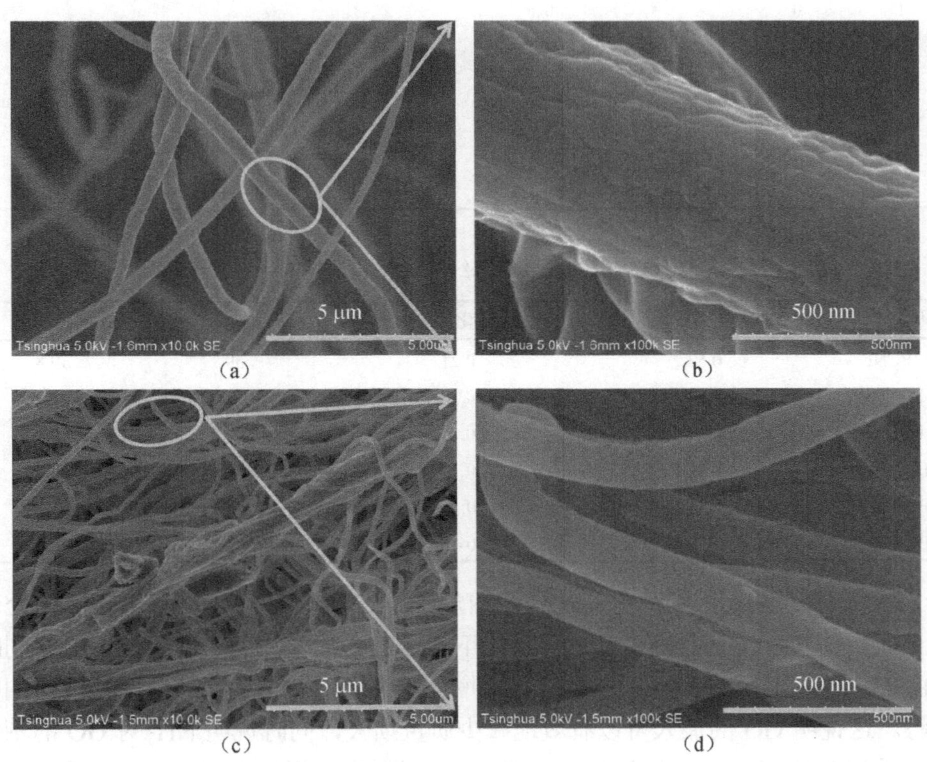

图 3-7　复合纳米纤维原丝和经预氧化处理后纳米纤维的 SEM 微观形貌

（a）电纺纤维原丝低倍微观结构；（b）纤维原丝表面局部放大图；
（c）预氧化纤维的低分辨图；（d）预氧化纤维的局部放大图

3.2.4　碳纳米复合纤维的微观形貌及其表征

为了使预氧化后的复合纳米纤维变为碳纳米纤维，本实验将预氧化处理后的纳米纤维放入石英管式炉中在氮气的气氛中以 5℃ · min^{-1} 的升温速率将温度升高到 850℃碳化 30 min，碳化完毕后在此温度下关闭氮气分别通入 NH_3 和水蒸气（H_2O）活化 10 min。活化 10 min 主要是为了得到更多的后续样品，以便有足够多的量去对 NO 的催化氧化进行测试，六种样品都保持一致的碳化和活化时间以便相互在各方面的结构和性能上做出对比。为了简单起见，本实验将碳化和活化后的六个样品依照 GO 的含量分别编号：PCNF（无 GO）、PGCNF2（2% GO）、PGCNF5（5% GO）、PGCNF10（10% GO）和 PGCNF20（20% GO）。其详细配比工艺及后续处理工艺和质量的相对变化如表 3-1 和表 3-2 所示。

表 3-1　电纺复合纳米纤维的原料配比及处理工艺

<table>
<tr><th>PAN/g</th><th>GO/g</th><th>DMF/g</th><th>GO/（GO+PAN）</th><th>浓度（质量分数）/%</th><th>处理条件</th></tr>
<tr><td>1</td><td>0</td><td rowspan="6">9</td><td>0</td><td rowspan="6">11</td><td rowspan="6">850℃ N_2 30 min NH_3 10 min</td></tr>
<tr><td>0.98</td><td>0.02</td><td>2%</td></tr>
<tr><td>0.95</td><td>0.05</td><td>5%</td></tr>
<tr><td>0.90</td><td>0.10</td><td>10%</td></tr>
<tr><td>0.85</td><td>0.15</td><td>15%</td></tr>
<tr><td>0.80</td><td>0.20</td><td>20%</td></tr>
</table>

表 3-2　预氧化后的复合纳米纤维碳化和活化的条件及产率

样品编号	预氧化后质量/g	碳化活化后质量/g	烧失率/%	收率/%
PCNF	0.52	0.21	59.2	40.8
PGCNF2	0.44	0.18	58.1	41.9
PGCNF5	0.43	0.18	57.4	42.6
PGCNF10	0.45	0.19	56.4	43.6
PGCNF15	0.34	0.15	54.4	45.6
PGCNF20	0.39	0.18	53.7	46.3

从表中可以看出，预氧化的复合纳米纤维在 850℃下分别碳化和活化处理 10 min 后其六个样品的质量都有显著的下降，其质量的额损失率超过 50%，同时可由表 3-2 看出，随着 GO 含量的逐渐增加其经碳化和活化后的收率呈现增加的趋势。这说明 GO 的加入可以有效地减少质量损失，同时说明 NH_3 对 GO 的刻蚀能力要弱于对 PAN 纳米纤维的刻蚀能力，所以质量的损失大部分来自于无定形纳米纤维的损失。由于 NH_3 为还原性气体，嵌入 PAN 纳米纤维的 GO 在高温下可被 NH_3 还原成还原氧化石墨烯（rGO）。

经碳化和活化后的复合纳米纤维的微观形貌图如图 3-8 所示。由于六种不同的样品在预氧化过程中经历了瞬时的环化、脱氢和交联反应后使复合纳米纤维在高温下碳化和活化过程中不会发生融并现象[181]。从图 3-8（a）中可以看出，没有添加 GO 的样品 PCNF 纤维具有表面比较光滑和直径均一的特征，直径相对于预氧化后的纳米纤维的直径没有太大变化，缩小的幅度很小，基本都还集中在 200 nm 左右。但是，从样品 PGCNF2 开始后复合纳米纤维表面逐渐变得粗糙起来，可以在电镜下清楚地看到纤维的表面有类似“关节状”或“团簇状”的凸起显现，而且数量会随 GO 含量的增加而逐渐加大。由于在超声过程中氧化石墨的片层分散在溶剂中片层的横向尺寸大小不一致，这样会导致在电纺过程中尺寸较大的GO会暴露在纳米纤维的外表面，而横向尺寸小于复合纳米纤维直径的 GO 则会被电纺纤维的原丝全部包覆，从而镶嵌在纤维的内部无法看到。另外，暴露在复合纳米纤维外表面的 GO 片层多数极易发生弯曲或者皱褶，且是多层的 GO 叠加在一起。

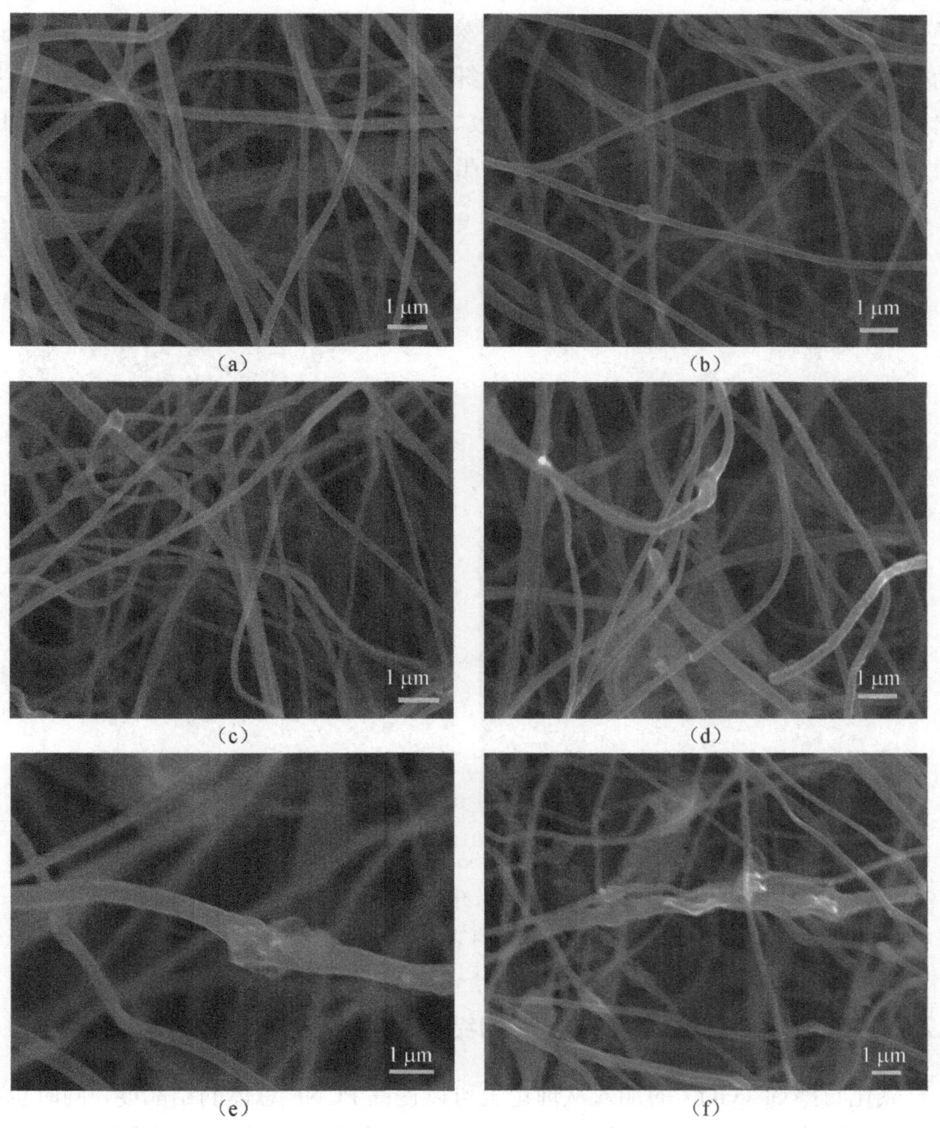

图 3-8　不同含量的 GO 的 PAN 基复合纳米纤维经碳化和活化后的 SEM 微观形貌

(a) PCNF；(b) PGCNF2；(c) PGCNF5；(d) PGCNF10；(e) PGCNF15；(f) PGCNF20

纯 PAN 纳米纤维和复合纳米纤维的高分辨微观图可由透射电镜观察，如图 3-9 所示为样品 PCNF 和 PGCNF 的 TEM 图。从图 3-9（a）中可以看出，纯 PAN 纳米纤维的表面没有看到 rGO 的片层镶嵌在其上，这是由于在选区的区域中 GO 的片层要小于纳米纤维的直径。从其高分辨的图像（b）中可以看出，纳米纤维表面没有观测到整齐有序排列的石墨条纹，而是无定形的碳结构，也属于乱层石墨结构，这说明在此温度且加入 GO 的情况下无法使纳米纤维石墨化。从图中也可以看出，经过 NH_3 活化后纳米纤维的表面由于被刻蚀而形成较为粗糙的形貌。图 3-9（c）为横向尺寸较大的 GO 片层镶嵌在纳米纤维的表面，这样使纳米纤维的表面有突出的棱角，与 SEM 图中观察到的相一致。此外，从载气局部放大图中可以看出，边缘或者表面还是以无定形的碳形式存在，仍属于乱层石墨结构。

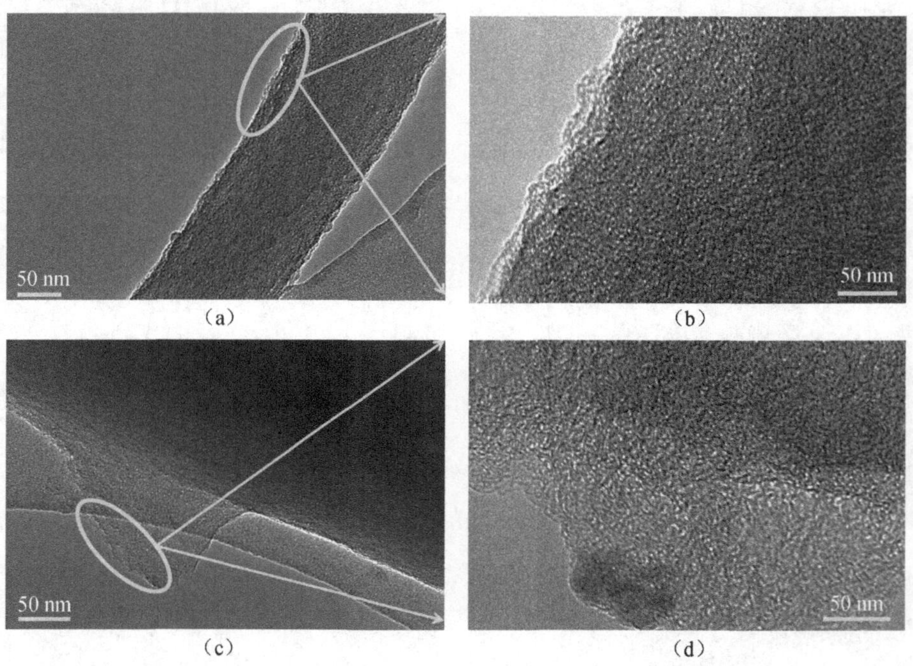

图 3-9　碳纳米纤维透射电镜图

（a）、（b）PCNF 和 PGCNF 低倍形貌；（c）、（d）PCNF 和 PGCNF 高倍形貌

3.2.5　PAN/GO 复合碳纳米纤维的结构和石墨化度

氧化石墨烯（GO）的加入从理论上可以提高 PCNF 总体的结晶度，同时也会提高复合纳米纤维总体的石墨化度。六种不同添加量的复合纳米纤维的 X 射线衍射（XRD）图如图 3-10 所示。所有样品的衍射花样在 22.5° 附近有一个强烈的衍射峰且在 42.5° 处有一个微弱的衍射峰，这两个衍射峰分别属于无定形碳的（002）

和（10）峰。从图中可以看出随着 GO 量的逐渐增加，（002）峰的峰形逐渐变得尖锐、峰宽变细，表明随着 GO 含量的增加复合纳米的结晶性逐渐提高，特别是当 GO 的含量达到 15%时衍射峰与纯 PAN 衍射峰最为明显。这说明一定量 GO 的加入对于提高 PGCNF 的整体结晶性起到了很重要的作用。但是，从图中可以发现 PGCNF20 样品并没有表现出很强的结晶性，这是由于过量的 GO 加入容易产生 GO 的聚集或者层叠从而阻碍了结晶效应[179, 182]。GO 的加入量对复合纳米纤维整体石墨化度的影响可以通过样品的拉曼光谱来测定，图 3-11 为六种不同 GO 加入量的拉曼光谱。

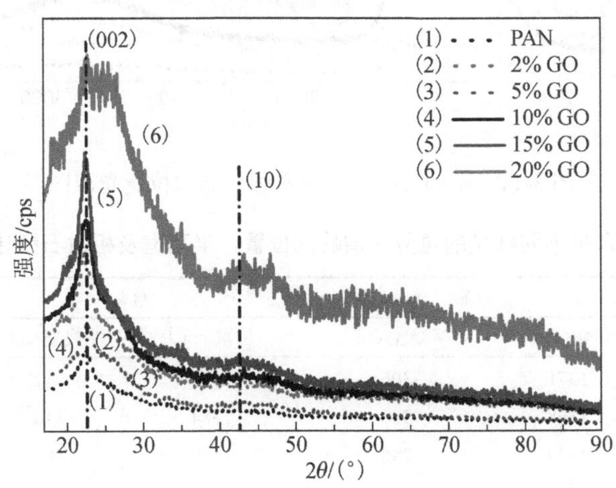

图 3-10　六种不同 GO 含量的复合纳米纤维的 XRD 图谱

从图 3-11 中可以看到，所有样品的拉曼光谱都在大约 1350 cm^{-1} 的位置处显示出明显的 D 峰，在大约 1580 cm^{-1} 的位置显示出明显的 G 峰，这两个峰分别对应了碳材料中无序结构和石墨结构，同时也表明这些复合纳米纤维表现出具有微晶石墨材料的性质[183, 184]。可通过分别比较每个样品的 D 峰和 G 峰的强度比值（I_D/I_G）得到石墨化度的相对程度。关于六种样品峰的一些信息，如峰的位置、峰的半高宽（FWHM）和石墨化程度的相对比值（I_D/I_G）详见表 3-3。从表中可以看出，D 峰和 G 峰的半高宽分别都在 300 cm^{-1} 和 110 cm^{-1} 附近，六种样品中 PGCNF5 具有最低 D 峰和 G 峰的半高宽，对于石墨化程度来说，I_D/I_G 的值越低则说明样品的石墨化度越高，从表 3-3 中得知，I_D/I_G 的值随着 GO 含量的增加呈现了先减少后增加的变化规律，其中 PGCNF5 的 I_D/I_G 值为 0.9 时最低，石墨化度最高。

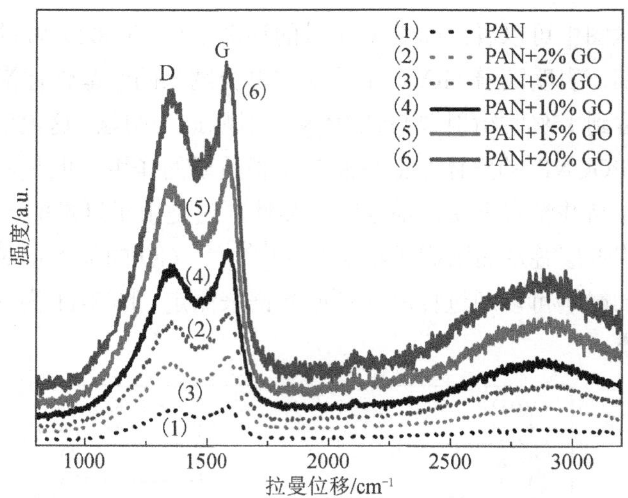

图 3-11　不同 GO 含量的六种样品的拉曼光谱图

表 3-3　六种不同样品的拉曼光谱峰的位置、半高宽及相对石墨化度数据

样品	D 峰		G 峰		I_D/I_G
	位置/cm^{-1}	半高宽/cm^{-1}	位置/cm^{-1}	半高宽/cm^{-1}	
PCNF	1371	306	1586	112	1.2
PGCNF2	1368	300	1584	110	1.1
PGCNF5	1370	288	1586	101	0.9
PGCNF10	1368	300	1584	111	1.1
PGCNF15	1368	303	1586	112	1.2
PGCNF20	1369	305	1586	115	1.4

3.2.6　PAN/GO 复合碳纳米纤维的比表面积和孔结构

复合纳米纤维的比表面积和孔特征通过 77 K 时氮气吸附脱附测试来表征。图 3-12 显示了六种不同 GO 添加量复合纳米纤维的吸附脱附曲线，由图中可以看出，很极低分压下（小于 0.05）样品对 N_2 的吸附已经全部完成，在中等分压和高分压下六种样品的 N_2 吸附脱附曲线出现了一个吸附平台。因此，根据国际纯粹与应用化学联合会（IUPAC）的定义可知，六种样品的吸附脱附曲线都属于 I 型曲线，同时说明了六种不同样品的孔结构主要以微孔为主[185]。但是，从图中还可以看出，脱附曲线在六个样品中存在一定的差异，样品 PCNF、PGCNF2 和 PGCNF5 的脱附曲线基本和吸附曲线相一致，重合度比较好；但是从样品 PGCNF10 开始直到 PGCNF20 三个样品的脱附曲线出现明显的回滞环，且随着 GO 含量的增加脱附曲线与吸附曲线的重合度逐渐变差，回滞环逐渐变得很明显，如图 3-12（a）

中回滞环的局部放大图，这说明 GO 的添加量在达到一定量的时候会引入部分的中孔，这一点可由图 3-12（b）得到验证。

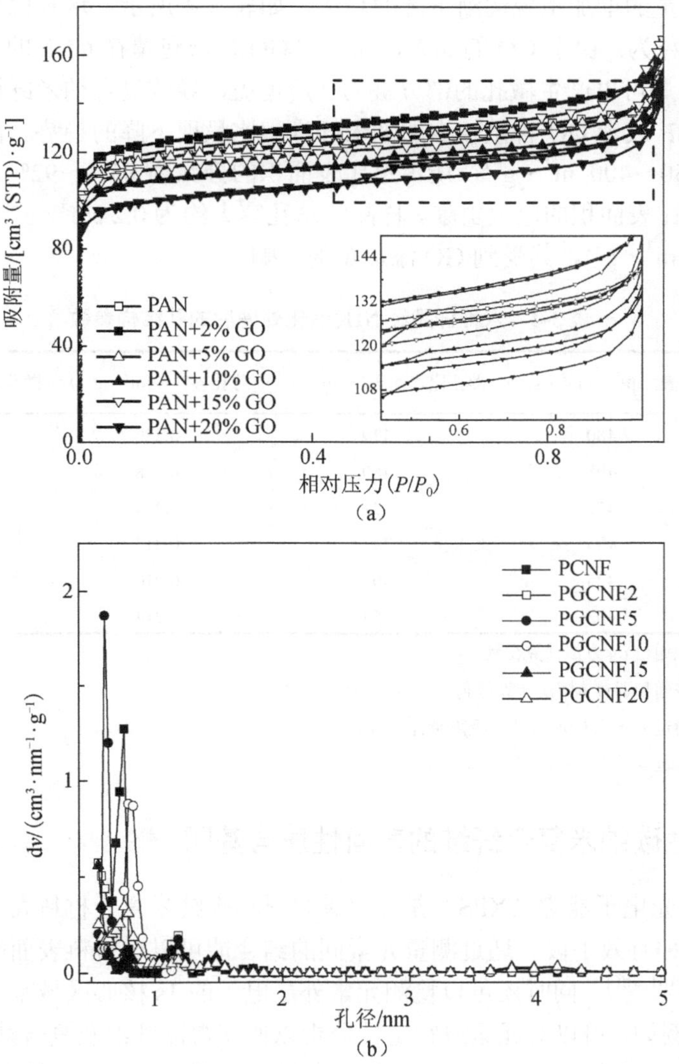

图 3-12　六种样品的吸附脱附等温线（a）和孔径分布（b）

六种不同样品的孔径分布如图 3-12（b）所示。从图中可以看到，所有样品的孔尺寸绝大部分都在集中在 1 nm 左右，有少部分在 1～2 nm，属于以微孔为主的孔结构，结果与吸附脱附曲线相一致。在 4 nm 附近存在少量的中孔分布，这是由于 GO 的加入后片层与片层间或 GO 片层与 PAN 纳米纤维之间构成了一些中孔的缝隙，结构与吸附脱附曲线的回滞环相一致。但是这种中孔所占比例极小，整体的复合纳米纤维还是为主结构，这对于 NO 的吸附及催化氧化提供了必要的条件。

样品经过碳化和 NH_3 的活化处理后，为了得到足量的样品，设定的活化时间较短，一般为 10 min，六种样品的表面积在 400～500 $m^2 \cdot g^{-1}$，且六种样品的比表面积随着 GO 含量的增加呈现逐渐下降的趋势，如表 3-4 所示。这种比表面积下降的原因可以解释为：由于 GO 的加入，部分的 GO 片层包覆在 CNF 的表面，这样使 CNF 表面大量可以产生微孔的部分被 GO 所覆盖，导致复合纳米纤维整体的比表面积与 PCNF 或者 GO 含量较少的纳米纤维相比呈现下降的趋势。微孔所占的比表面积在 350～400 $m^2 \cdot g^{-1}$，所占总比表面积的分数为 85%～92%，结果充分体现了微孔对比表面积的巨大贡献。样品的总孔容大约为 0.2 $cm^3 \cdot g^{-1}$，微孔孔容为 0.13～0.18 $cm^3 \cdot g^{-1}$，其受到 GO 添加量的影响。

表 3-4　六种样品经 NH_3 活化处理后的孔结构参数

样品	比表面积①/（$m^2 \cdot g^{-1}$）	微孔比表面积②/（$m^2 \cdot g^{-1}$）	总孔容③/（$cm^3 \cdot g^{-1}$）	微孔容④/（$cm^3 \cdot g^{-1}$）
PCNF	480	429	0.226	0.166
PGCNF2	498	460	0.228	0.167
PGCNF5	472	428	0.244	0.181
PGCNF10	435	393	0.217	0.158
PGCNF15	425	403	0.216	0.156
PGCNF20	402	353	0.214	0.137

① 比表面积通过 α_S 方法计算得到。

② 微孔比表面积通过 *t*-图法计算得到。

③ 总孔容通过分压为 0.95 时的氮吸附量计算得到。

④ 微孔容通过 *t*-图法计算得到。

3.2.7　活性碳纳米复合纤维的表面性质与基团

X 射线光电子能谱（XPS）是分析碳材料和碳纳米复合材料表面官能团及表面元素的一种有效手段。通过测量元素间的结合能可以对材料表面的官能团进行半定量分析[181, 186]，同时还可以检测元素外层电子的 1s 核心区域来得到许多有价值的信息，例如，可以对元素进行定性分析以便获得碳纤维及复合纳米纤维中 C、N 和 O 的相对含量。但是，由于 XPS 只能在材料表面小于 10 nm 的表层进行分析，因此元素的最终分析结果与体相元素分析结果有一定差异。

本实验分别对四种不同的样品进行了 XPS 分析，这四种样品分别是：①纯 PAN 纳米纤维在 850℃下 N_2 气氛中处理，样品记为 PCNF-N_2；②样品 PGCNF5 在 850℃下 N_2 气氛中处理，样品记为 PGNF5-N_2；③样品 PGCNF5 在 850℃下水蒸气气氛中处理，样品记为 PGCNF5-H_2O；④样品 PGCNF5 在 850℃下 NH_3 气氛中处理，样品记为 PGCNF5-NH_3。四种纤维样品的全谱扫描图如图 3-13 所示。从图中可以看出，除样品 PGCNF5-H_2O 外，其他三种纳米纤维都出现了三个明显的谱峰，分别对应着 C、N 和 O 的 1s 峰。样品 PCNF-N_2 和 PGNF5-N_2 的全谱峰中三种元素的峰位及三种元素的相对含量基本没有差别，这说明 GO 的加入在相同的 N_2 气氛碳化条件下对 C、N 和 O 三种元素的相对含量并没有明显的影响，见表 3-5。

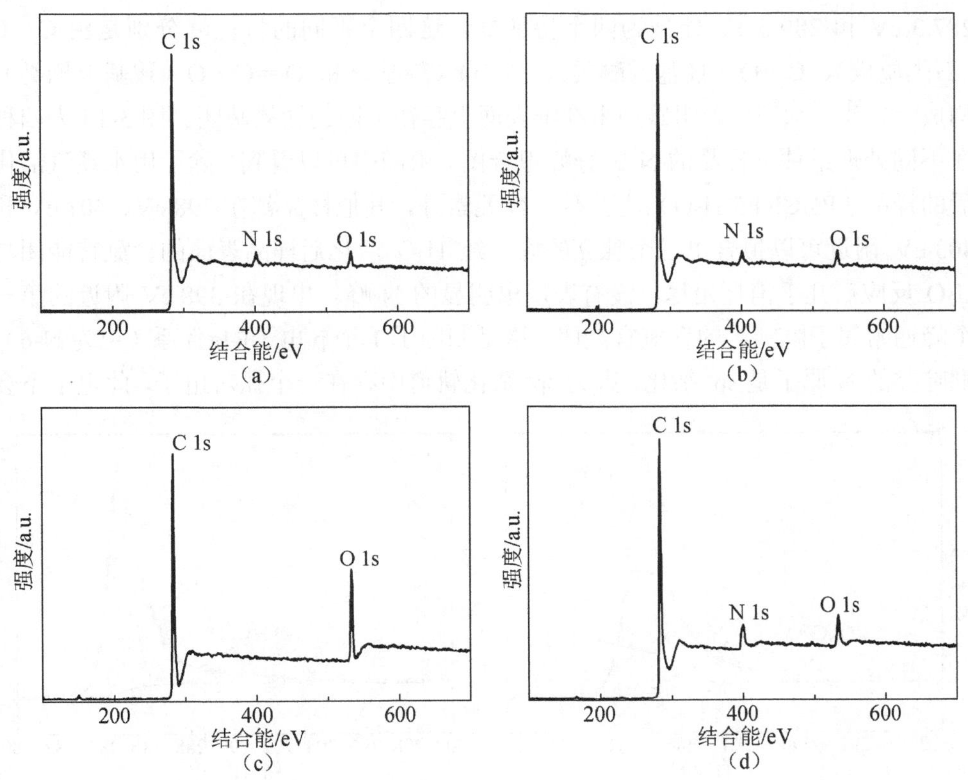

图 3-13　四种不同纳米纤维的 XPS 全谱图

（a）PCNF-N_2；（b）PGNF5-N_2；（c）PGCNF5-H_2O；（d）PGCNF5-NH_3

表 3-5　四种不同纳米纤维的表面化学组成

样品	C 含量/at%	N 含量/at%	O 含量/at%
PCNF-N_2	95	2.8	2.2
PGNF5-N_2	94.6	2.9	2.5
PGCNF5-H_2O	90.0	0.6	9.4
PGCNF5-NH_3	91.6	5	3.4

注：at%表示原子相对百分含量

但是，相同的样品分别在水蒸气和氨气气氛下活化后 N 和 O 元素的含量存在很显著的差别。由表 3-5 可知，经 H_2O 活化后的 PGCNF5 含氧量几乎是经 NH_3 活化后样品含量的 3 倍，而氮元素的含量由于 H_2O 的作用含量微乎其微。相反，

经过 NH_3 活化后样品的含氮量无论是与 N_2 碳化后的还是与 H_2O 活化后的相比，都有显著的增加，几乎增加了一倍。所以，采用 NH_3 活化处理碳纳米复合纤维是一种对其掺氮的有效方法。图 3-14 为以上四种不同样品的 C 1s 高分辨能谱图。图 3-14（a）～（d）中几乎都可以（除样品 PGNF5-N_2 外）在 284.7 eV、285.6 eV、287.3 eV 和 289.5 eV 处分为四个特征峰。这四个不同的特征峰分别是由 C—C（石墨质碳）、C—O（羟基或醚类）、C═O（羰基）和 O═C—O（羧基或酯类）构成[120, 181, 187, 188]。表明碳纳米纤维表面上存在不同的含氧基团。图 3-15 为四种在不同处理条件下样品的 N 1s 分峰拟合图。由图中可以看到，除了用水蒸气活化后的样品（PGCNF5-H_2O）几乎不含 N 元素外，其他样品都在 398 eV、401 eV 和 403 eV 附近可以拟合出三个独立的峰。经 H_2O 活化后样品表面的含氮官能团与 H_2O 反应后几乎消耗殆尽，没有表现出明显的 N 峰。出现在 398 eV 附近的第一个峰通常属于吡啶类的含氮官能团，这是归因于 1 个 p 电子的π体系（记为 N-6）。吡啶类的 N 原子是 sp^2 杂化，因为 sp^2 杂化轨道中存在一个孤对电子，此电子不会

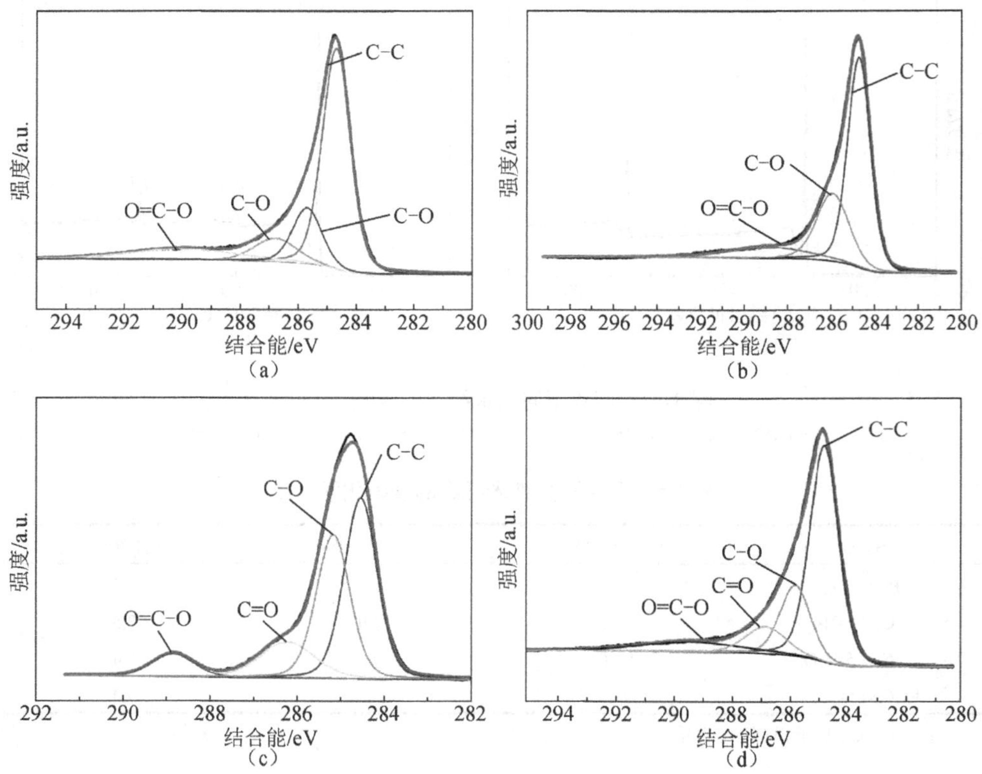

图 3-14　四种不同处理条件得到纳米纤维的 C 1s 分峰图

（a）PCNF-N_2；（b）PGNF5-N_2；（c）PGCNF5-H_2O；（d）PGCNF5-NH_3

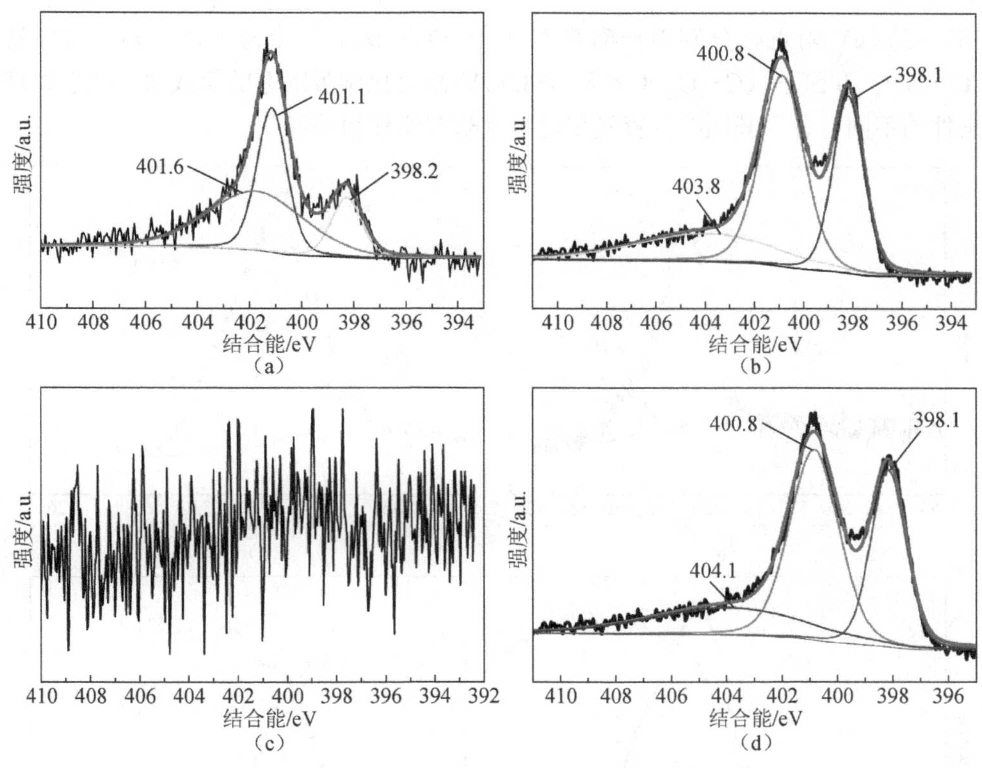

图 3-15　四种不同处理条件得到纳米纤维的 N 1s 分峰图

（a）PCNF-N_2；（b）PGNF5-N_2；（c）PGCNF5-H_2O；（d）PGCNF5-NH_3

参与π共轭体系，所以此类型的 N 在 XPS 图中出现在结合能较低的位置[120, 189–192]。从图中还可看出，样品 PGNF5-N_2 中 N-6 的相对含量要明显高于样品 PCNF-N_2 中 N-6 的含量，表明 GO 可以影响 N-6 的相对含量，同时也说明 GO 中的 N 主要是以 N-6 形式存在。在 400～401 eV 之间出现了一个较强的峰，这个峰是由于吡咯型（记为 N-5）的 N 引起的[193–195]，由图中可知，三种样品中吡咯型的 N 含量都相对较高，说明在不同处理条件下四个样品中的 N 主要还是以 N-5 形式存在。在 401～404 eV 之间出现的另一个 N 峰是由于石墨型的 N（记为 N-Q）和少量亚硝基和硝基引起的[195, 196]，可以从图中看出，N-Q 型的氮在所有样品中的含量都为最低，经过 NH_3 处理后的样品中 N-Q 的 N 部分会转变为 N-6 型的 N。此外，由于含 N 基团不同结合态的结合能都十分接近，例如，样品中 404 eV 附近的峰为亚硝基和硝基及 N-Q 三种基团的结合，表现为一个很宽的峰，很难将每一个峰逐一精确拟合，往往被误认为是一个峰。

图 3-16 为四种不同样品 O 1s 分峰拟合图，由图可知，四种样品 O 1s 的谱峰都可以经分峰后拟合成三个独立的峰位，这三个峰位分别位于 530 eV、531 eV 和

533～535 eV 附近，分别对应着羰基（C═O）、碳氧结合态（C—O），如羟基（C—OH）和醚基（C—O—C）及 533.9 eV 附近化学吸附态的氧或水。随着处理条件的不同，各个基团的位置及相对强度略有偏移和差别。

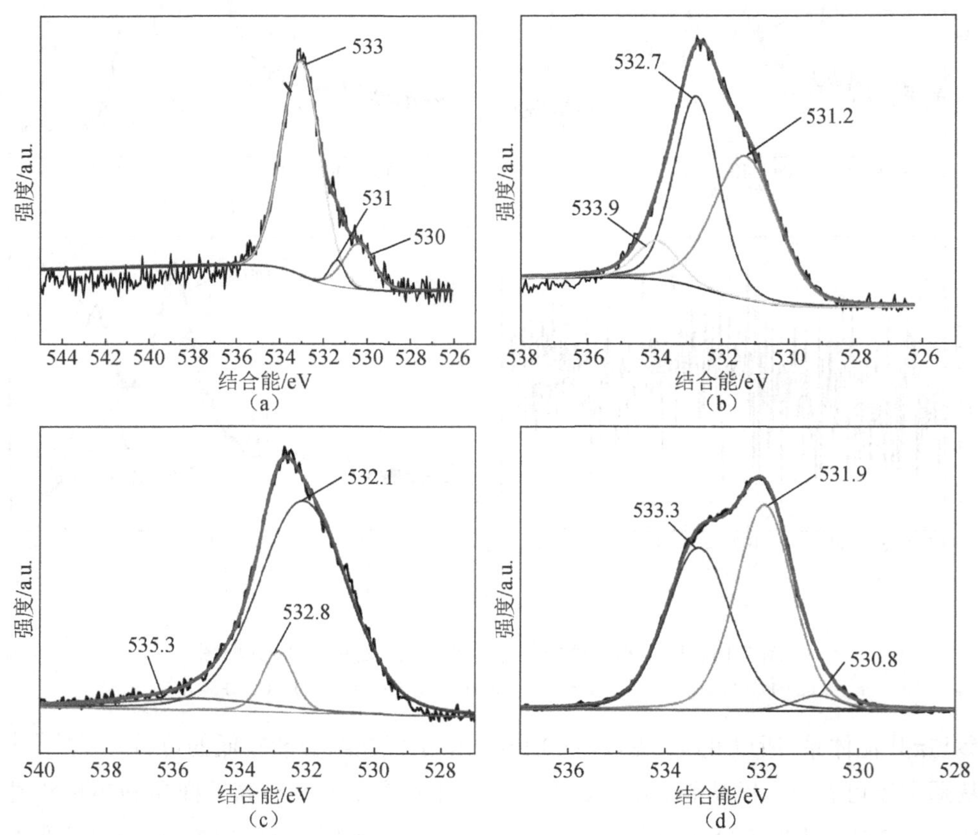

图 3-16　四种不同处理条件得到纳米纤维的 O 1s 分峰图

（a）PCNF-N_2；（b）PGNF5-N_2；（c）PGCNF5-H_2O；（d）PGCNF5-NH_3

此外，经过 NH_3 处理后的样品可以引入含氮官能团，这一点也可以由傅里叶红外吸收光谱图检测到。如图 3-17 所示为样品分别在 N_2 和 NH_3 中处理后的红外光谱对比图，未经 NH_3 活化的样品在 3435 cm^{-1} 附近出现了羟基的伸缩振动峰，在 1628 cm^{-1} 和 1235 cm^{-1} 处的峰则是由 C═O 的伸缩振动引起，以及在 1162 cm^{-1} 处的 C—O 伸缩振动和 O—H 的弯曲振动峰[181]。但是，经过 NH_3 活化后的样品在 1585 cm^{-1} 附近出现了 C═N、C═C 和 N—H 的混合基团[197]，同时 1162 cm^{-1} 和 1628 cm^{-1} 处的吸收峰消失，在 1235 cm^{-1} 和 1585 cm^{-1} 处引入了新的 N—H 吸收峰，说明经 NH_3 活化后可以引入部分含氮官能团。

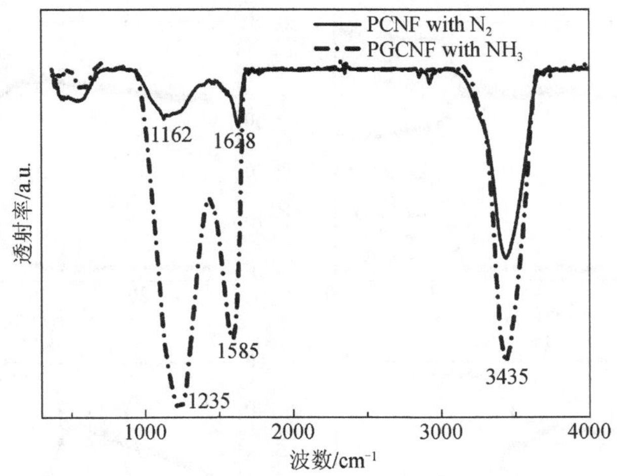

图 3-17 分别经不同气氛处理后的样品红外光谱图

3.2.8 碳/碳纳米复合纤维对 NO 的催化氧化性能测试

基于碳材料中的碳纤维或碳纳米纤维用于脱硫和脱硝的应用早已有报道，特别是对大气污染物高浓度的氮氧化物的脱除已得到广泛研究。但是，这些研究和报道中主要是针对高浓度的氮氧化物（NO_x），浓度一般都在 500 ppm 以上，很少有报道关于低浓度（<100 ppm）NO 的催化转化研究；而且反应大部分是在温度较高的条件下进行，几乎没有报道在低温甚至在室温下对 NO 进行催化氧化。这主要是由于浓度较低时 NO 的反应活性相比于高浓度时会显著降低，因此，高浓度下对 NO 的催化氧化或还原要比低浓度时容易很多，对高浓度的 NO 催化转化研究主要集中在发电厂废气排放领域[198]。此外，常规的催化剂很难在室温下对 NO 进行氧化或还原，大部分需要高温以增加其反应活性。在室温下（30℃）下对低浓度的 NO 进行吸附和催化氧化将是一项巨大的挑战。本书是所在课题组前期研究工作的基础上首次制备了具有局域石墨化的碳-碳纳米复合纤维用于室温下低浓度 NO 的催化氧化测试。

实验中对 NO 的测试条件如第 2 章所述。分别称取 70 mg 六种不同的碳-碳复合纳米纤维，实验过程保持温度为 30℃，进气（NO、O_2 和 N_2）总流速为 200 SCCM。图 3-18 为六种复合纳米纤维对 NO 的催化氧化测试结果。由图中可以看出，在最初的几个小时内出口处没有检测到任何的 NO_x，这是由于在此期间绝大部分的 NO 和 NO_2 分子被吸附到复合纳米纤维的微孔中直至饱和。当 NO 分子吸附达到饱和后出现一个急速上升的曲线，在 NO 吸附达到饱和后 NO_2 的生成也同时发生。但是在 NO 溢出的过程中并没有检测到 NO_2 分子，这是由于生成的 NO_2 分子也同时被吸附到纳米纤维的微孔中。随着吸附时间的增加，NO_2 的吸附也达到饱和，此时在图中表现为 NO_2 浓度有一个比较急速的上升期，最后达到稳定的浓度。

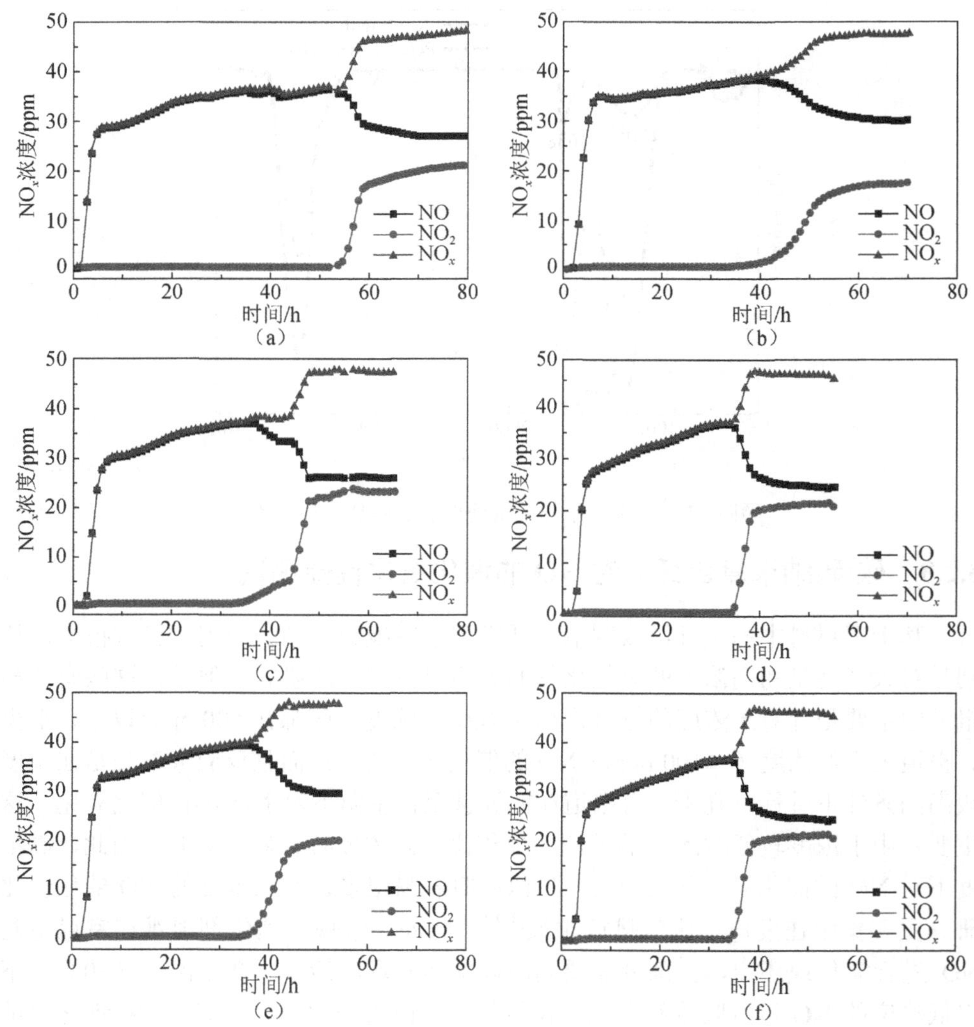

图 3-18 六种复合纳米纤维在室温下对 NO 的催化氧化性能测试

(a) PCNF；(b) PGCNF2；(c) PGCNF5；(d) PGCNF10；(e) PGCNF15；(f) PGCNF20

NO 及 NO_2 在每个样品上的穿透时间和转化率可由图 3-19（a）和（b）可知。NO 的穿透时间都没有超过 3 h，样品 PGCNF15 具有最短的穿透时间，其他样品的穿透时间大都集中在 2.5 h 左右。NO_2 在各个样品上的穿透时间要明显长于 NO 的穿透时间，都保持在 30 h 以上。这是由于一开始主要是 NO 的吸附，NO 吸附后才逐渐转变为 NO_2，而新生成的 NO_2 量少且被继续吸附到微孔的空位上。此外在转化过程中还存在一系列的中间过渡态，如歧化反应和聚合作用等[199, 200]，此部分将在机理中详细讨论。样品 PCNF 对 NO_2 的穿透时间最长，这可能是由于纯的 CNF 在相同的处理条件下产生的微孔没有收到 GO 加入的影响，这样使吸附 NO_2 的能力大大加强。相反，其他样品由于加入了不同量的 GO，表面的微孔被

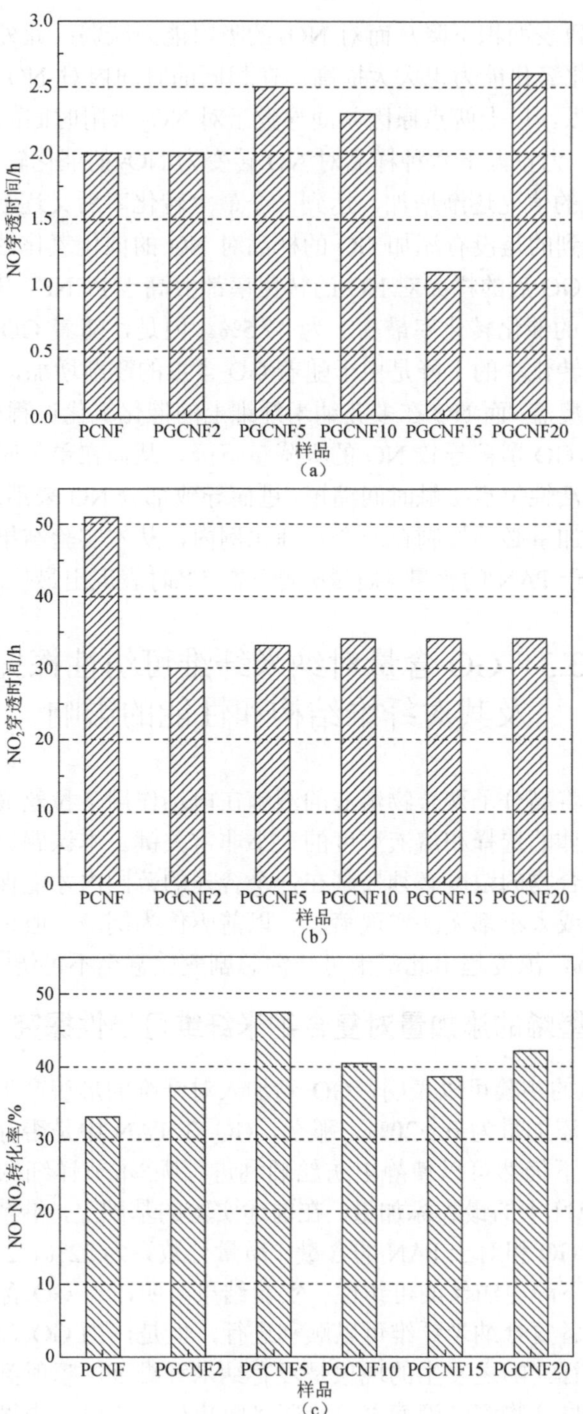

图 3-19　六种样品对 NO 的测试结果

（a）NO 穿透时间；（b）NO_2 穿透时间；（c）NO-NO_2 转化率

GO 所覆盖，导致表面积下降从而对 NO_2 的吸附能力减弱；此外，由于 GO 的加入使 CNF 的催化氧化能力也大大提高，在相同的时间内对 NO_2 的生成率要大于样品 PCNF。所以，以上两点原因共同导致了对 NO_2 吸附时间的显著差异。

图 3-19（c）为室温下六种样品对 NO 转变为 NO_2 的催化转化率（R_c）。由图中可以看出，R_c 的值先逐渐增加，达到一个最大转化率后又逐渐减少最后趋于平衡。可以明显看到的是没有添加 GO 的样品对 NO 的催化氧化性能最低，转化率为 32%，而添加 GO 后的样品对 NO 的转化率都要高于 PCNF，其中样品 PGCNF5 在室温下对 NO 的催化转化率最高，为 47.5%。但是，随着 GO 的增加其转化率又呈下降趋势。转化率的下降是由于随着 GO 含量的逐渐增加，CNF 表面的许多微孔会被 GO 所覆盖，而 NO 在多孔纳米纤维上的催化氧化过程为先吸附后氧化，由于大量微孔被 GO 覆盖导致 NO 的吸附量下降，从而在单位时间内 NO 分子与纤维表面的催化活性位点接触时间缩短，进而导致部分 NO 来不及被氧化而溢出。所以，GO 的添加量必须控制在一个合理比例内，从本实验结果来看，复合纳米纤维中 GO 相对于 PAN 的含量（质量分数）在 5%时表现出最优的催化氧化性能。

3.3　GO 含量对纳米纤维可纺性探究及其对纤维结构和性能的影响

静电纺丝是将高分子聚合物溶液的液滴在电场作用下拉丝成纳米级的纤维，所以对于碳前驱体的选择和溶液浓度的大小非常关键。本课题组前期的研究结果表明，高分子聚合物的浓度必须控制在一个合理的范围内才能保证静电纺丝的可纺性，浓度太大或太小都无法实现喷丝。以前驱体为例，一般可纺性较好的浓度范围为 5%～18%，浓度超出此范围可纺性急剧变差甚至不可纺[69, 70]。

3.3.1　氧化石墨烯的添加量对复合纳米纤维可纺性探究

本章第 2 节的实验可以表明，GO 的加入对纤维的形貌产生了一定的影响，前述研究 GO 的添加量为 0～20%。那么，GO 在 PAN 中是否存在一个最大的添加量且在此比例下仍然可以使静电纺丝顺利进行呢?本节详细探究了在可纺性的前提下 GO 在 PAN 中的最大添加量。在前述实验的基础上，继续将 GO 的比例增大，分别研究了 GO 相对于 PAN 的含量（质量分数）为 22%、24%、26%、28%、30%和 32%情况下静电纺丝的可纺性。实验结果表明，当 GO 含量在 30%及以下时，静电纺丝制备复合纳米纤维可以顺利进行，但是，当 GO 含量超过 30%时，静电纺丝不可进行，随之发生的现象是没有纳米纤维细丝喷射到收集板上，取而代之的是高分子聚合物溶液液滴直接滴落到收集板。所以，由微晶石墨通过化学氧化法制备得到的氧化石墨烯在 DMF 溶液中相对于 PAN 的含量最大为 30%，超过此比例则电纺无法进行，从而无法获得 GO/PAN 复合纳米纤维原丝。

3.3.2　GO 含量最大时对纳米纤维的形貌和结构的影响

随着 GO 含量的增加，复合纳米纤维的直径也随之增加，但是纤维的表面光滑度也随之下降。由于篇幅原因在此不逐一展示 GO 含量（质量分数）为 22%、24%、26%和 28%时的纤维形貌。我们选取了 GO 含量最大时即 30%的复合纳米纤维的形貌，其处理条件是在 900℃的 NH_3 气氛下活化 10 min，微观形貌如图 3-20（a）和（b）所示。从图中可以清楚地看出，由于 GO 含量达到了最大值，复合纳米纤维的直径也增加到接近 500 nm，相对于 GO 含量在 20%及以下的复合纳米纤维其直径大约增加了一倍。从纳米纤维的表面可以看到，表面有大量 GO 形成的团簇，许多 rGO 的片层叠加在一起且片层发生了卷曲，类似于“关节状”的凸起相距一定的距离布满在纳米纤维的表面，这样使复合纳米纤维相比于低含量 GO 的纳米纤维看起来更加粗糙。此外，由图中还可以看出，在此条件下的复合纳米纤维在 900℃下碳化和活化后出现了断裂，没能保持纤维的连续结构，这是由于 GO 含量逐渐增大，在高温处理时 GO 片层会在纤维内部向着表面移动，在移动过程中 PAN 构成的无定形碳会发生分离，并且 NH_3 在高温下会逐渐刻蚀 PAN 基的纳米纤维，所以这两种原因最终导致复合纳米纤维发生了断裂。

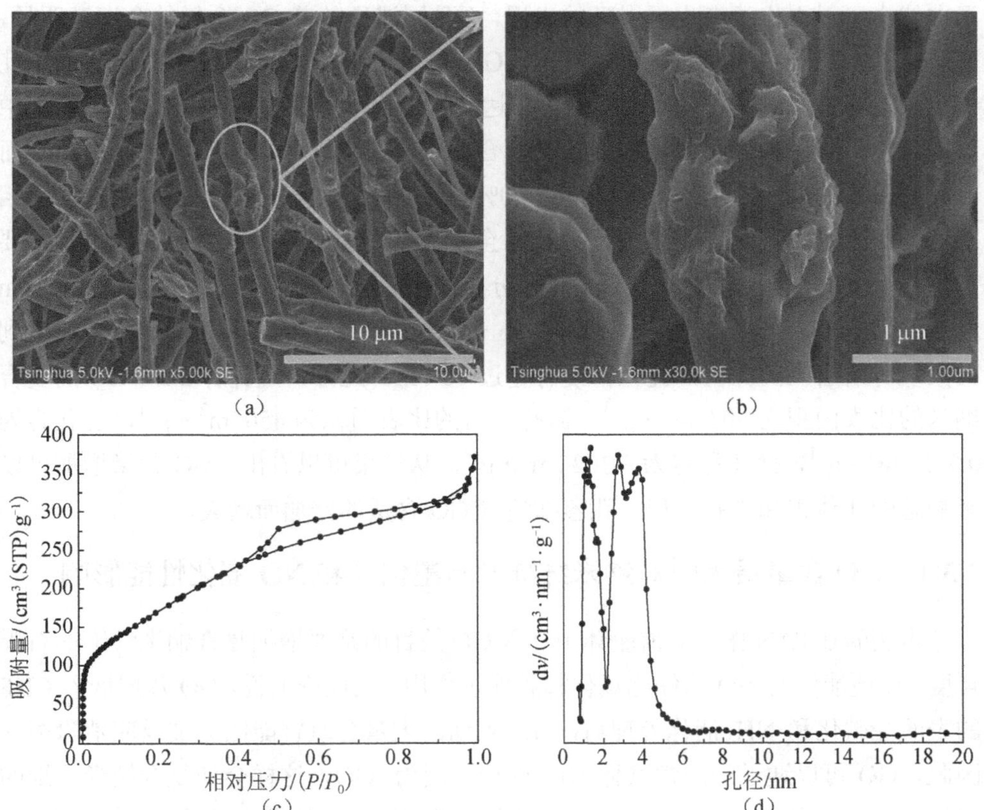

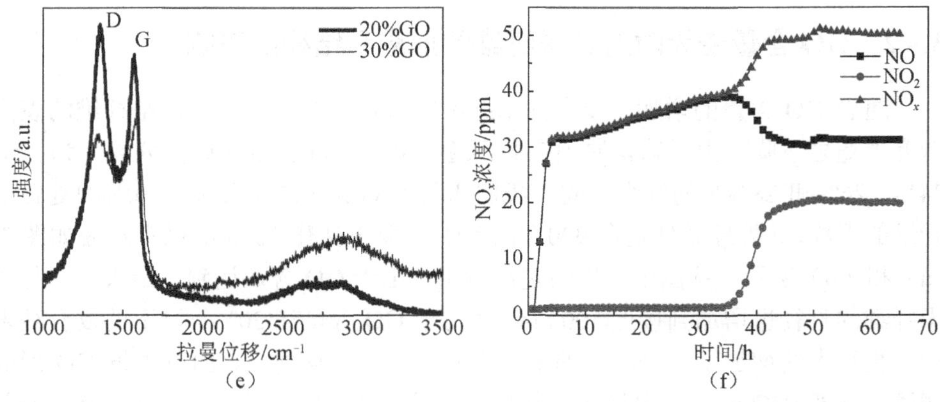

图 3-20　GO 含量为 30%的复合纳米纤维的表征

(a) 复合纳米纤维的微观形貌图；(b) 纤维表面局部放大图；(c) N_2 吸附脱附等温线；(d) 孔径分布图；(e) 拉曼光谱图；(f) 30%GO 的复合纳米纤维对 NO 的催化氧化结果

3.3.3　GO 含量最大时对纳米纤维的比表面积和孔结构影响

本章的 3.2 节研究结果表明，随着 GO 含量的增加从 77 K 时 N_2 吸附脱附等温曲线中可以看出逐渐由回滞环的出现，而且回滞环随着 GO 含量的会逐渐明显，同时从获得的孔径分布图中可以看出，GO 的含量增加到 10%时会有明显的中孔被引入复合纳米纤维中。当 GO 的含量达到一个极值即 30%时，从图 3-20（c）中可以看出，吸附曲线和脱附曲线没有重合在一起，出现了非常明显的回滞环，而且此回滞环的面积要大于 GO 含量为 20%时回滞环的面积。在很低的相对压力（相对压力小于 0.05）时，N_2 吸附研究几乎全部完成，说明对于比表面积的贡献主要为微孔。同时从图 3-20（d）中的孔径分布图中看出，复合纳米纤维中除了 2 nm 以下的微孔外，还存在很大一部分 2～6 nm 的介孔。但是，即使 GO 的含量达到最大值时所引入的介孔的孔径都没有超过 10 nm。此外，经计算 30% GO 的复合纳米的比表面积为 603 $m^2 \cdot g^{-1}$，微孔所占的比表面积为 450 $m^2 \cdot g^{-1}$，总孔容为 0.352 $cm^3 \cdot g^{-1}$，微孔孔容为 0.302 $cm^3 \cdot g^{-1}$。从结果可以看出，GO 含量增加可以影响总的孔体积和微孔体积，孔容都随着 GO 含量的增加而增大。

3.3.4　GO 含量最大时对纳米纤维的石墨化度和 NO 催化性能影响

本实验在 PAN 作为碳前驱体中加入 GO 的目的是要增加复合纳米纤维的石墨化度，以便能够对 NO 的催化氧化起到促进作用。从理论上说，GO 片层嵌入 CNF 的表面经碳化和 NH_3 活化处理后，GO 表面的大量含氧官能团会被反应消除掉，因此，GO 可以通过还原性气体 NH_3 处理后变为 rGO，这样会使复合纳米纤维的整体石墨化度提高。但是，rGO 的片层在纳米纤维中往往发生重叠、团簇和卷曲，致使纳米纤维的石墨化度会在一定程度上有所降低。从图 3-20（e）中可以看出，GO 的添加量分别为 20%和 30%的复合纳米纤维在相同的处理条件下石墨化度有着明显的区别。GO 含量为 20%时的拉曼光谱中 D 峰的强度要明显大于 G 峰的强度，而当 GO 含量为 30%时 D 峰的强度反而明显小于 G 峰的强度。它们的相对石墨化度可以通过 I_D/I_G 比值比较，经计算 20% GO 的 I_D/I_G 为 1.3，而 30% GO 的 I_D/I_G 比值为 0.8，由于 I_D/I_G 的比值越小代表石墨化度越高，所以结果可以表明，30% GO 的复合纳米纤维的石墨化度要比添加量小于 30%的复合纳米纤维的石墨化度有所提高。本实验同时比较了当 GO 含量达到最大值时对 NO 的催化氧化性能测试，从图 3-20（f）中可以看出，NO 和 NO_2 的穿透时间相比于其他样品没有太大变化，只是稍有十几分钟的增加。对 NO 的催化氧化转化率经计算为 37%，此值还是低于 5% GO 的添加量时的复合纳米纤维对 NO 的转化率（47.5%），所以，当 GO 含量达到最大值后对 NO 的催化转化率并没有超过样品 PGCNF5 的值。

3.3.5　不同活化气体对 NO 催化氧化性能影响

常用的活化剂有水蒸气（H_2O）和 NH_3，在达到设定温度时关闭 N_2 并同时通入活化气体进行活化。活化气体的作用一方面可以与碳材料反应在其表面产生大量不同孔径的孔洞，从而增加材料的比表面积；另一方面某些活化气体在造孔的同时可以在纳米纤维表面引入大量的表面官能团，从而实现制备多孔且功能化的纳米纤维。本章 3.2 节中六种样品全部采用 NH_3 作为活化气体进行处理，采用 NH_3 处理的目的是可以引入部分含氮官能团，前期本课题组的研究表明，这些含氮的官能团对 NO 在室温下的催化氧化有着积极的促进作用[134]。

为了进行不同气体在样品处理后对 NO 的催化氧化性能对比，本实验对同一样品分别采用 H_2O 和 NH_3 在相同的温度下处理，然后分别将处理后的样品在室温下用于 NO 的催化氧化测试。所选样品为在 PAN 前驱体中加入 30%的 GO，处理的温度为 850℃，处理时间为 30 min，样品的质量都为 70 mg。测试的结果如图 3-21 所示。由图 3-21 可以看出，经 H_2O 和 NH_3 活化后的样品对 NO_2 的穿透时间都保持在 40 h 左右，NO 的穿透时间都在 2.5 h 左右，相差不大。随着吸附时间的增加，由 NO 转化的 NO_2 继续被纳米纤维表面的微孔所吸附，当吸附达到饱和后，NO_2 开始逐渐溢出且浓度逐渐升高，经 H_2O 活化后的样品 NO_2 浓度为 17 ppm，而经 NH_3 活化后的样品检测到的 NO_2 浓度为 23 ppm，两者对 NO 的催化转化率分别为 34%和 46%。结果说明，经 NH_3 活化后的样品对 NO 的催化氧化能力要强于 H_2O 活化后的样品。

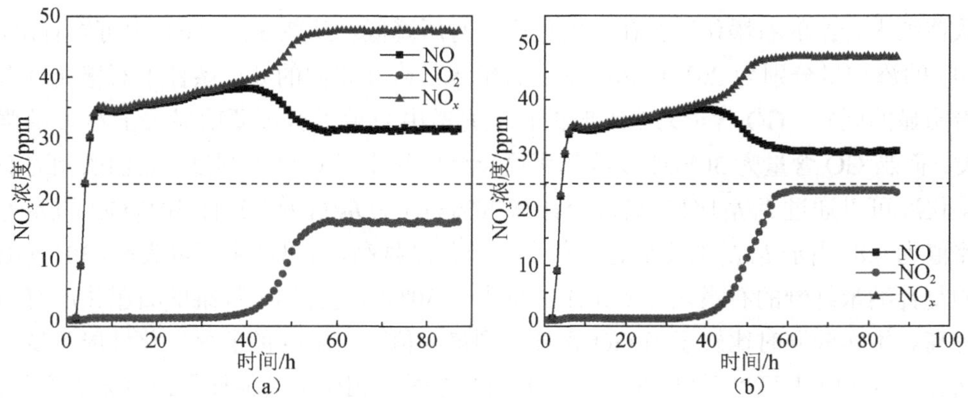

图 3-21　不同气体处理后样品对 NO 的催化氧化性能测试

(a) H_2O 活化；(b) NH_3 活化

3.4　GO 含量最大时处理温度对纳米纤维形貌和结构的影响

碳化和活化温度在制备碳纳米纤维过程中起到了很大的作用。合适的处理温度不仅可以得到预期的比表面积和孔结构分布，还可以有效保证样品的收率。温度太低则在碳化和活化过程中相应的活化气体起不到对纳米纤维进行刻蚀和造孔的作用，甚至无法制备出碳纳米纤维；温度太高则在活化过程中活化气体会与纳米纤维进行剧烈的反应，如果时间控制不当则会造成样品的严重损失，从而收率降低无法保证下一步的分析测试。本实验经多次实验结果表明，温度在 850℃左右是一个比较合适的碳化和活化温度。

3.4.1　更高温度处理对复合纳米纤维结构的影响

本实验在样品的碳化和活化过程中选取的温度为 850℃和 900℃，从 900℃处理后的样品表面可以看出，随着温度的继续升高，表面的 GO 片层逐渐有从纤维内部向外表面移动的趋势。为了研究更高温度下复合纳米纤维结构的变化，本实验将 GO 含量为 30%的样品在 1000℃且继续在 NH_3 的气氛下处理，以观察其形貌的变化。此外，本实验通过调节碳前驱体 PAN 的质量分数，分别制备了两种直径不同的复合纳米纤维，直径分别为 150 nm 左右和 500 nm 左右。实验发现，当温度升高到 1000℃时，复合纳米纤维的结构和形貌发生了显著的变化，其变化过程如图 3-22 所示。

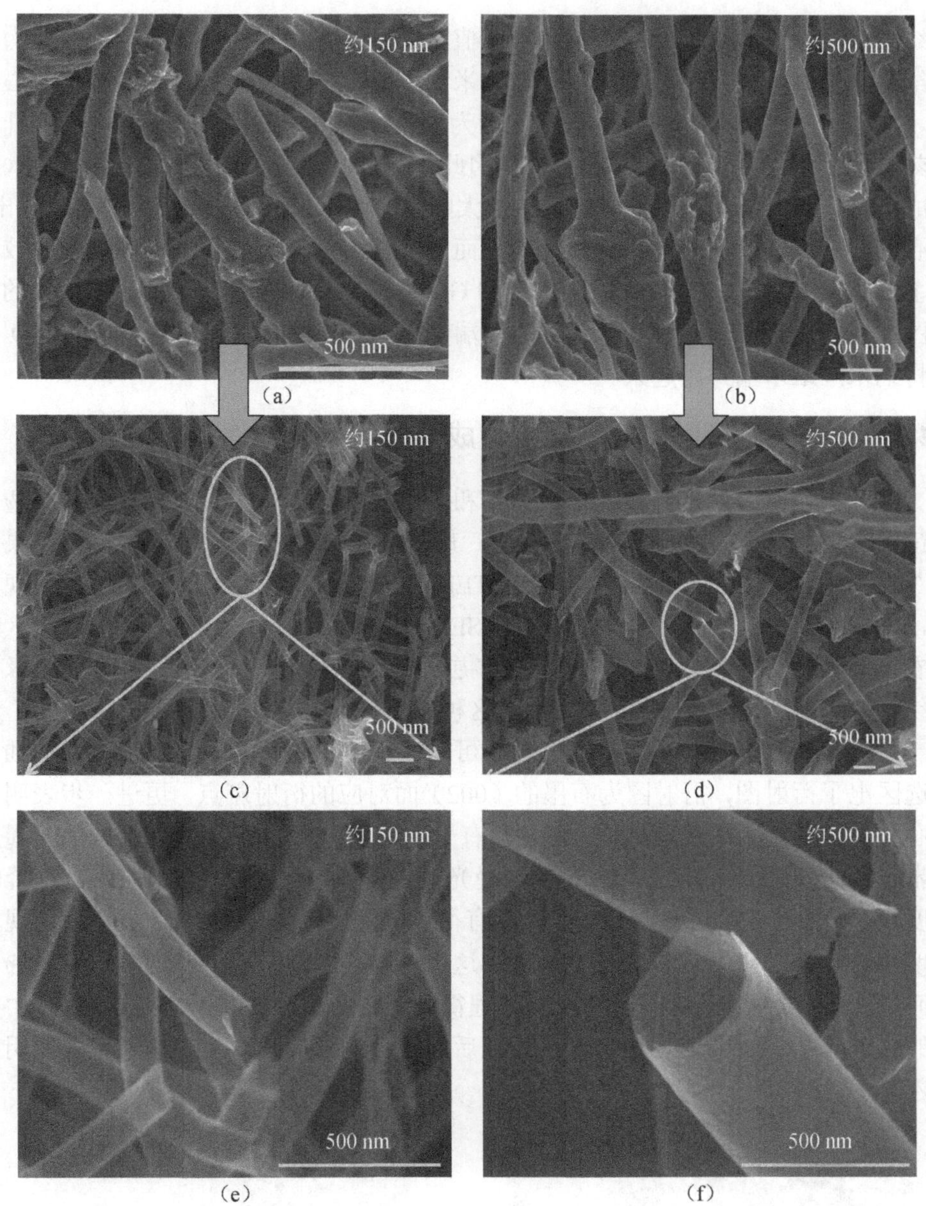

图 3-22　复合纳米纤维在 1000℃ NH_3 气氛下处理后转变为空心纳米纤维的过程

（a）900℃处理后的直径约为 150 nm 的 PGCNF；（b）空心纳米纤维；（c）（b）图的局部放大图；
（d）900℃处理后的直径约为 500 nm 的 PGCNF；（e）空心纳米纤维；（f）（e）图中单根空心纤维的局部放大图

图 3-22 中（a）和（d）分别表示 GO 含量为 30%且经 900℃在 NH_3 气氛下处理后的微观形貌图，可以看出在此温度下纳米纤维表面的 GO 片层更加明显，同时也说明纳米纤维被 NH_3 刻蚀的程度更加严重。当温度升高到 1000℃时可以明显看到实心的复合纳米纤维全部变成了空心的纳米纤维，且相应直径的实心复合纳

米纤维变成了同等直径的空心纳米管。值得一提的是，这种从实心结构转变为空心结构的过程不是发生在部分的复合纳米纤维中，而是全部的样品变成了空心结构，如图 3-22 中（b）和（e）所示。因为在相同的温度条件下，NH_3 对纳米纤维的刻蚀强度要大于对 GO 的刻蚀强度，因此，得到的空心状纳米纤维主要是由 rGO 构成，这将在以下测试中被证明。从放大的细节图 3-22（c）和（f）中可以看出，空心纳米纤维的表面不是完整的结构，而是存在一定分布的孔洞和塌陷的区域，这主要是在 NH_3 刻蚀过程中的不均匀和 GO 表面本身存在着一定的缺陷造成的。从图中还可以看出，空心纳米纤维的两端都呈现开口的状态，没有多余的 GO 片层将纳米纤维末端封闭起来。

3.4.2 空心纳米纤维的石墨化度和成分分析

为了得到空心纳米纤维的表面信息和微观结构，本实验采用了高分辨的透射电镜（HR-TEM）对其进行高分辨表征。其 HR-TEM、Raman 和 XPS 分析结果如图 3-23 所示。图 3-23（a）和（c）为 TEM 中观测到的空心纳米管的整体微观形貌，其同样呈现空心的管状结构，这与在 SEM 观察到的结果完全符合。从图 3-23（b）可看出，这种空心纳米管的管壁是由多层的 rGO 叠加在一起组成的，其边缘处条纹清晰可见，并非单层结构，所以这种新型的结构是一种多壁管状结构。从图 3-23（d）可以看出，空心管的表面可以清楚地看到石墨条纹，（d）中的插图为选区电子衍射图，衍射图为石墨的（002）面对应的衍射斑点，更进一步表明该空心管并非是无定形的碳结构，而是具有一定石墨化度的且由 rGO 组成的石墨烯纳米管。此外，从图 3-23（e）中的拉曼光谱也可以看出，在 1350 cm^{-1} 处 D 峰的强度较低，而在 1580 cm^{-1} 处的 G 峰具有很高的强度，同时在 2680 cm^{-1} 处出现了强度相对较强对应于石墨烯的 2D 峰，这也可以表明该空心管是由多层石墨烯卷曲而成。图 3-23（f）分别为经 NH_3 处理得到的空心纳米管和纳米纤维在 Ar 中处理的 XPS 图，可以看出相比于 Ar 处理后的复合纳米纤维，空心纳米管表面明显引入了 N 元素。

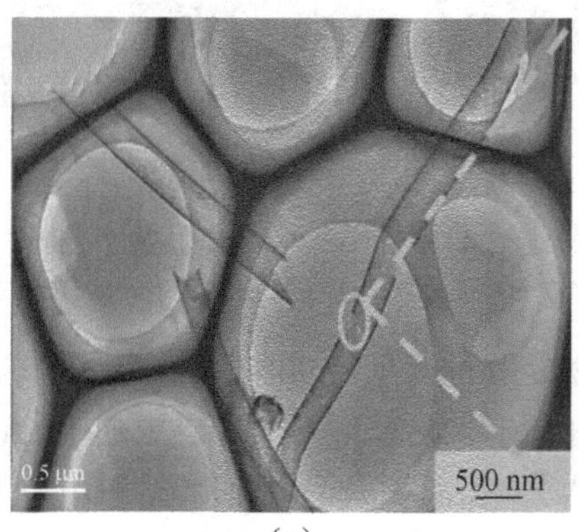

（a）

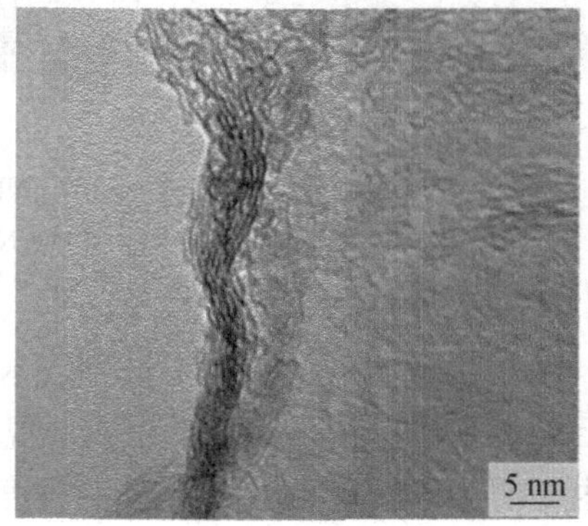

（b）

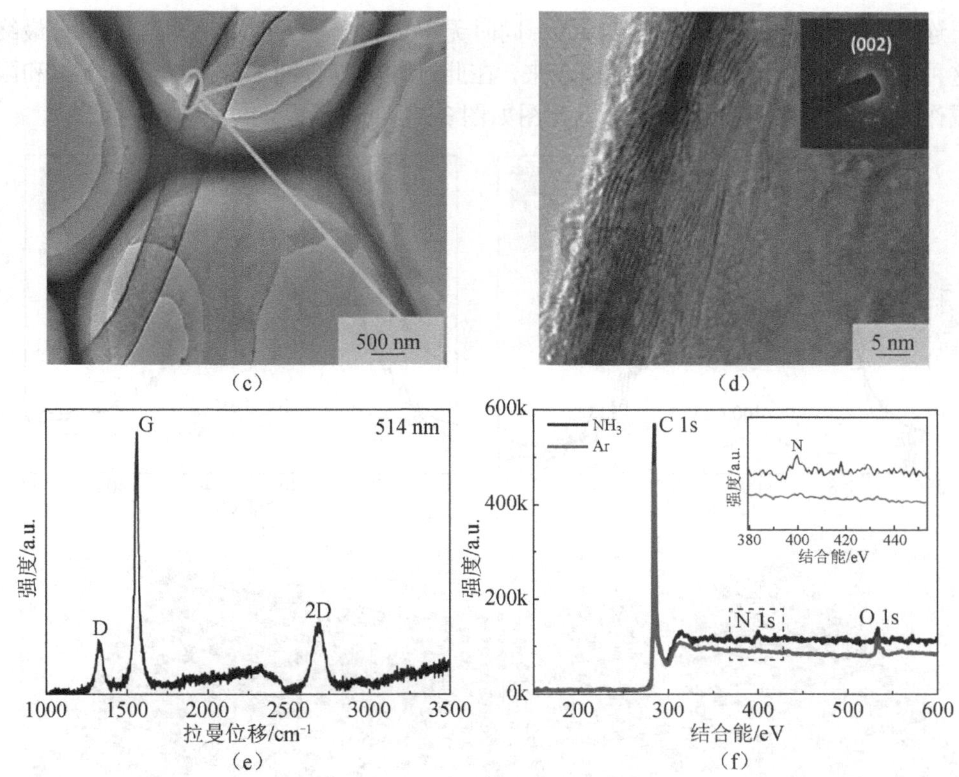

图 3-23　空心纳米管的高分辨透射电镜图

（a，c）TEM 图；（b，d）其对应区域 HR-TEM 图；（e）空心纳米管的拉曼光谱图；（f）空心纳米管和在 Ar 中处理后的纳米纤维的 XPS 图谱

3.4.3　石墨烯空心纳米管的形成机理分析

为了研究石墨烯空心纳米管的形成机理，实验同时研究了相同样品在相同温度下 H_2O 中处理的结果，发现水蒸气处理后的样品并不能形成石墨烯空心纳米管，所以 NH_3 在活化过程中起到了至关重要的作用。为了更进一步研究 NH_3 在成管过程的作用，实验分别对 GO 在 NH_3 处理后的样品和石墨烯纳米管的样品进行 XPS 分析。图 3-24（a）为 GO 在 NH_3 中处理后的 N 1s 分峰图，其分别在 398.8 eV、400.6 eV 和 401.4 eV 处出现了吡啶型的“N”、吡咯型的“N”和石墨型的“N”，石墨型的氮是由于 GO 边缘处的 C 原子被 NH_3 中的 N 原子所取代而形成[201]。同样，在石墨烯空心纳米管[图 3-24（b）]的 398.5 eV、400 eV 和 401 eV 处也出现了吡啶型、吡咯型和石墨型的氮。但是，两个样品中各峰的相对强于存在明显的差异，与 GO 相比，石墨烯纳米管中的石墨型的“N”峰强度要明显强于吡啶型的“N”峰强度，而在 GO 中则恰好相反。这种结果可以表明，石墨烯纳米管中的 rGO 中边缘处的 C 原子被 N 原子所取代，且大量的 N 原子将周围多个 rGO 片

层连接起来形成了石墨型的 N 原子，同时无定形的碳被 NH_3 刻蚀所消耗掉，最终这种片层通过 N 原子连接并卷曲起来，在此过程中复合纳米纤维起到了骨架和限域作用。其 N 原子取代 C 原子示意图如图 3-24（c）所示。

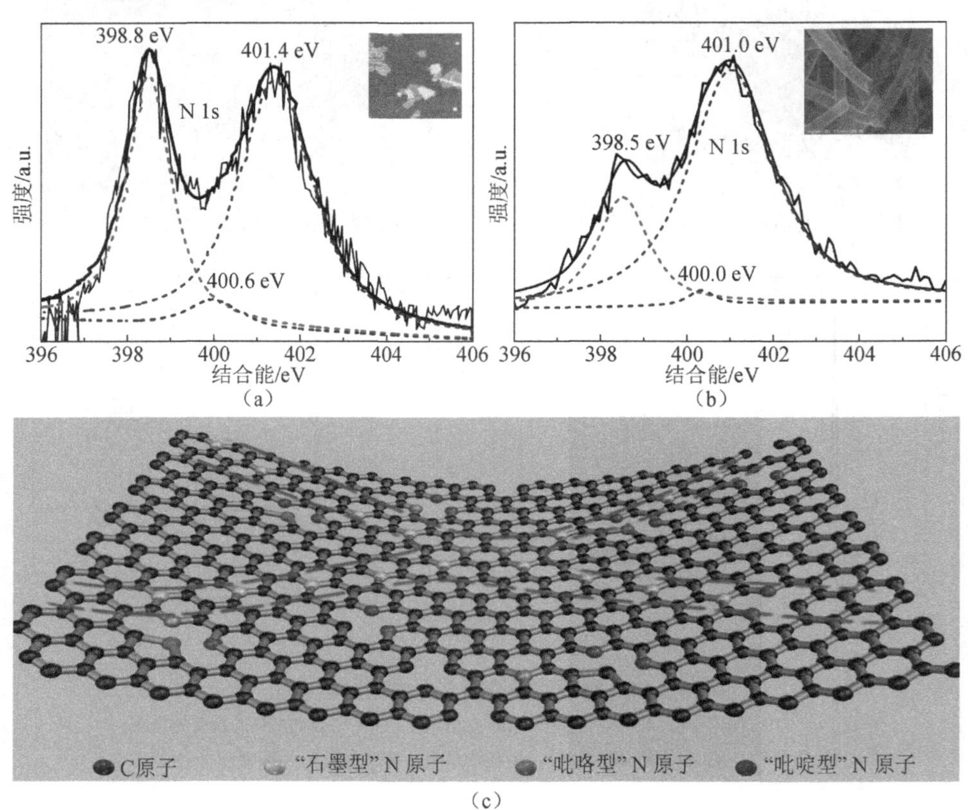

图 3-24　石墨烯管形成机制 XPS 分析及 C、N 原子连接示意图

（a）GO 在 NH_3 中活化后的 N 1s 分峰拟合图；（b）石墨烯空心纳米管的 N 1s 分峰拟合图；（c）N 原子在石墨烯管成形过程取代 C 原子示意图

3.5　碳纳米纤维对 NO 催化氧化反应机制及理论分析

NO 在多孔碳纳米纤维的氧化机制是一个相对比较复杂的过程，因为其在催化氧化过程中涉及几个关键的步骤，包括碳的气化、NO 的氧化和 NO_2 的脱附（溢出）等[202]。一些文献中关于对 NO 氧化为 NO_2 的解释提出了多种反应路径，Ahmed 等[203]认为 NO 在气态下被 O_2 氧化为 NO_2，而后 NO_2 被吸附到碳材料的表面。Mochida 等[97]提出了 NO 被吸附、中间阶段被氧化为吸附态的 NO_2，最后为 NO_2 的催化氧化反应机制。由于 NO 在环境温度条件下为超临界气体，NO 只有极少

部分被纳米纤维表面的微孔所吸附。Zhang 等[16]认为 NO 在碳材料表面的氧化过程是一个微孔填充的过程，NO 作为吸附质被吸附到纳米纤维的微孔之中，即窄的微孔可以作为催化氧化 NO 的纳米反应剂，此外窄的微孔对 NO 气体的吸附起着非常重要的作用[204]。Rathore 等[205]认为气态的 NO 和 O_2 被吸附到碳纤维的活性位点上，之后 NO 在活性位点上被氧化为 NO_2，吸附的 NO_2 分子可能进一步参与反应，形成多种中间态吸附产物，如 NO_3 和 NO-NO_3，最终 NO-NO_3 形式存在的中间吸附态以 NO_2 的形式从微孔脱附。

NO 在碳纤维上氧化文献中的报道主要集中于两种机制，一种是 Langmuir-Hinshelwood 机制；另一种是 Eley-Rideal 机制。其中第一种机制提出的反应路径如下所示：

$$\mathrm{NO + C_f \underset{k_{-1}}{\overset{k_1}{\rightleftharpoons}} C - NO} \tag{3-1}$$

$$\mathrm{O_2 + 2C_f \underset{k_{-2}}{\overset{k_2}{\rightleftharpoons}} 2C - O} \tag{3-2}$$

$$\mathrm{C - NO + C - O \underset{k_{-3}}{\overset{k_3}{\rightleftharpoons}} C - NO_2 + C_f} \tag{3-3}$$

$$\mathrm{C - NO_2 + C - NO_2 \underset{k_{-4}}{\overset{k_4}{\rightleftharpoons}} C - NO_3 + NO + C_f} \tag{3-4}$$

$$\mathrm{C - NO_3 + C - NO \underset{k_{-5}}{\overset{k_5}{\rightleftharpoons}} C - NO - NO_3 + C_f} \tag{3-5}$$

$$\mathrm{C - NO - NO_3 \xrightarrow{k_6} 2NO_2 + C_f} \tag{3-6}$$

其中，k_i 和 k_{-i}（i=1～6）代表反应的正负反应级数，C_f 代表纤维表面的空位，C-NO、C-O、C-NO_2、C-NO_3、C-NO-NO_3 代表碳纤维表面吸附的中间态物质。此机制中，气态的 NO 和 O_2 假定被吸附到碳纤维空位的活性位点中，然后 NO 被氧化为吸附态的 NO_2。吸附的 NO_2 可能会进一步反应生成多种的中间产物，例如，吸附态的 NO_3 和 NO-NO_3，最终以吸附态形式存在的中间态物质 NO-NO_3 以 NO_2 的形式从表面脱附，释放的空位可以继续对连续的分子进行吸附。在 L-H 机制模型中假定 NO_2 的脱附是一个反应速率限制步骤，总的反应速率可以写成如下的形式：

$$\frac{1}{2}\frac{\mathrm{d}C_{\mathrm{NO_2}}}{\mathrm{d}t} = -\frac{1}{2}\frac{\mathrm{d}C_{\mathrm{NO}}}{\mathrm{d}t} = k_6\left[\mathrm{C - NO - NO_3}\right] \tag{3-7}$$

作为结果，假定反应式（3-1）～式（3-5）处于准平衡态，不同吸附物种在稳定状态下的浓度可以如下表示：

$$\left[\mathrm{C - NO}\right] = K_1 C_{\mathrm{NO}}(\mathrm{C_f}) \tag{3-8}$$

$$\left[\mathrm{C - O}\right] = (K_2 C_{\mathrm{O_2}})^{1/2}\left[\mathrm{C_f}\right] \tag{3-9}$$

$$\left[\mathrm{C - NO_2}\right] = \frac{K_3\left[\mathrm{C - NO}\right]\left[\mathrm{C - O}\right]}{\left[\mathrm{C_f}\right]} \tag{3-10}$$

$$\left[\mathrm{C - NO_3}\right] = \frac{K_4\left[\mathrm{C - NO_2}\right]^2}{\mathrm{C_{NO}}\left[\mathrm{C_f}\right]} \tag{3-11}$$

$$[\mathrm{C-NO-NO_3}]=\frac{K_5[\mathrm{C-NO_3}][\mathrm{C-NO}]}{[\mathrm{C_f}]} \tag{3-12}$$

其中，$K_3=k_1/k_{-i}$ 代表各反应中正负反应速率之比。利用位点平衡理论，总的活性位点数可以写为

$$[\mathrm{C_t}]=[\mathrm{C_f}]+[\mathrm{C-O}]+[\mathrm{C-NO}]+[\mathrm{C-NO_2}] \\ +[\mathrm{C-NO_3}]+[\mathrm{C-NO-NO_3}] \tag{3-13}$$

联合方程（3-8）～（3-13），NO 的脱除速率可以写为

$$-\frac{1}{2}\frac{\mathrm{d}C_{\mathrm{NO}}}{\mathrm{d}t}=\frac{K_{11}C_{\mathrm{NO}}^2}{K_{22}+K_{33}C_{\mathrm{NO}}+K_{44}C_{\mathrm{NO}}^2} \tag{3-14}$$

其中，

$$K_{11}=k_6K_1^3K_3^2K_4K_5[\mathrm{C_f}]C_{\mathrm{O_2}} \tag{3-15}$$

$$K_{22}=1+K_2^{1/2}C_{\mathrm{O_2}}^{1/2} \tag{3-16}$$

$$K_{33}=K_1+K_1K_2^{1/2}K_3C_{\mathrm{O_2}}^{1/2}+K_4K_3^2K_2K_1^2C_{\mathrm{O_2}} \tag{3-17}$$

$$K_{44}=K_1^3K_2K_3^2K_4K_5C_{\mathrm{O_2}} \tag{3-18}$$

因为在进气口处 NO 的浓度与 O_2 浓度相比要小很多，这里可以忽略 C_{NO}^2 并假定 $C_{\mathrm{O_2}}$ 在方程（3-14）中是一个常数，因此，方程（3-14）可以进一步简化为

$$-\frac{1}{2}\frac{\mathrm{d}C_{\mathrm{NO}}}{\mathrm{d}t}=\frac{rc_1C_{\mathrm{NO}}^2}{1+rc_2C_{\mathrm{NO}}} \tag{3-19}$$

其中，

$$rc_1=\frac{K_{11}}{K_{22}},\quad rc_2=\frac{K_{33}}{K_{22}} \tag{3-20}$$

对于反应机制二（Eley-Rideal 机制），其反应机制路径如下

$$\mathrm{NO+C_f}\underset{k_2}{\overset{k_1}{\rightleftharpoons}}\mathrm{C-NO} \tag{3-21}$$

$$\mathrm{2C-NO+O_2}\underset{k_{-2}}{\overset{k_2}{\rightleftharpoons}}\mathrm{2C-NO_2} \tag{3-22}$$

$$\mathrm{C-NO_2+C-NO_2}\underset{k_{-3}}{\overset{k_3}{\rightleftharpoons}}\mathrm{C-NO_3+NO+C_f} \tag{3-23}$$

$$\mathrm{C-NO_3+C-NO}\underset{k_{-4}}{\overset{k_4}{\rightleftharpoons}}\mathrm{C-NO-NO_3+C_f} \tag{3-24}$$

$$\mathrm{C-NO-NO_3}\xrightarrow{k5}\mathrm{2NO_2+C_f} \tag{3-25}$$

假定反应（3-5）是反应速率控制步骤，其 NO 氧化反应速率的表达与在机制一中所呈现的一致。最后得到的数学表达式类似于方程（3-19），只是 rc_1 和 rc_2 的值有所不同，其表达式如下

$$rc_1=K_{11} \text{ 和 } rc_2=K_{22}$$

其中，$K_{11}=k_5K_4K_3K_2^3K_1^2C_{\mathrm{O_2}}\mathrm{C_f}$，$K_{22}=K_1+K_1K_2^{1/2}C_{\mathrm{O_2}}+K_3K_2K_1^2C_{\mathrm{O_2}}$

从以上的方程可以推断，反应物种（NO 和 O_2）的浓度水平对 NO 浓度变化率的影响是微不足道的。

为了进一步验证 NO 在具有石墨化碳纳米纤维上的反应机理更符合上述哪种机制，本实验分别对吸附 NO 之前和之后的石墨质多孔碳纳米纤维进行了 XPS 光

谱测试及分析，特别针对 N 1s 相对较窄区域进行了分峰拟合，其结果如图 3-25 所示。从图中可以看出，吸附 NO 之前的纳米纤维出现的 N 1s 峰可分别在 398.3 eV、400.6 eV 和 404.0 eV 结合能处分为三个独立的峰，分别对应“吡啶型”的 N（N-6）、“吡咯型”的 N（N-5）和“石墨型”的 N（N-4）。但是，从图 3-25（b）中可以看出，吸附 NO 之后的石墨质纳米纤维很明显在 405.9 eV 处出现了一个较宽的峰，此位置的宽峰实际上是由位于 405.1 eV 和 407.2 eV 处的两个峰叠加而成，这两个位置分别对应—NO_2 和—NO_3 官能团[206]。这说明在有氧气存在的条件下 NO 可以

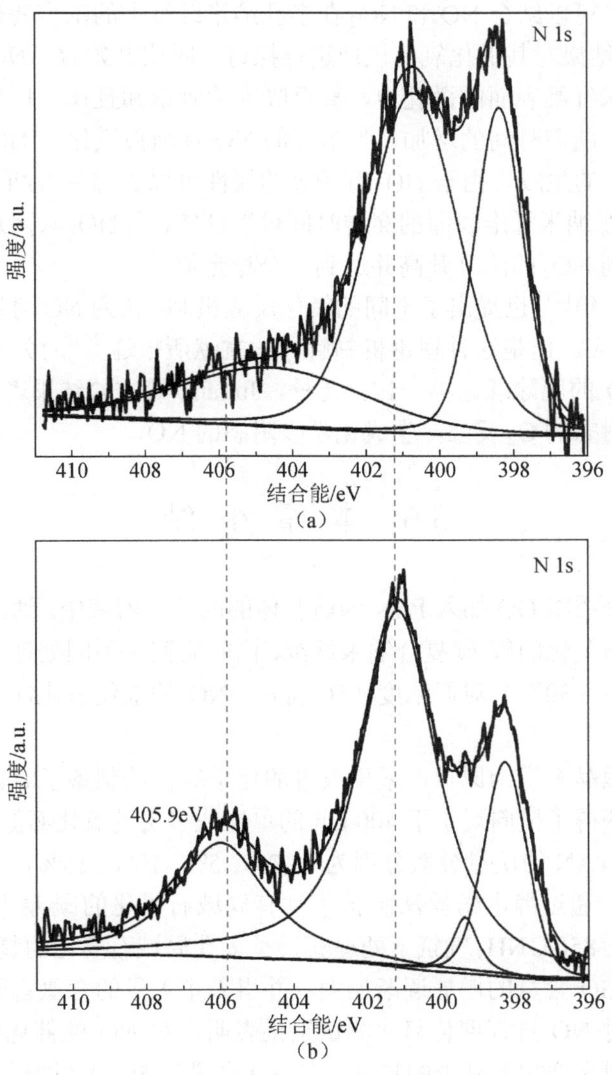

图 3-25　碳纳米纤维室温下分别在吸附 NO 之前与之后的 N 1s 分峰拟合光谱图

（a）吸附 NO 之前；（b）吸附 NO 之后

与之反应并生成 NO_2 和部分中间态的—NO_3，同时也说明 NO 在石墨质多孔碳纳米纤维表面的吸附和催化氧化符合 Eley-Rideal 机制。从图中还可以看出，吸附 NO 前后纳米纤维中部分结合态 N 位置发生了变化。与吸附 NO 之前相比，吸附 NO 之后的纳米纤维 401 eV 附近处 N 的结合态位置向高结合能位置发生了偏移，且各结合态 N 的相对强度也发生了变化。通常情况下，元素化学结合态向着高结合能方向偏移说明该元素形成了较多的氧化态产物，同时也证明在本实验中吸附态的 NO 发生了氧化反应。

综上所述，可以结合 NO 和 NO_2 在多孔纳米纤维上的浓度变化曲线及吸附前后的 XPS 分析结果对其催化氧化机理进行探讨。吸附开始时，NO 以吸附态的形式被吸附到纳米纤维表面的微孔中，直至吸附达到饱和且在出口处检测到逐渐升高的 NO 浓度，随着时间的增加，吸附态的 NO 逐渐被氧化为 NO_2，并伴随着中间态产物—NO_3 的生成。由于 NO_2 有较高的极性可以更容易被纳米纤维所吸附，这一点从 NO_2 在纳米纤维表面的穿透时间可以证实，当 NO_2 吸附达到饱和后在出口端逐渐检测到 NO_2 的浓度升高并达到一个稳定值。

其他研究小组[207]也提出了不同的氧化反应机制，认为 NO 可以与位于纤维表面的 O 原子反应。但是这种理论机制解释与文献所报道[208]的关于预先吸附的 O 原子阻碍了 NO 的脱除理论不一致。此外，Juliana 等实验结果表明，气态的 NO 可以与化学吸附态的 O_2 反应，生成化学吸附态的 NO_2。

3.6 本 章 小 结

本章主要介绍将 GO 加入 PAN 为前驱体的高分子溶液中，通过静电纺丝技术制备具有局域石墨化的碳-碳复合纳米纤维，同时研究了不同处理条件下的复合纳米纤维在室温下（30℃）对低浓度（50 ppm）NO 的催化氧化性能，得到了以下主要结论。

（1）利用微晶石墨为原料，采用改进的化学氧化法制备了氧化石墨，通过超声剥离和分散获得了横向尺小于 400 nm 的单层或多层的氧化石墨烯。分别将不同量的 GO（相对 PAN 的质量分数分别为 0、2%、5%、10%、15%和 20%）加入 PAN 前驱体溶液中，通过静电纺丝法制备了具有局域石墨化的碳-碳复合纳米纤维原丝。通过后续在 850℃ NH_3 气氛下处理获得了多孔局域石墨化的复合碳纳米纤维，其石墨化度随 GO 含量的增加逐渐加大，并引入了大量的含氮官能团。六种样品分别在室温下对 NO 进行催化氧化测试结果表明，对 NO 的催化转化率随着 GO 含量的增加呈现先增加后减少的趋势，在 GO 含量为 5%时（即样品 PGCNF5）对 NO 的催化转化率达到最高值，为 47.5%。

（2）在保证静电纺丝可纺性的前提下，对 GO 在 PAN 溶液中的最大可添加量进行了深入探究。实验结果表明，GO 相对于 PAN 的最大可添加质量分数为 30%，超过此比例则无法正常纺丝。在此比例下，分别研究了在 H_2O 和 NH_3 的处理气氛下复合纳米纤维的结构和表面组成信息，并对其在室温下对 NO 的催化氧化性能做了比较，结果表明，经 NH_3 活化后的样品对 NO 的催化转化率要明显高于经 H_2O 活化的样品，两者对 NO 转化率分别为 34%和 46%，同时说明引入的含氮官能团对 NO 的催化氧化起到了关键作用。

（3）在 GO 添加量最大（30%）的情况下，研究了继续升温对其结构和形貌的影响。实验结果表明，当温度为 1000℃时且在 NH_3 的气氛下活化后，复合纳米纤维的纤维从低温下得到的实心结构全部转变为由还原氧化石墨烯片层卷曲而成的空心纳米管。分别对 GO 在 NH_3 活化的样品和石墨烯管样品进行 N 1s 分峰拟合后发现，后者中石墨型“N”的相对含量要明显高于吡啶型的“N”含量，而前者则恰恰相反，说明 N 原子可以将 GO 边缘处的 C 原子取代并将周围 GO 片层连接起来，而在此过程中复合纳米纤维起到了限域和模板作用。

（4）室温下（30℃）低浓度（50 ppm）NO 气体在有氧气存在时在局域石墨化纳米纤维上的催化氧化机制更符合 Eley-Rideal 机制。吸附态的 NO 逐渐被氧化为 NO_2，并伴随着中间态产物—NO_3 的生成，当吸附达到饱和后最终以 NO_2 的形式脱附。

第4章　石墨烯纳米纤维的制备及其对NO的催化氧化性能研究

4.1　引　　言

在第3章中深入系统地研究了具有局域石墨化且表面官能化的多孔碳-碳复合纳米纤维的制备，以及在室温下对低浓度NO的催化氧化性能。这种方法制备的复合纳米纤维是以PAN为基体，在其表面或内部嵌入不同比例的氧化石墨烯片层作为催化活性位点。但是，这种复合纳米纤维中GO的添加量最高值为30%（相对于PAN质量分数），再高则无法实现电纺，这样就限制了更高比例GO对NO催化氧化性能影响的研究。因此，要想深入研究以GO为主的因素对NO的催化氧化，必须制备出以GO或rGO为基体的石墨烯或石墨烯基纳米纤维或纳米带。实现此纳米级的石墨烯纤维有两种基本的方法：第一种是通过静电纺丝直接将GO电纺为GO纳米纤维，然后再碳化和活化处理；第二种是将GO添加量为最大值时的样品在活化过程中用活化气体将无定形的PAN纳米纤维刻蚀掉，最大限度地将GO以纤维状的形式保留下来。第一种方法由于无法形成带电的高分子溶液从而无法通过实验实现纺丝。本课题组围绕第二种思路仅通过调节温度、活化气体和活化时间的参数来实现石墨烯纳米纤维的制备，结果发现所得样品会出现刻蚀程度不够或者无法成纤维状态的情况。所以，针对以上出现的问题，必须寻找一种有效的前驱体材料和合适的工艺参数来实现。

目前，石墨烯纤维的制备大多采用湿纺的方法，所得纤维为宏观的微米级尺度。Cong等[209]采用湿纺方法和后续化学还原的方法制备了连续、排列整齐的宏观石墨烯纤维，其直径为20 μm左右。这种石墨烯纤维在成型的过程中由于电荷与表面分散剂的排斥作用，其GO片层会逐渐向着轴心发生卷曲，最后形成纤维状的石墨烯纤维。Dong等[210]采用水热法从GO的水溶液中通过控制温度一步法制备了轻质的、连续状的石墨烯纤维。其制备的GO纤维直径大约为33 μm，纤维的直径和长度通过控制GO溶液的浓度和管道的长度实现可调。这种制备方法得到的石墨烯纤维其所用GO大部分通过将鳞片石墨氧化而得到。天然鳞片石墨是呈鳞片状或薄叶片状晶质的石墨，其尺寸要远大于微晶石墨且其具有明显的定向排列特征[211, 212]。由于其在尺寸上的差异，采用鳞片石墨通过化学氧化法来制备氧化石墨，经超声分散剥离后会得到尺寸较长的GO石墨条状片层，如果用这种GO片层与PAN混纺来制备石墨烯纳米纤维GO片层的搭接会更加容易，经NH_3处理后纤维的形状能最大程度的保留下来。目前还没有关于采用静电纺丝的方法制备出纳米级的石墨烯纤维。

因此本章研究是以天然鳞片石墨为原料通过化学氧化法制备氧化石墨，后经超声分散剥离制备 GO。得到的 GO 与 PAN 混纺后经在 NH_3 的气氛下碳化和活化处理制备石墨烯纳米纤维。由于 NH_3 在高温下可对碳纤维刻蚀，所以得到的石墨烯纤维中绝大部分的无定形碳已被刻蚀。此外，由于鳞片石墨制备的 GO 具有较长的横向尺寸，其片层通过 N 原子搭接过程中可以更加容易实现，其连接方式和原理见第 3 章。

4.2　PAN 与鳞片石墨氧化后所得 GO 混纺制备石墨烯纳米纤维

4.2.1　实验方法

天然鳞片石墨经化学氧化法得到氧化石墨，后经超声分散和剥离制备了大尺寸的 GO，通过静电纺丝法将作为前驱体的 PAN 与 GO 混纺制备复合纳米纤维，最后在 NH_3 气氛下通过调节碳化活化时间和温度，制备不同的石墨烯纤维，以下为具体步骤。

（1）将一定量的鳞片石墨通过第 2 章所述的化学氧化法制备得到氧化石墨，后经超声分散和剥离处理制备了横向尺寸较大的条状 GO 片层。

（2）首先将第一步制得的 GO 溶于一定量的 *N,N*-二甲基甲酰胺（DMF）中，继续超声分散 2 h，再将一定量分子量为 150000 PAN 溶于上述两种混合物中，将上述混合物在 70℃的水浴中加热、搅拌 24 h，得到均匀的高分子聚合物电纺溶液，其中 GO 相对于 PAN 的质量分数为 30%。

（3）通过静电纺丝装置将上述高分子聚合物溶液电纺制备出复合纳米纤维，其电纺工艺参数如第 3 章所述。得到的电纺原丝经后续预氧化处理，其预氧化处理工艺参数见第 3 章。

（4）将第三步得到的预氧化纤维碳化和活化处理。处理气氛为 NH_3，流量为 200 SCCM，处理温度分别为 900℃和 950℃，处理时间分别为 20 min、30 min、40 min 和 50 min。处理过程中保持其他条件不变。

4.2.2　电纺石墨烯纤维的微观形貌

为了使纳米纤维在碳化和活化的过程中纤维之间不发生融并现象，静电纺丝法制备的 GO 与 PAN 复合纳米纤维原丝在碳化和活化之前要经过预氧化（固化）处理，图 4-1（a）和（b）分别为纯 PAN 纳米纤维和石墨烯纳米原丝经预氧化处理后的微观形貌图。从图中可以看到，没有添加 GO 的纳米纤维表面较为光滑且几何形状较为线形规整；相反，加入由鳞片石墨制备得到的 GO 后复合纳米纤维表面变得凹凸不平，粗糙程度明显增加。此外，纯 PAN 纳米纤维预氧化的直径为 500～600 nm，而复合纳米纤维预氧化后的直径为 800～900 nm，可知，在相同的电纺和预氧化处理工艺条件下，GO 的加入可使纳米纤维的直径增粗。从图 4-1（b）中可以看出，复合纳米纤维的表面出现了许多凹陷的区域，这些区域是 GO 片层搭接处出现的空隙，而这种空隙中的 PAN 前驱体在预氧化过程由于升温而部分挥发，塌陷由此形成。预氧化后的复合纳米纤维中 GO 片层大部分还处于被 PAN 无定形的碳所包覆的状态。

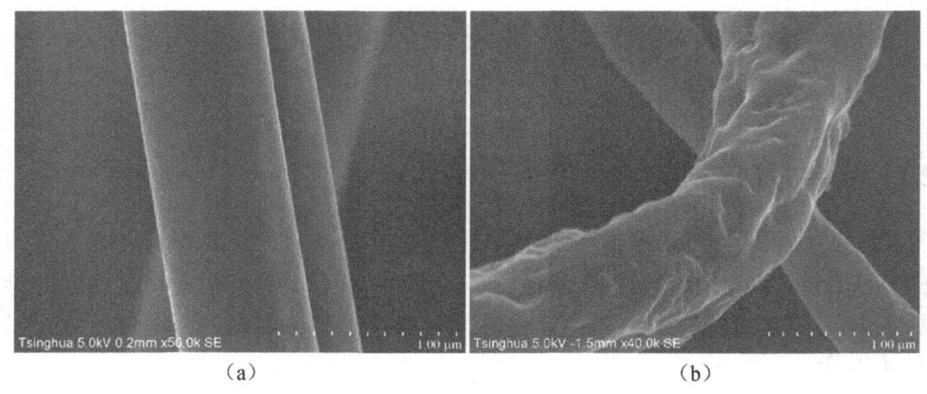

（a）　（b）

图 4-1　预氧化后纤维的微观形貌图

（a）PAN 纳米纤维；（b）GO/PAN 纳米复合纤维

预氧化复合纳米纤维后续分别在 NH_3 的气氛下经不同的活化温度、不同的活化时间处理以制备石墨烯纳米纤维。处理的温度分别为 900℃和 950℃，处理的时间分别为 20 min、30 min、40 min 和 50 min，活化后的样品分别记为 F-GOF900-X 和 F-GOF950Y，X 和 Y 分别代表活化时间。图 4-2 和图 4-3 为不同温度、不同处理时间在 NH_3 气氛下活化后的石墨烯纳米纤维的 SEM 微观形貌图。从图 4-2 中可以看出，经 900℃和 950℃处理后的石墨烯纳米纤维其直径从预氧化后的 800～900 nm 缩减到 300～400 nm，可以预见，高温下的 NH_3 对 PAN 基的无定形碳具有强烈的刻蚀作用。由图 4-2 和图 4-3 还可以看出，在同一活化温度下，随着活化时间的增加，复合纳米纤维表面逐渐变得粗糙，且逐渐显现出石墨烯的不规则边缘形状。同时可以看到，在相同的活化时间、不同的活化温度下，随着活化温度的升高，复合纳米纤维的表面粗糙度也随之增加，GO 片层同时经 NH_3 还原转变为 rGO 片层，多层的 rGO 叠加在一起，随着温度升高这些片层呈现向纤维外表面伸展的趋势。此外，不同处理条件下样品的收率随着温度和时间的增加其收率呈现单调下降趋势（图 4-4）。900℃处理后的样品随着时间的增加收率从 34.2%降为 16.9%，950℃处理的收率从 23.8%降为 16.2%，由此可知，绝大部分的无定形碳已被 NH_3 刻蚀。

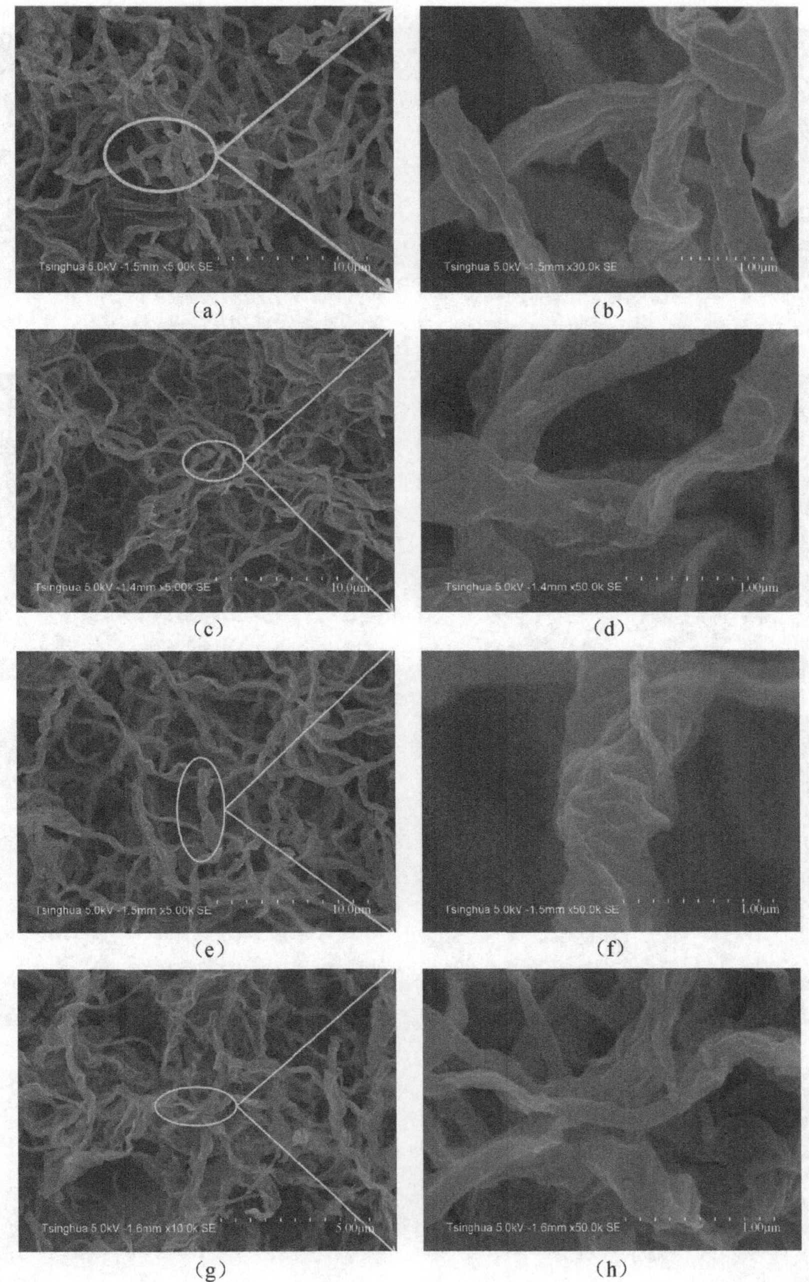

图 4-2 GO 添加量为 30%的复合纳米纤维在 900℃、NH_3气氛下，不同活化处理时间的微观形貌图及其局部放大 SEM 图

（a）、（b）900℃，20 min；（c）、（d）900℃，30 min；（e）、（f）900℃，40 min；（g）、（h）900℃，50 min

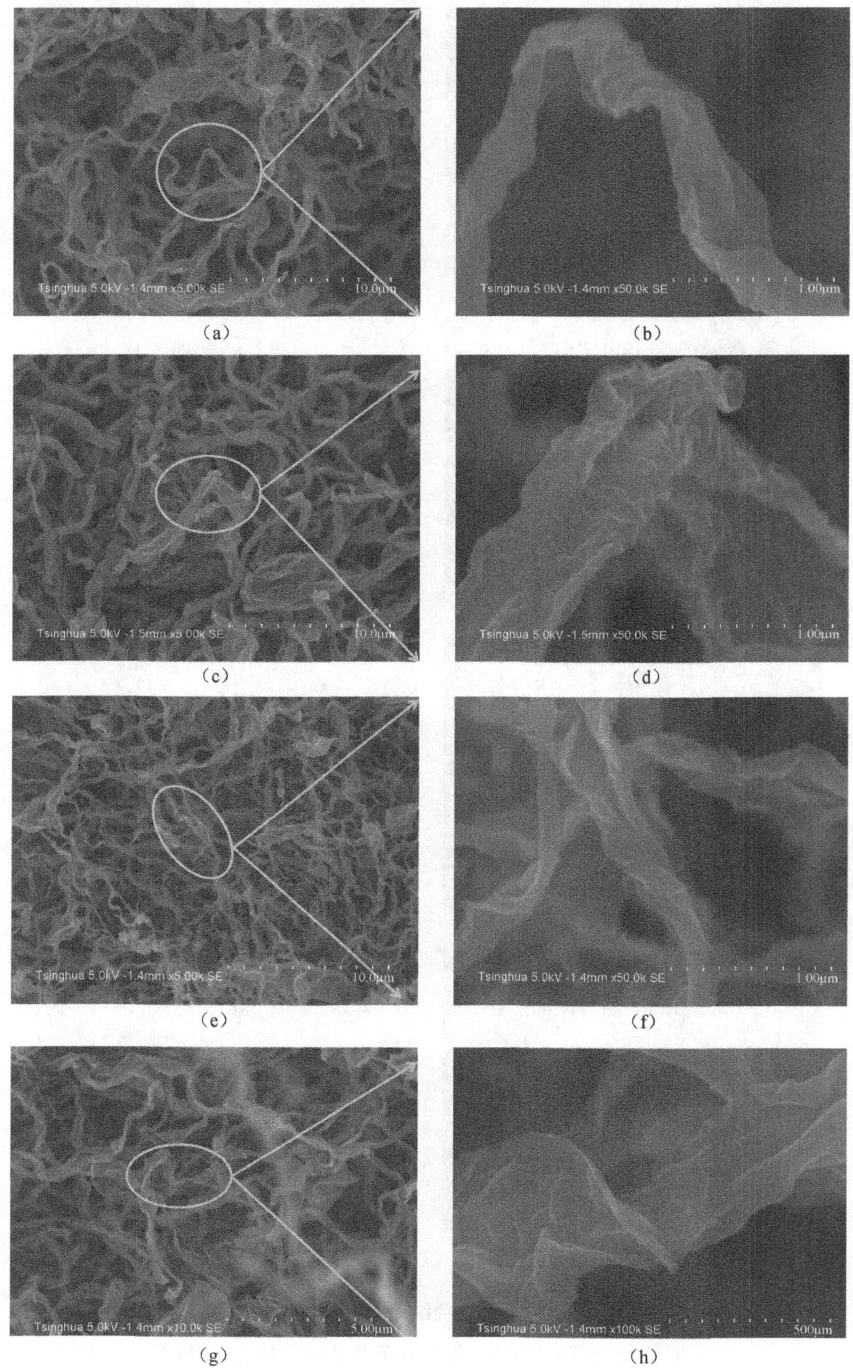

（a）　（b）

（c）　（d）

（e）　（f）

（g）　（h）

图 4-3　GO 添加量为 30%的复合纳米纤维在 950℃、NH_3 气氛下，
不同活化处理时间的微观形貌图及其局部放大 SEM 图

（a）、（b）950℃，20 min；（c）、（d）950℃，30 min；（e）、（f）950℃，40 min；（g）、（h）950℃，50 min

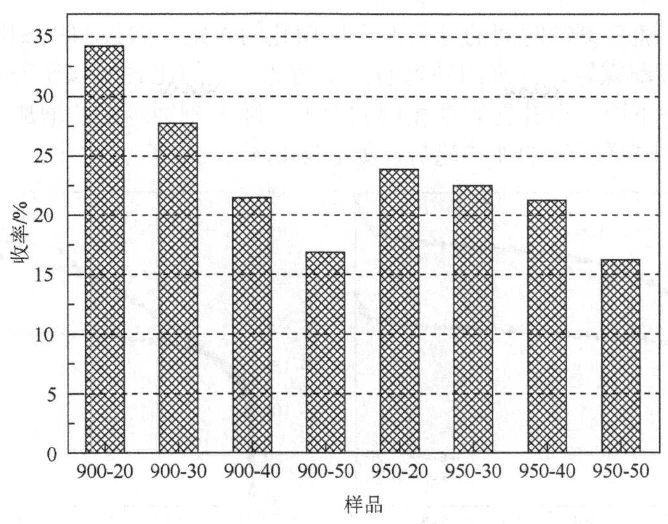

图 4-4　不同活化温度和时间处理后样品的收率

4.2.3　石墨烯纤维的比表面积和孔结构表征

石墨烯纳米纤维样品的 77 K 氮气吸附脱附曲线如图 4-5 所示，由图可知，八种不同处理条件下的石墨烯纳米纤维具有不同的吸附类型曲线，同时说明孔结构存在显著差异。样品 F-GOF900-20 和 F-GO900-30 属于 I 型吸附曲线，说明孔结构主要以微孔为主。在 900℃的相同温度下，随着活化时间不断增加，曲线的吸附类型发生改变，在低 P/P_0 处有拐点，表示单分子层的饱和吸附量，相当于单分子层吸附的完成；随着 P/P_0 的增加，开始形成第二层，在饱和蒸气压时，吸附层数无限大，所以样品 F-GOF900-40 和 F-GOF900-50 属于 II 型吸附曲线。当温度为 950℃处理时，四种样品的吸附曲线都属于 II 型吸附曲线。但是，随着活化时间的增加，样品 F-GOF950-30、F-GOF950-40 和 F-GOF900-50 出现了回滞环，说明在此温度下活化时间延长会引入部分中孔。样品的孔径分布如图 4-6 所示，从图中可以看出，属于 I 型吸附曲线类型的样品孔径都在 2 nm 以下，为微孔结构。在 900℃下，活化时间为 30 min 和 40 min 出现回滞环的样品均有 2～4 nm 的孔径分布。在处理温度为 950℃下，四种样品都出现了明显的中孔分布，且随着活化时间的增加中孔分布的强度也逐渐增加。

八种不同样品的碳收率、比表面积和孔结构参数如表 4-1 所示，从表中可以看出，在同一温度下，随着 NH_3 处理时间的增加其样品的收率逐渐下降。当处理时间为 50 min 时样品的收率为 16%左右，说明绝大部分的 PAN 基无定形的碳被 NH_3 刻蚀，而且 GO 表面的含氧官能团也与 NH_3 反应被消耗，这两种原因共同导致了质量的损失。在 900℃处理后，石墨烯纤维的比表面积随着活化时间的增加呈现先增加后减少的趋势，比表面积大部分集中在 500～700 $m^2 \cdot g^{-1}$。当处理温度达到 950℃时，样品的比表面积呈现单调递减趋势，这是由于比表面积主要是微孔所贡献，随着刻蚀时间的延长能产生微孔的无定形碳被 NH_3 刻蚀掉，大部分的 GO 片层逐渐裸露在纤维的外表面，由微孔贡献的比表面积显著减少，最终导致总比表面积下降。微孔孔容在相同的温度下随着刻蚀时间的增加逐渐增大，随着温度的增加同样呈现增加的趋势，如表 4-1 所示。

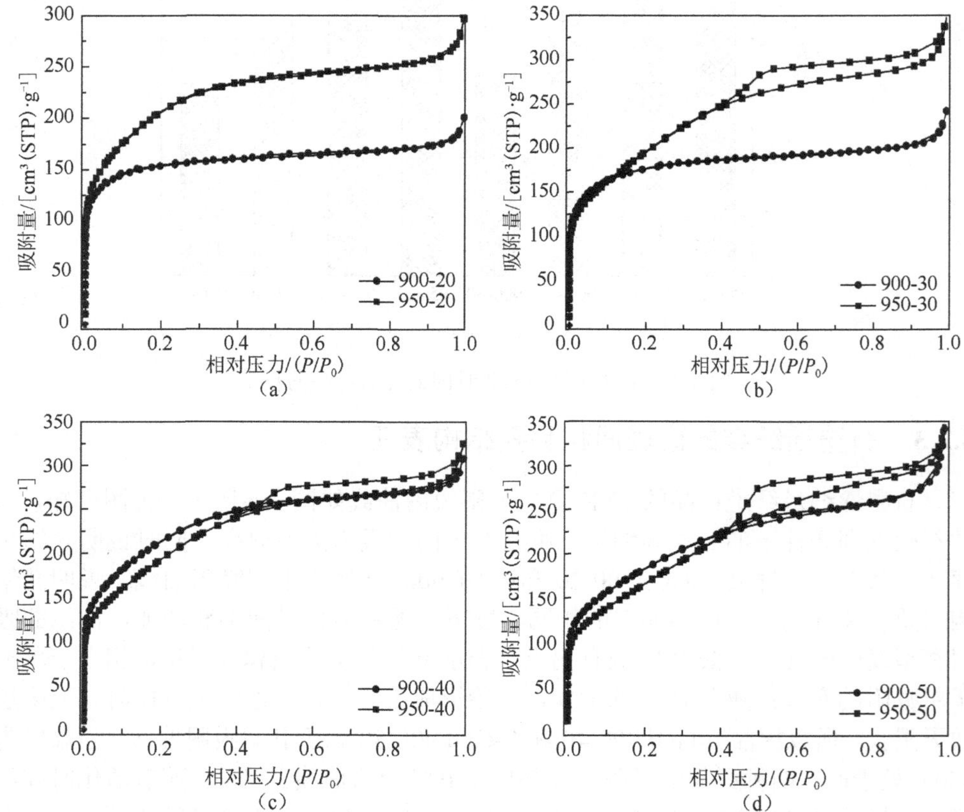

图 4-5　不同温度及不同时间处理后得到的石墨烯纳米纤维 N_2 吸附脱附曲线

圆圈曲线代表 900℃处理；方块曲线代表 950℃处理；

处理时间：（a）20 min；（b）30 min；（c）40 min；（d）50 min

表 4-1　石墨烯纳米纤维的收率及孔结构参数

样品	收率/%	比表面积/（$m^2 \cdot g^{-1}$）	微孔比表面积[a]/（$m^2 \cdot g^{-1}$）	微孔容/（$cm^3 \cdot g^{-1}$）
F-GOF900-20	34.2	586	564	0.238
F-GOF900-30	27.7	659	631	0.278
F-GOF900-40	21.4	749	720	0.382
F-GOF900-50	16.9	651	593	0.338
F-GOF950-20	23.8	742	708	0.353
F-GOF950-30	22.5	715	673	0.397
F-GOF950-40	21.3	700	663	0.380
F-GOF950-50	16.2	603	274	0.160

a. 微孔比表面积根据 *t*-图法计算所得，其余按照第 3 章方法计算。

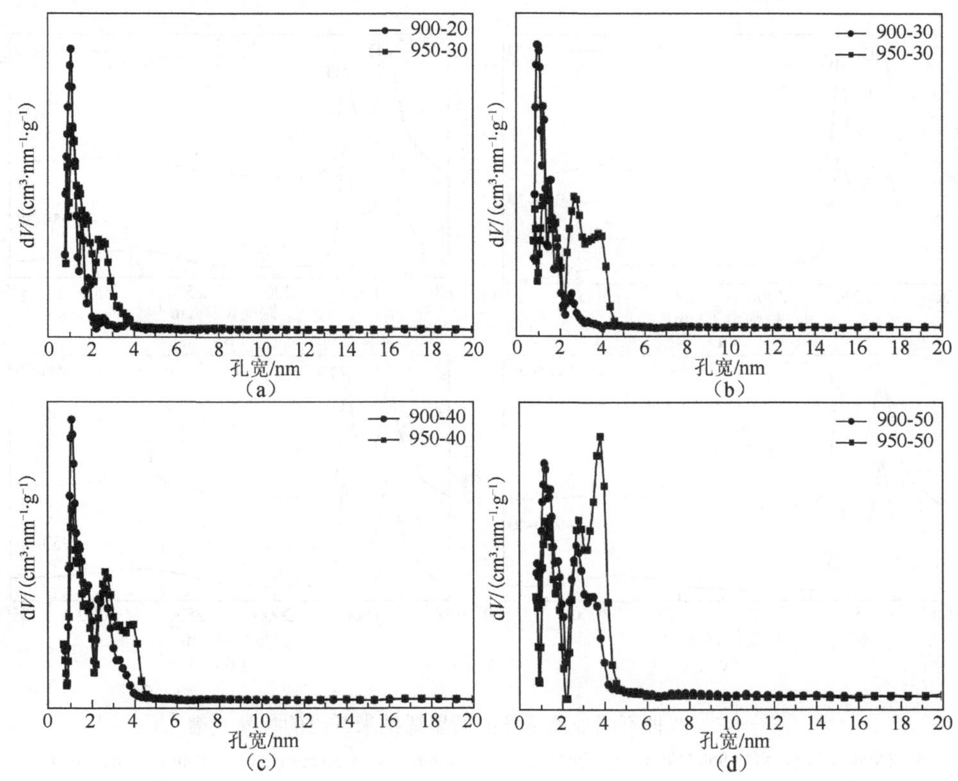

图 4-6　不同温度及不同时间处理后得到的石墨烯纳米纤维孔径分布

圆圈曲线代表 900℃处理；方块曲线代表 950℃处理；

处理时间：（a）20 min；（b）30 min；（c）40 min；（d）50 min

4.2.4　石墨烯纤维的石墨化度和表面化学组成

鳞片石墨制备的 GO 加入 PAN 的前驱体中经后期的高温处理在一定程度上可以提高样品的石墨化度。本实验分别对八种不同样品进行了拉曼测试，如图 4-7 所示。八种样品都分别在 1350 cm^{-1} 和 1580 cm^{-1} 附近出现了两个明显的峰位，分别为无定形碳的 D 峰和石墨质碳的 G 峰[213, 214]。在 900℃处理温度下，随着活化时间的增加样品 F-GOF900-20、F-GOF900-30、F-GOF900-40 和 F-GOF900-50 的 I_D/I_G 值分别为 1.16、1.15、1.12 和 0.98，呈现逐渐下降的趋势；在 950℃处理条件下，I_D/I_G 值随温度也呈现下降趋势，说明随着处理时间的延长石墨烯纤维的石墨化度在逐渐提高，其变化趋势如图 4-8 所示。特别地，样品 F-GOF900-50 在 2730 cm^{-1} 附近出现了代表多层石墨烯明显的 2D 峰，更进一步说明此样品的石墨化度要强于其他样品。

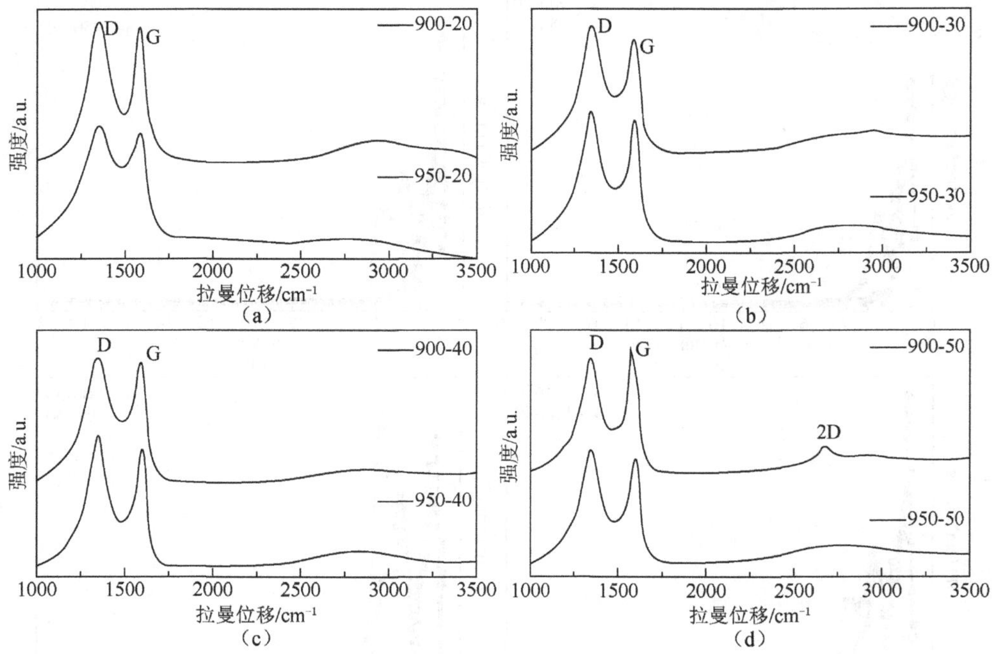

图 4-7　八种不同处理条件的石墨烯纳米纤维的拉曼光谱

细线 900℃处理，粗线 950℃处理。处理时间：（a）20 min；（b）30 min；（c）40 min；（d）50 min

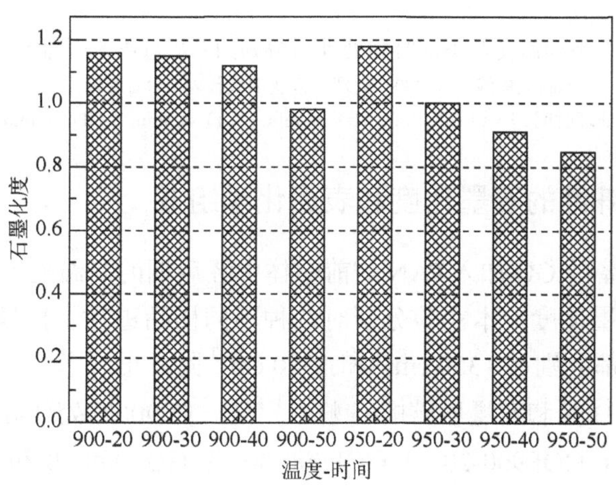

图 4-8　八种不同处理条件的石墨烯纳米纤维的石墨化度（I_D/I_G）比较

XPS 分析可以反映出材料表面化学组成和所含官能团的重要信息。由于实验在不同条件下制备的石墨烯纳米纤维在结构和组成上基本相似，因此本实验选取了样品 F-GOF900-50 作为代表对石墨烯纳米纤维的表面化学进行研究的分析，其 XPS 谱图分析如图 4-9（a）所示。图 4-9（a）为样品 XPS 的全谱图，从图中可以看出石墨烯纳米纤维表面含有 C、O 和 N 三种元素，其中 N 元素所占摩尔比为 2.78 at%。

图 4-9（b）为 C 1s 的分峰图谱，分别可以在 284.7 eV、285.7 eV、286.9 eV 和 290.3 eV 处分为四个特征峰。四个特征峰分别对应 C—C（石墨质碳）、C—O（羟基或醚类）、C═O（羰基）和 O═C—O（羧基或酯）[215-217]，说明了石墨烯纳米纤维表面不同氧基团的存在。O 1s 的分峰图如 4-9（c）所示，分别在 530.7 eV、533 eV 和 535.6 eV 处出现了三个峰，分别对应羰基（C═O）、碳氧结合态（C—O），如羟基（C—OH）、醚基（C—O—C）和化学吸附态的氧或水[181]。图 4-9（d）为 N 1s 的分峰拟合图，N 峰分别可以在 398.3 eV、401.1 eV 和 402.7 eV 处分为三个独立的峰，这三个峰分别对应吡啶型的“N”（N-6）、吡咯型的“N”（N-5）和石墨型的“N”（N-Q）[218, 219]。从图中可以看出，三种峰的相对强度以 N-6 形式的氮为最强，说明其为 N 的主要存在形式，其中，N-5 和 N-Q 型的“N”所占比例基本相同。这三种形式 N 的相对含量明显与第 3 章中石墨烯管中三种 N 的相对含量有着很大的差别，说明 N 原子在石墨烯管和石墨烯纳米纤维中有着不同的存在方式，这种不同的存在方式导致了不同的结构。

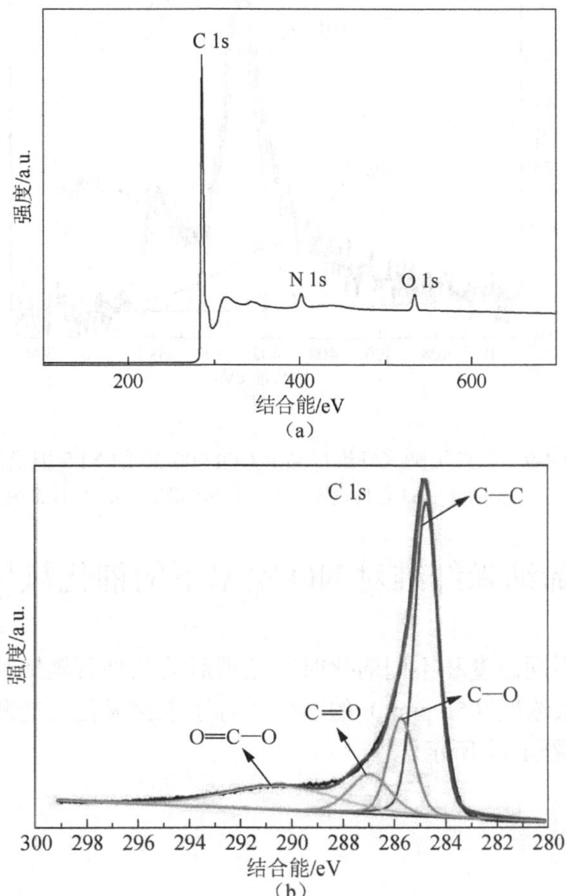

（a）

（b）

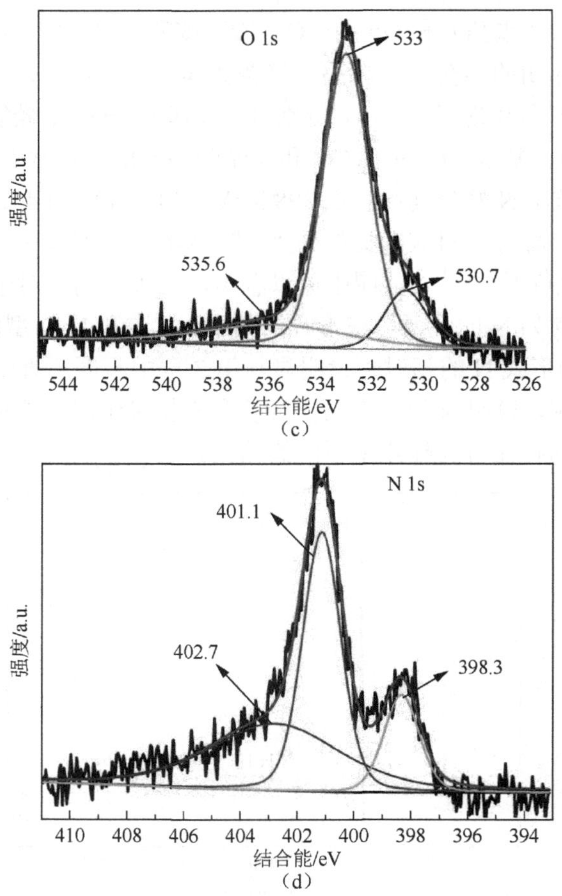

图 4-9　石墨烯纳米纤维样品 F-GOF900-50 的 XPS 能谱图

(a) 全谱图；(b) C 1s 谱图；(c) O 1s 谱图；(d) N 1s 谱图

4.3　石墨烯纳米纤维对 NO 室温下的催化氧化性能研究

本实验将在不同温度和不同活化时间处理后的八种石墨烯纳米纤维分别在室温下（30℃）对低浓度（50 ppm）的 NO 进行了催化氧化性能测试，其测试结果分别如图 4-10 和图 4-11 所示。

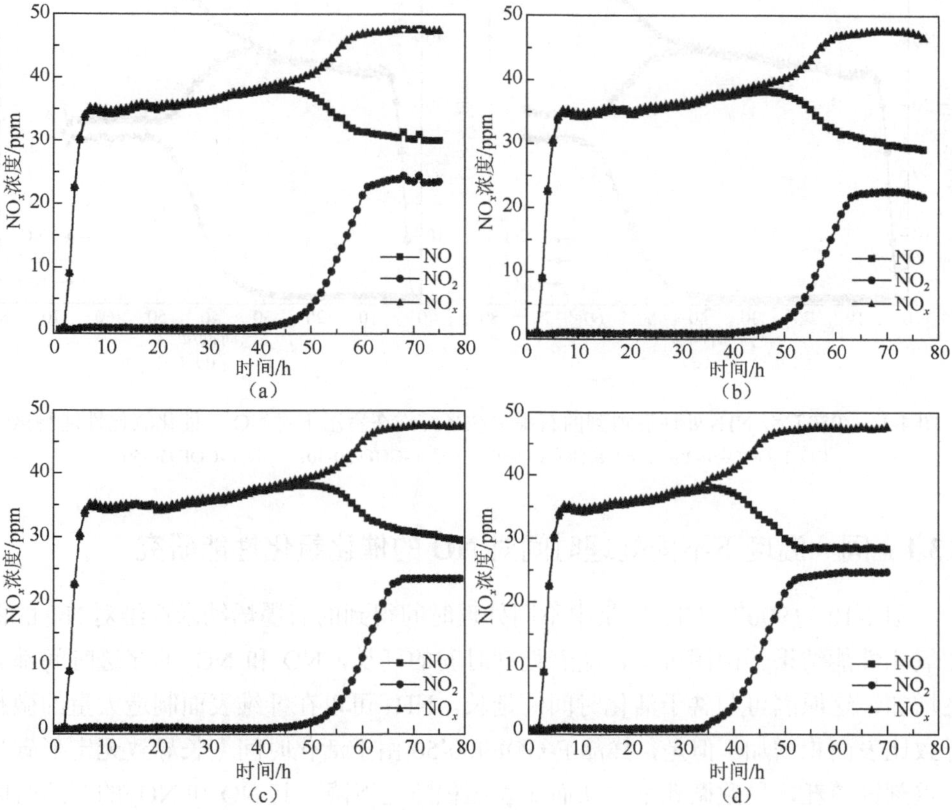

(a)　(b)　(c)　(d)

图 4-10　900℃经 NH_3 处理后得到的石墨烯纳米纤维在室温下对 NO 的催化氧化性能测试

（a）F-GOF900-20；（b）F-GOF900-30；（c）F-GOF900-40；（d）F-GOF900-50

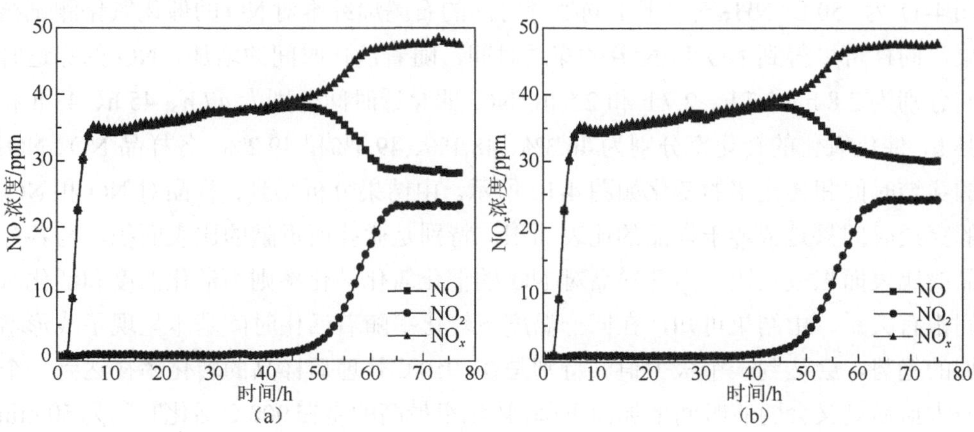

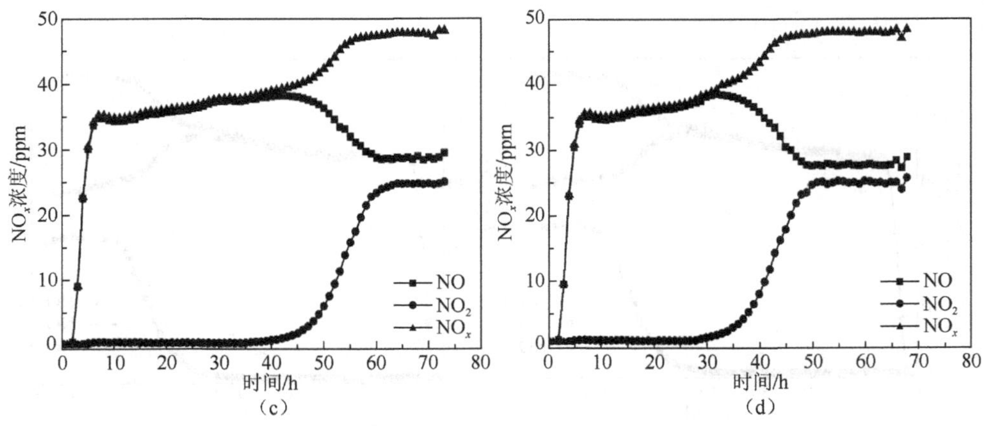

图 4-11 950℃经 NH_3 处理后得到的石墨烯纳米纤维在室温下对 NO 的催化氧化性能测试

(a) F-GOF950-20；(b) F-GOF950-30；(c) F-GOF950-40；(d) F-GOF950-50

4.3.1 同一温度下不同处理时间对 NO 的催化氧化性能研究

图 4-10 为 900℃ NH_3 气氛中不同处理时间得到的石墨烯纳米纤维对 NO 的催化氧化性能结果。由图可知，随着处理时间的延长，NO 和 NO_2 的穿透时间都随之增加，这原因可归咎于活化时间的延长，NH_3 可以在纤维表面制造大量的微孔导致比表面积增加。但是，样品 F-GOF900-50 由于活化时间太长导致无定形碳被严重刻蚀消耗，导致微孔下降从而比表面积随之下降，其 NO 和 NO_2 的穿透时间也随之缩短。依时间递增顺序，NO 的穿透时间分别为 2.4 h、2.7 h、2.9 h 和 2.6 h；NO_2 的穿透时间分别为 42 h、46 h、51 h 和 30 h。由 NO-NO_2 转化率式（2-2）可计算得到各样品对 NO 的催化氧化转化率分别为 45%、44%、47%和 49.5%。图 4-11 为 950℃ NH_3 气氛下不同处理时间的石墨烯纤维对 NO 的催化氧化测试结果，同样可以得到 NO 和 NO_2 的穿透时间，随着活化时间的增加，NO 的穿透时间分别为 2.8 h、2.7 h、2.7 h 和 2.5 h；NO_2 的穿透时间分别为 47 h、45 h、43 h 和 35 h，催化氧化的转化率分别为 46.3%、48.1%、49.4%和 49.2%。各样品 NO、NO_2 的穿透时间和转化率的变化如图 4-12 所示。由结果分析得到，样品对 NO 和 NO_2 的穿透时间只是依赖于样品的比表面积，特别是微孔所贡献的比表面积，与各样品的比表面积成正比。而各样品对 NO 的催化氧化转化率则与活化温度和活化时间都有关系，由结果可知，在同一温度下转化率随着活化时间基本呈现了线形增加的趋势，会达到一个极大值。特别是在 950℃处理后样品的转化率在达到一个极大值后则又会随着时间增加而下降。转化率最高的是在 900℃活化时间为 50 min 的样品，即 F-GOF900-50，转化率为 49.5%。

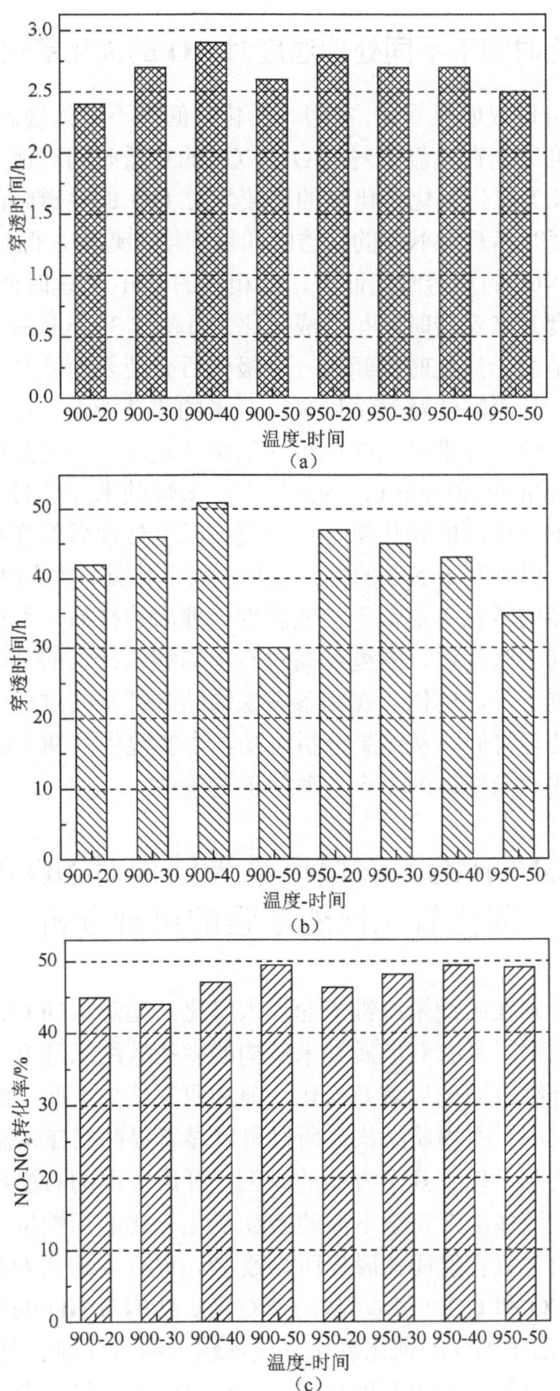

图 4-12　八种石墨烯纳米纤维样品的穿透时间和转化率

（a）对 NO 的穿透时间；（b）对 NO_2 的穿透时间；（c）NO-NO_2 催化氧化转化率

4.3.2　同一活化时间下不同处理温度对 NO 的催化氧化性能研究

从图4-12中可以很明显看出，在同一活化时间下不同处理温度（900℃、950℃）的石墨烯纳米纤维分别在室温下对 NO、NO_2 的穿透时间对比，以及室温下对低浓度（50 ppm）NO 催化氧化转化率的比较。对 NO 的穿透时间而言，在相同的活化时间内，温度升高后对 NO 的穿透时间呈现增加趋势，但是在超过 40 min 后又开始下降；对 NO_2 的穿透时间而言，在相同的 NH_3 处理时间内，在 30 min 之前表现为随着温度升高穿透时间与之成正比，而超过 30 min 后则又有明显下降的趋势。这种原因是由于活化时间超过一个极值后会使表面能产生微孔的无定形碳严重刻蚀和消耗，从而降低对 NO 和 NO_2 分子的捕获能力。在同一活化时间内不同温度下的石墨烯纳米纤维对 NO 的催化氧化转化率有着明显的区别，在活化时间为 20 min、30 min 和 40 min 内，950℃下石墨烯纳米纤维对 NO 的转化率都要明显高于 900℃下处理后的转化率，说明更高温度处理后的样品其表面有着更多的催化活性位点，更有利于 NO 的催化氧化。而活化处理时间为 50 min 时，则更高温度处理后样品的转化率要低于较低温度处理后的样品，不过两者相差不是太大。但是，在相同的时间内，温度越高对石墨烯纳米纤维的刻蚀程度则越强，其样品的收率会严重下降。所以，在制备石墨烯纳米纤维的过程中必须寻找一个合理的温度和活化处理时间，从结果分析可知，本实验中的 900℃和 50 min 的处理条件是制备石墨烯纳米纤维的一个合理的工艺条件。

4.4　rGO、石墨质纳米结构对 NO 的催化氧化性能增强的机理分析

前期实验中分别在碳纳米纤维表面加入氧化石墨烯（GO）、石墨烯基碳纳米纤维的可控制备获得了具有石墨质纳米结构的多孔碳纳米纤维，其共同目标都是为了实现碳纳米纤维表面的局域石墨化。前期研究结果表明，经高温处理后的碳纳米纤维在局部出现了石墨质结构，所以可以显著提高其在室温下对 NO 的催化氧化能力，这主要归于以下几个方面的原因：纤维表面的石墨质结构可能会诱导纳米纤维表面产生较多能在室温下促使 NO 催化氧化的活性位点，而产生这些活性位正是纤维表面含氧官能团的脱离所导致[68]。也有文献认为在催化石墨化过程中会产生部分的 CO 和 CO_2 气体，从而使石墨质结构对 NO 的催化氧化过程的转化率提高[220, 221]。由于 NO 的催化氧化主要依赖于纳米纤维表面的催化活性位点，所以有可能在催化石墨化形成石墨质结构过程中引入一些尚未得到证实的催化活性位点，这些都有助于 NO 的催化氧化转化率的提升。经催化石墨化后使纳米纤维表面产生了石墨质结构，同时也会引入较多的拓扑缺陷，这些缺陷可以从高分

辨透镜中观测到，而这些缺陷对 NO 的催化氧化也可以起到积极的促进作用[222]。

GO 片层通过电纺工艺嵌入纳米纤维的表层及内部，经 NH_3 活化处理后转变为还原氧化石墨烯（rGO），由于 NH_3 为还原性气体，在此过程中 GO 还有大量的官能团被 NH_3 所消耗，不但使 GO 向石墨烯的转变过程加快同时也使 GO 进行了 N 掺杂，二者共同导致其催化性能的提高。文献中[178]也报道了关于石墨的多层片层间的空隙可以吸附 CO 并在石墨片层与金属催化剂之间使得对 CO 的催化氧化能力大幅度提高，其实验结果表明，堆叠在一块的石墨烯片层可以减弱金属铂对 CO 的吸附力，CO 可以被强烈地吸附在层与层之间限域的空隙中，在此区域内的石墨烯片层呈现出可以降低 CO 表面活化能的特点，因此石墨烯片层间的 CO 氧化率可以大幅度提高。本实验中由于 rGO 片层经碳化和活化处理也发生了堆叠和弯折，在层与层之间也出现了大量的空隙，NO 分子可以被限域在此空隙内，其表面活化能降低，所以在 rGO/PAN 复合纳米纤维中 NO 的催化氧化转化率明显要高于纯 PAN 纳米纤维。

为了进一步证实 rGO 和不同活化气氛制备的纳米纤维对 NO 的催化氧化转化率的影响，本实验分别制备了用 H_2O 蒸气活化处理后的纯 PAN 纳米纤维（PCNF-H_2O）、H_2O 蒸气活化处理后的 rGo/PAN 复合纳米纤维（PGCNF-H_2O）和 NH_3 处理后的 rGo/PAN 复合纳米纤维（PGCNF-NH_3），在制备过程中除了活化气氛及 rGO 添加不同其余条件完全相同，三种纳米纤维在室温下对 NO 的催化氧化结果曲线如图 4-13 所示。从图中可以看出，三种不同的纳米纤维对 NO 的催化氧化能力有一定的差别，对 NO 的催化氧化转化率分别为：PCNF-H_2O（26.4%）、PGCNF-H_2O（39.6%）和 PGCNF-NH_3（47.5%）。从结果分析得到，经 H_2O 活化处理后的同一纳米纤维添加 rGO 的转化率明显高于未添加 rGO 的纳米纤维，rGO 对 NO 的转化率提升了 13.2%。在对 rGO/PAN 复合纳米纤维进行不同气氛的活化处理后发现，采用 NH_3 活化处理的 rGO/PAN 纳米纤维对 NO 的转化率要高于相同条件下 H_2O 蒸气活化后的纳米纤维，NH_3 对 NO 的转化率提升了 7.9%。由此可

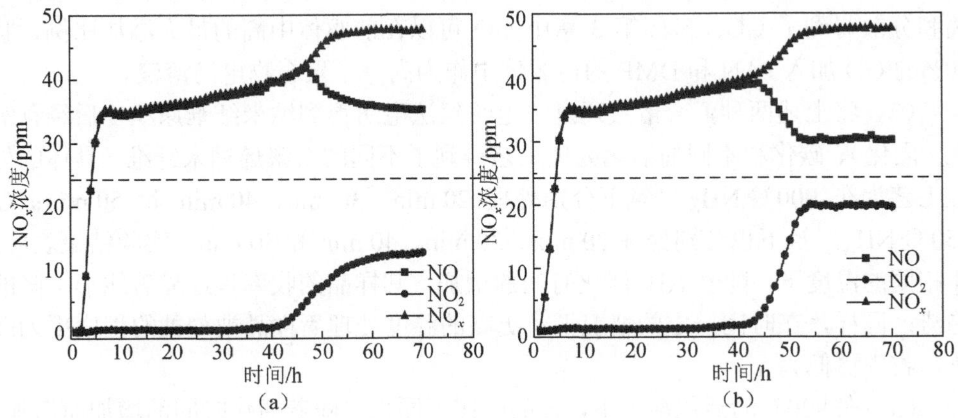

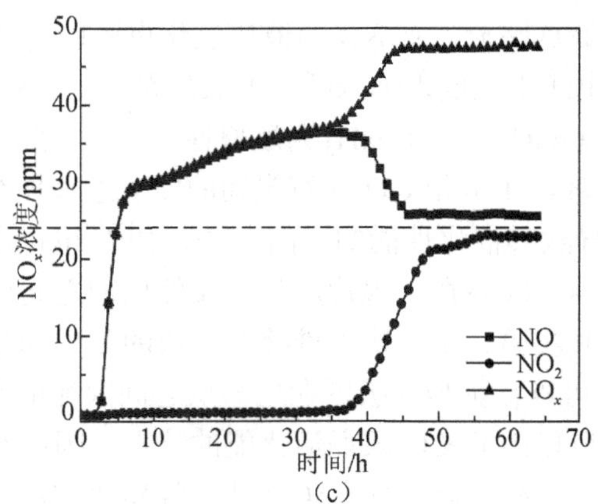

（c）

图 4-13 不同条件处理后的纳米纤维对 NO 的催化氧化结果

（a）纯 PAN 纳米纤维通过 H_2O 蒸气处理；（b）rGO/PAN 纳米纤维经 H_2O 蒸气处理；（c）rGO/PAN 纳米纤维经 NH_3 处理

知，在相同的条件下，rGO 及类似的石墨质结构对 NO 的催化氧化提升幅度要强于 NH_3 的效果，同时也说明 rGO 降低 NO 的活化能使 NO 更易被氧化为 NO_2，其效果取决于 N 掺杂纳米纤维对其的转化能力。

4.5 本章小结

本章主要介绍了采用鳞片石墨为原料通过化学氧化法制备了尺寸较大的氧化石墨烯（GO）片层，同时以聚丙烯腈（PAN）为碳前驱体与 GO 通过静电纺丝制备了复合纳米纤维原丝，后经不同的处理温度和活化时间制备了石墨烯纳米纤维，同时研究了八种不同的石墨烯纳米纤维在室温下（30℃）对低浓度（50 ppm）NO 的催化氧化性能，得到的主要内容和结论如下。

（1）以天然鳞片石墨为原料，采用化学氧化法制备了氧化石墨，后经超声剥离和分散得到了 GO。参照第 3 章中 GO 可以在前驱体中高的最大添加比例，将 30%的 GO 加入 PAN 和 DMF 的前驱体中作为高分子聚合物电纺溶液。

（2）将上述两种混合溶液通过静电纺丝法电纺得到纳米纤维原丝，后经预氧化（固化）、碳化和不同的活化处理工艺得到了不同的石墨烯纳米纤维。具体的处理工艺为在 900℃ NH_3 气氛下分别处理 20 min、30 min、40 min 和 50 min；在 950℃ NH_3 气氛下也分别处理 20 min、30 min、40 min 和 50 min。实验结果表明，在相同的温度下，随着 NH_3 活化时间的增加，其样品的收率呈现显著线形下降的趋势；同样，在时间一定的情况下，更高的温度处理后样品被刻蚀的程度更为严重，收率更低。

（3）在 900℃的活化温度下，样品的比表面积先随着活化时间的增加而增加，而后在达到一定的极值后又显著减小。在 950℃的活化温度下，各样品的比表面积随着处理时间呈现线形下降。在 900℃下活化时间超过 30 min 后会引入大量的介孔，而在 950℃下活化不论时间的长短都可以引入大量的介孔。此外，在相同的温度下，样品的石墨化度随着活化时间的增加逐渐提高，样品 F-GOF900-50 的石墨化程度最高。

（4）分别将经过不同处理工艺得到的八种石墨烯纳米纤维在室温下对 NO 进行催化氧化测试，结果表明，在 900℃处理得到的石墨烯纳米纤维对 NO 的催化转化率基本随着活化时间的延长而提高，在样品 F-GOF900-50 达到最大值，为 49.5%；而在 950℃处理后的样品中其转化率先随着处理时间的增加提高到一个极值后，又开始呈现下降的趋势，其最大值为 F-GOF950-40 所得，为 49.4%，略低于样品 F-GOF900-50 的转化率。总体上可以说明其对 NO 的催化转化率基本与样品的石墨化度成正比，但是会有一个极值，在极值后会表现出下降的趋势。

（5）位于纳米纤维表面的 rGO 片层和石墨质结构可以显著降低 NO 的表面活化能，特别是 rGO 片层间的空隙可以将 NO 分子吸附在一个窄的空间，从而使 NO 更容易被氧化为 NO_2。

第5章　石墨质纳米结构碳纤维的制备及对NO的催化氧化性能研究

5.1　引　　言

本书第3章和第4章利用不同的方法使聚丙烯腈基多孔碳纳米纤维的石墨化度大幅度提高，制备了具有局域石墨化的多孔碳纳米纤维和石墨烯基纳米纤维，两种纳米纤维对室温下NO的催化氧化转化率与纯碳纳米纤维相比具有明显的增强作用。这一结果表明，在纳米纤维的表面形成的催化活性位点对NO的催化氧化起着至关重要的促进作用。这两章中制备的纳米纤维都加入了第二相的氧化石墨烯作为催化活性位点，尽管其对NO的催化能力增强，但是，氧化石墨烯的嵌入使碳纳米纤维表面大量的微孔被覆盖或堵塞，从而造成复合纳米纤维的比表面积显著下降。而文献研究表明[223, 224]，多孔材料对NO分子的催化氧化是以吸附为基础的，当微孔吸附NO分子达到饱和后开始逐渐被氧化为NO_2分子。因此，合理设计并制备功能化的既具有微孔孔径发达和大比表面积又具有表面局域石墨化的碳纳米纤维对室温下NO的催化氧化性能具有非常大的促进作用与意义。

一般情况下，将某种无机物或有机物（如Fe、Ni等过渡族金属）添加到碳前驱体中在较低的温度下就可以加速碳材料的石墨化，这一过程称为催化石墨化[225, 226]。催化石墨化是一种可以在固态碳原位产生石墨质结构的非常有效的方法，相对于高温石墨化的超高温度和高能耗的劣势，通过这种方法部分石墨质碳材料可以在相对温和的温度下（<1000℃）获得，具有低能耗和易于处理的优点[227]。以Fe和Ni为代表的过渡族金属以其低价含量丰富的特征在对碳材料的催化石墨化方面显示出显著的效果。Zhang等[228]研究了乙酰丙酮铁（AAI）对Fe_3O_4/碳复合纳米纤维催化石墨化的效果，结果表明，AAI在固化和碳化的过程中参与了反应，并且有效提高了复合纳米纤维的石墨化度。对于聚丙烯腈基碳纳米纤维的催化石墨化并将其用于室温下NO的催化氧化性能研究目前还暂无报道。

本章以聚丙烯腈为静电纺丝碳前驱体，加入乙酰丙酮铁为催化剂，将两者混合作为电纺高分子溶液制备纳米纤维原丝，在活化的过程中通入NH_3处理，并研究不同活化温度和不同AAI添加量对纳米纤维的催化石墨化效果，同时将其用于室温下低浓度NO的催化氧化性能研究。

5.2 实验设计与制备工艺

催化石墨化可以在较低的温度下将无定形的碳材料部分产生石墨质结构，一般处理温度不超过 1000℃，其操作和制备工艺具有简单、便捷和易于实现的特点。在此温度下的碳化和活化过程中同时引入 NH_3 作为活化气体，既可以对碳纳米纤维进行 N 掺杂，又可以使纳米纤维表面产生吸附 NO 分子所必需的发达微孔结构。在活化过程中合理的调节温度和 AAI 的相对含量对于纳米纤维的石墨化程度、孔径分布和比表面积都有着非常重要的影响。

基于上述研究背景的前提下，本书选用 AAI 为催化石墨化的催化剂，将 AAI 与聚丙烯腈高分子溶液混纺并在不同的碳化和活化温度下同时通入 NH_3 处理，一步法制备具有一维自支撑局域石墨化的聚丙烯腈基碳纳米纤维，并研究活化温度和 AAI 的添加量对纳米纤维催化石墨化的影响效果。具体实验及制备过程如下。

（1）分别将不同质量的 AAI 加入 *N,N*-二甲基甲酰胺（DMF）溶剂中并使其充分均匀的溶解在其中，然后将不同质量的聚丙烯腈（PAN）加入上述混合溶液中并置于 70℃的水浴中搅拌 24 h 形成均一稳定的静电纺丝高分子溶液，其中 PAN 和 AAI 溶液的浓度（质量分数）为 10%，AAI 相对于 PAN 的质量分数分别为 5%、10%、15%和 20%）。

（2）将两者的混合溶液通过静电纺丝装置电纺获得超细 PAN/AAI 复合纳米纤维原丝，电纺所用参数设置参照第 2 章所示。电纺获得的复合纳米纤维原丝根据 AAI 含量不同命名为 PA5、PA10、PA15 和 PA20，纯 PAN 纳米纤维原丝标记为 PCNF。

（3）复合纳米纤维原丝预氧化（固化）处理工艺与第 2 章所述一致。

（4）将预氧化后的纳米纤维分别在 800℃、900℃和 1000℃的温度下活化处理，处理气氛为 NH_3，处理时间为 30 min，升温过程在 Ar 气中进行。具体参数如第 2 章所述。为了区分不同温度处理和不同 AAI 含量的样品，将活化后的复合纳米纤维统一以 PAX-Y 表示，其中，X 代表 AAI 的质量分数，Y 代表活化处理的温度，如 PA5-900 则代表 AAI 含量为 5%的纳米纤维经过 900℃处理后获得的碳纳米纤维。

（5）分别取 100 mg 上述不同含量和不同活化温度处理后的样品，在室温下对低浓度（50 ppm）的 NO 气体进行催化氧化性能测试，并研究温度和添加量对 NO 的催化氧化性能的影响规律。

5.3 石墨质纳米纤维的表征

通过静电纺丝法制备的 PAN/AAI 复合纳米纤维原丝相互缠绕并堆叠以纤维布的形式被收集，其宏观和微观形貌如图 5-1 所示。从图中可以看出，在相同的条件下随着 AAI 含量的增加，纳米纤维原丝的颜色逐渐由接近于白色的浅黄色变为深黄色，与未添加 AAI 纳米纤维的纯白色形成了鲜明的颜色对比，这说明 AAI 可以通过静电纺丝技术成功嵌入 PAN 纳米纤维原丝中。

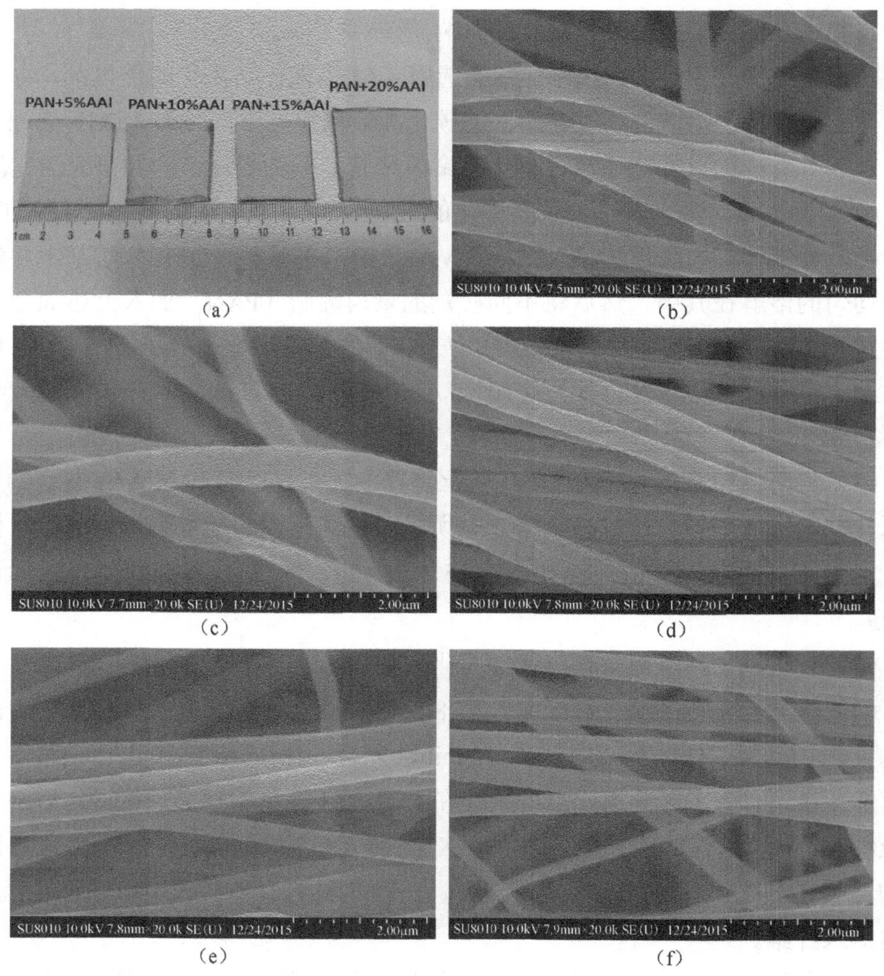

(a)　(b)　(c)　(d)　(e)　(f)

图 5-1　电纺纳米纤维原丝的宏观形貌和 SEM 图

(a) 不同含量 AAI 的宏观形貌；(b) PCNF；(c) PA5；(d) PA10；(e) PA15；(f) PA20

图 5-1（b）～（f）为纯 PAN 和添加了 AAI 的复合纳米纤维的 SEM 微观图，从图中可以看出，五种纳米纤维都呈现出良好的纤维形态，纳米纤维之间没有发生黏结现象。纯 PAN 纳米纤维的直径大约为 600 nm，纤维 PA5 由于添加了较少量的 AAI，其直径也接近 600 nm，而纤维 PA10、PA15 和 PA20 的直径则缩减到 400 nm 左右，这是 AAI 的加入使电纺前驱体的电导率增加，从而导致纤维直径的降低。图 5-2 为 PAN/AAI 复合纳米纤维对应的 XPS 谱图的 Fe 2p 峰，这更进一步验证 AAI 可以成功地通过电纺工艺被嵌入复合纳米纤维的内部。

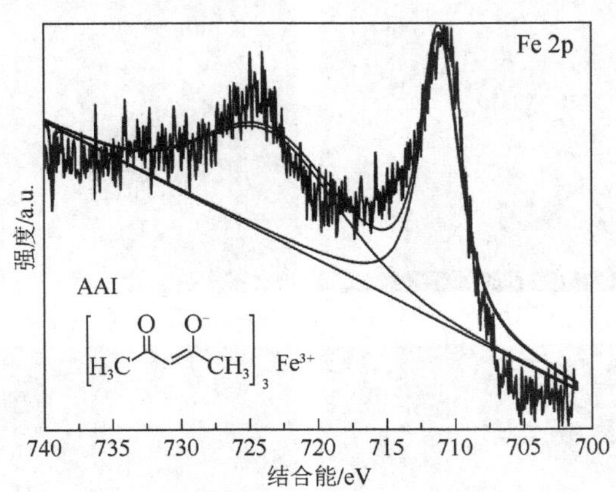

图 5-2　PAN/AAI 复合纳米纤维的 XPS Fe 2p 谱图

5.4　温度对多孔石墨质纳米纤维的影响规律

本节实验通过对 PAN/AAI 复合纳米纤维原丝在活化过程中精细调控处理条件下制备出具有局域石墨质结构一维自支撑碳纳米纤维。在活化过程中，处理温度对纤维的形貌及石墨质结构的形成起着至关重要的作用，本节主要以样品 PA15（即 AAI 相对于 PAN 的添加量为 15%）为基础研究在不同的处理温度下（800℃、900℃、1000℃）对碳纳米纤维的形貌、孔结构、比表面积和石墨化结构的影响，最后研究其在室温下对 NO 的催化氧化性能。

5.4.1　石墨质多孔纳米纤维的微观形貌与结构

PAN/AAI 复合纳米纤维原丝经不同的温度在 NH_3 中活化处理后变为炭黑色的纤维布[图 5-3（a）]，这种由碳纳米纤维形成的纤维布具有一定的柔韧性，自支撑结构可以随意以一定的角度弯折而不发生脆断，如图 5-3（e）所示。

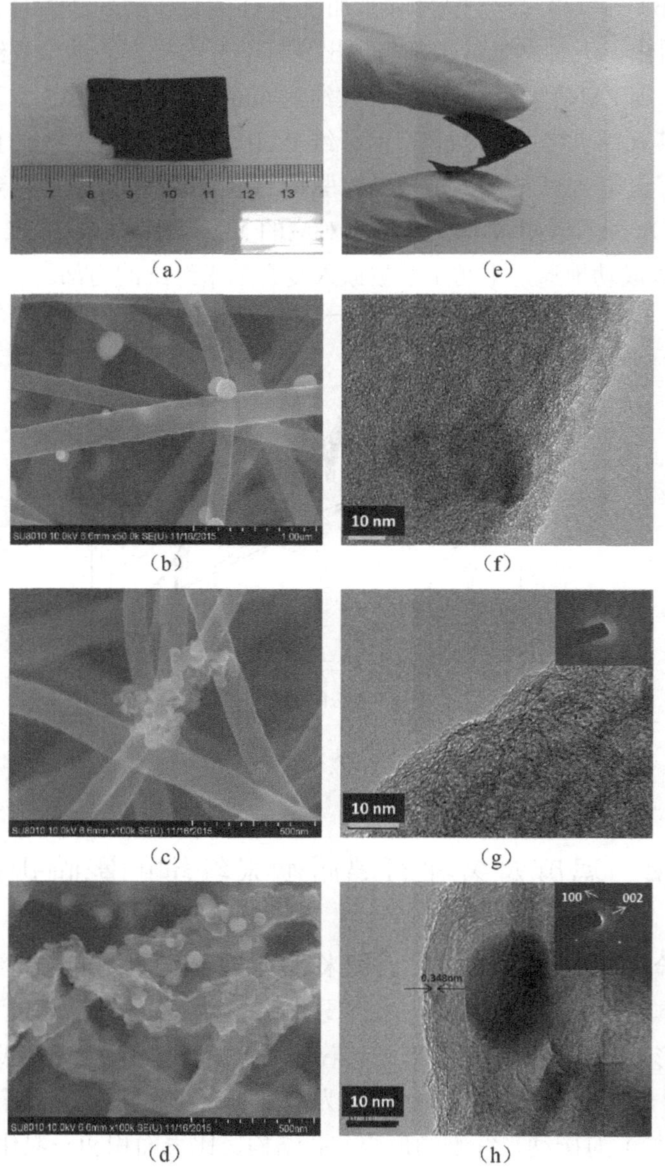

（a）（e）（b）（f）（c）（g）（d）（h）

图 5-3　碳纳米纤维的宏观照片、扫描电镜图、透射电镜图和选取电子衍射图

（a）、（e）宏观照片；（b）、（c）、（d）分别为 PA15-800、PA15-900 和 PA15-1000 的 SEM 图；（f）、（g）、（h）分别为 PA15-800、PA15-900 和 PA15-1000 的 TEM 图

PA15 通过不同的活化处理温度后的 SEM 和 TEM 微观形貌如图 5-3（b）～（h）所示。图 5-3（b）为 PA15-800 的 SEM 微观形貌图，从图中可以看出，复合纳米纤维原丝经 NH_3 800℃处理后较好地保持了纤维的形貌，PA15-900 的直径相比于 PA15 的直径由原先的 400 nm 左右缩减为 200 nm 左右，直径几乎减少了一

半。从此图中还可以看出，在纳米纤维的表面分布有圆球状的颗粒，这些颗粒为从纤维内部或表面处形成的 Fe 单质。与 PA15-800 对应的高分辨 TEM 透镜图在此温度下并没有观察到在纳米纤维的表面或边缘处出现石墨质条纹。随着温度的升高，碳纳米纤维表面的 Fe 单质颗粒明显呈现增多的趋势，且在 PA15-900 表面 Fe 单质颗粒发生了团聚，通过高分辨 TEM 图像可以看到在纤维的边缘处存在少量的石墨烯条纹，且这些形成的条纹排列不具有规整的形式，这说明在此温度下可以形成极少量的石墨质碳结构，石墨化效果不是很明显。但是，PA15 样品在 1000℃处理后得到的 PA15-1000 通过 HR-TEM 可以看到，在纤维的表面和作为催化剂的 Fe 单质周围形成了大量的石墨质条纹，且条纹排列整齐均匀具有一定的取向度。在 Fe 单质周围形成的石墨质条纹呈现环绕 Fe 单质的弯曲结构，且石墨质条纹的宽度均不超过 10 nm，对应的选取电子衍射图像也清楚地显示出与石墨质碳的（002）和（100）对应面的衍射环，如图 5-3（h）所示，0.348 nm 的层间距与石墨质碳的（002）衍射面相对应。

图 5-4 为各种 AAI 含量的碳纳米纤维在不同的活化处理温度下的拉曼光谱图，以样品 PA15 为例，分别在 800℃、900℃和 1000℃温度下 NH_3 活化处理后都在 1350 cm^{-1} 和 1580 cm^{-1} 附近出现了两个重叠的谱峰，前者为碳材料对应的 D 峰，是由无定形和部分缺陷所导致；后者为 G 峰，对应的是碳材料中具有石墨质结构的部分。D 峰和 G 峰所对应的半高宽（FWHM）和强度（I_D/I_G）的比值列于表 5-1 中。从表中可以看出，随着活化处理温度的逐渐升高，D 峰和 G 峰所对应的 FWHM 都呈现逐渐降低的趋势，反应石墨化程度的 I_D/I_G 比值也随着温度的升高逐渐下降，这充分说明温度的升高促进了催化石墨化的效果，最终导致石墨化度的提高[229, 230]。部分样品在 1000℃活化后的 G 峰要强于 D 峰，这是由于 N 掺杂水平可以影响到 G 峰的强度[231]，同时在 2700 cm^{-1} 处出现的 2D 峰也印证了出现的石墨层。

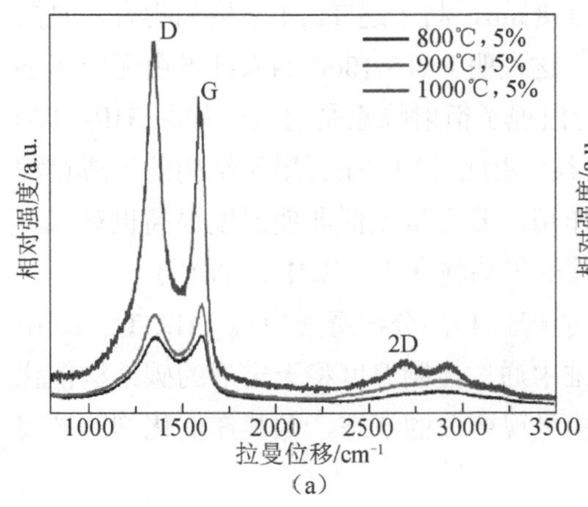

（a）

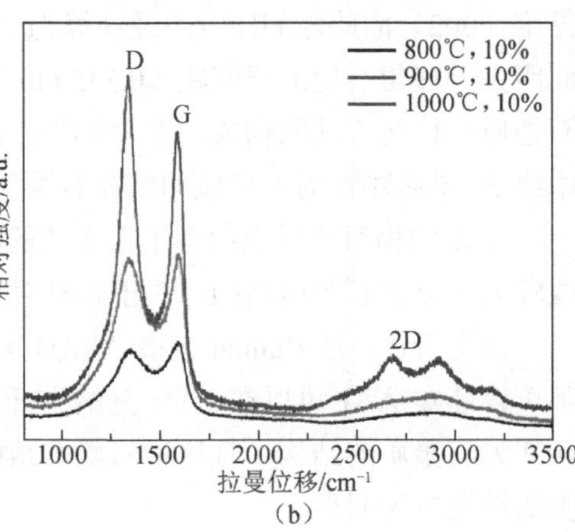

（b）

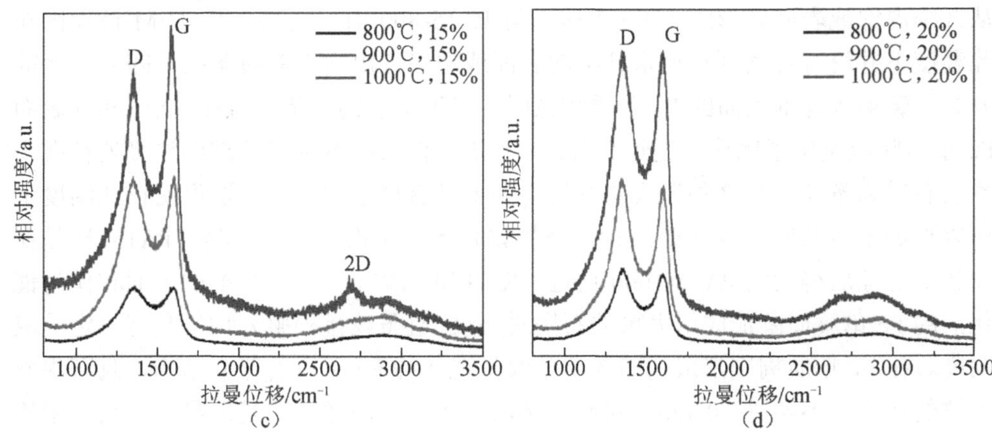

图 5-4　相同 AAI 含量的样品在不同的活化温度处理后的拉曼光谱图

（a）PA5；（b）PA10；（c）PA15；（d）PA20

表 5-1　纤维 PA15 的拉曼光谱参数

样品	FWHM(D)/cm^{-1}	FWHM(G)/cm^{-1}	I_D/I_G
PA15-800	179.8	132.5	1.05
PA15-900	145.9	100.7	0.98
PA15-1000	115.3	91.6	0.81

此外，纤维在不同活化处理后的 XRD 图谱如图 5-5 所示。所有纤维均在 22° 附近出现了一个较宽的衍射峰，这对应于无定形的碳结构。除样品 PA5 外，其他纤维在 1000℃处理后均在 26.1° 附近出现了一个较为明显的衍射峰，这个峰接近于石墨的（002）面的衍射峰，可以说明在此温度下有一定的石墨质结构形成。该纤维（002）面的层间距 d_{002} 经计算为 0.348 nm，与上述 TEM 结果相吻合，且层间距大于理想石墨的层间距（0.335 nm），这说明 PA15-1000 纳米纤维由无定形和石墨质结构两者共同构成，在 26.1° 附近出现了衍射峰正是对应于样品 HR-TEM 中绕 Fe 单质颗粒周围形成的弯曲石墨条纹。由此可知，在石墨质结构的形成过程中，AAI 的相对含量也起到了很重要的作用，若含量太低即使温度很高也难以形成较为明显的石墨质结构，关于含量对其的影响将在下一节中详细阐述。

综上所述，从 Raman 光谱、XRD 衍射峰位和高分辨透射电镜（HR-TEM）中都可以证实 AAI 可以在 PAN 基纳米纤维中通过控制温度将无定形的碳结构催化转变为石墨质的结构，且这种石墨质结构呈现弯曲的状态，尤其在催化剂颗粒周围的缠绕更为明显。

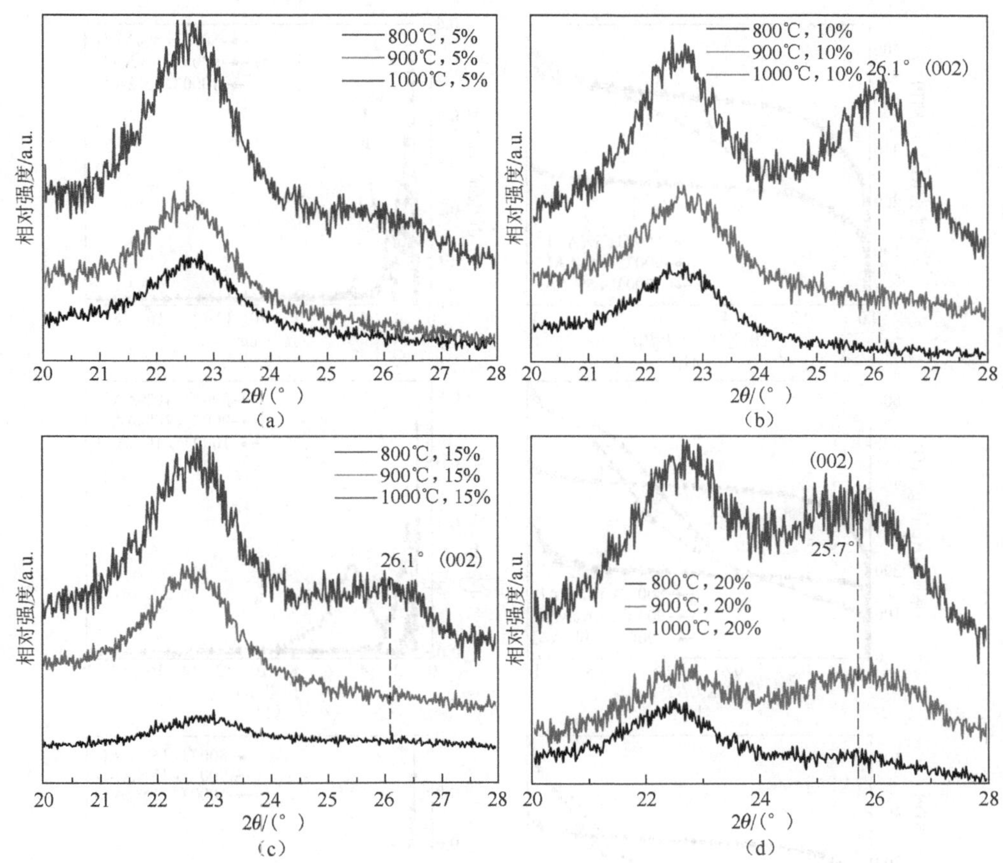

图 5-5　相同 AAI 含量的样品在不同的活化温度处理后的 XRD 图谱

（a）PA5；（b）PA10；（c）PA15；（d）PA20

5.4.2　石墨质多孔纳米纤维的比表面积和表面化学组成

不同活化温度处理后的纳米纤维的吸附脱附曲线和孔径分布如图 5-6 所示。从吸附曲线图中可以看出，纳米纤维 PA5、PA10 和 PA15 在温度为 800℃和 900℃时纤维的吸附脱附曲线属于 I 型曲线，这说明在此温度下经 NH_3 活化处理后的纳米纤维主要是以微孔为主存在的孔结构类型，这一点与其对应的孔径分布图所显示的信息相一致。但是，AAI 相对含量为 20%的纳米纤维即样品 PA20 则在 800℃和 900℃活化处理后其吸附脱附曲线和其他纤维具有明显的不同，属于Ⅱ型曲线。这也说明 AAI 的添加量在达到一定的比例后经高温活化处理后会形成较大的孔，这一点从对应的孔径分布图中可以看出，样品 PA20-800 和 PA20-900 都在 2～4 nm 出现了一定的中孔分布。当纳米纤维经 1000℃活化处理后所有纤维的吸附脱附曲线变为Ⅳ型曲线，在中高分压下出现了明显的吸附量升高和回滞环，说明具有不同尺寸的中孔存在纳米纤维的表面，且从其对应的孔径分布可知，PA20-1000 含

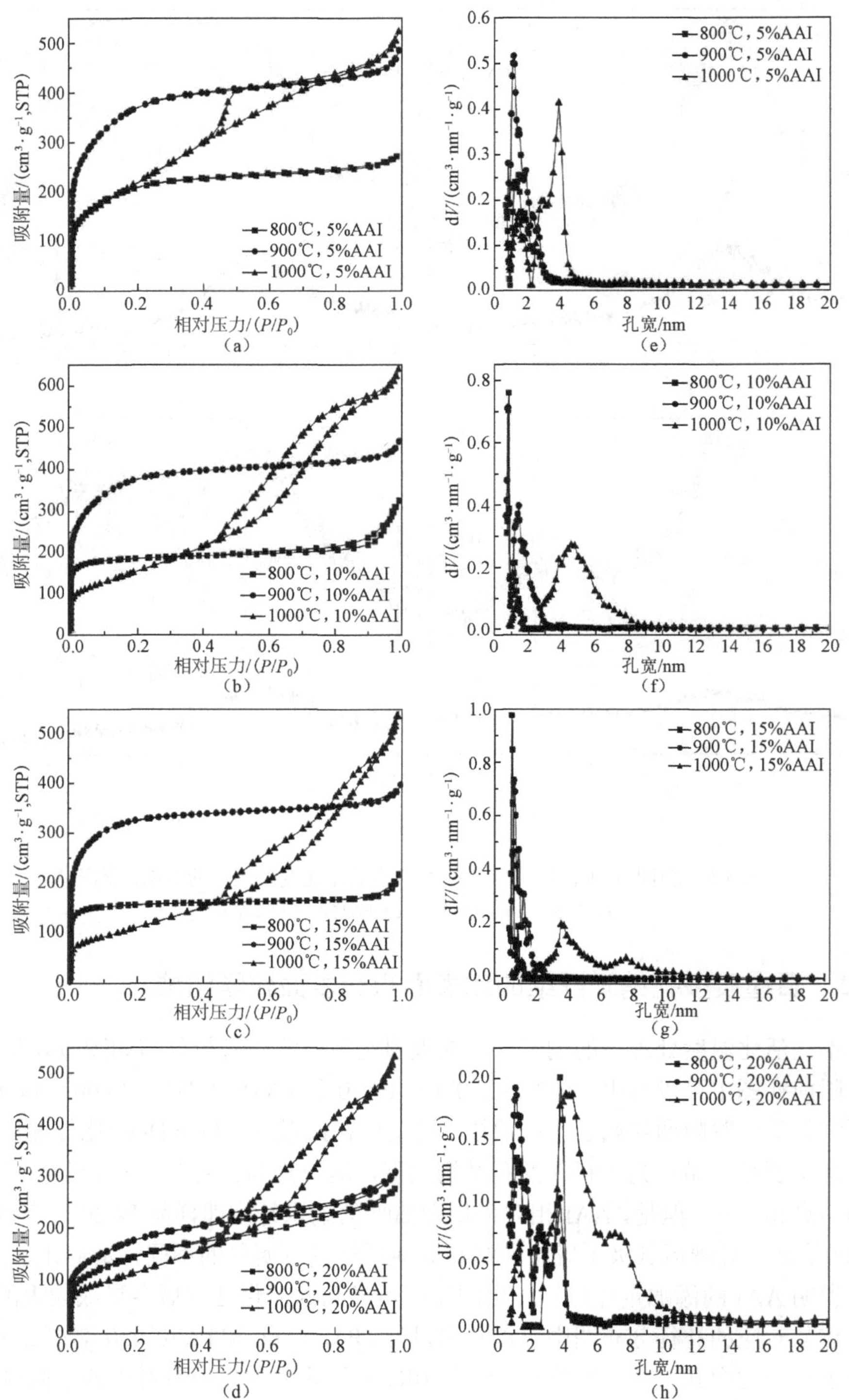

图 5-6　相同 AAI 含量的样品在不同的活化温度处理后的吸附脱附曲线和相应的孔径分布

(a)、(e) PA5；(b)、(f) PA10；(c)、(g) PA15；(d)、(h) PA20

有大量 2～10 nm 的中孔，这种中孔明显增加的趋势说明，活化处理温度和 AAI 的添加量都可以导致中孔的产生。此外，以样品 PA15 为例（表 5-2），纳米纤维的比表面积和孔容受活化处理温度的影响非常大，当温度为 800℃、900℃和 1000℃时纤维的比表面积分别为 625 $cm^3 \cdot g^{-1}$、1228 $cm^3 \cdot g^{-1}$ 和 418 $cm^3 \cdot g^{-1}$，说明在 900℃下处理后的纳米纤维可以得到以微孔为主的最大比表面积，经 1000℃处理后的纳米纤维微孔对其贡献的比表面积急剧减少，主要为中孔贡献。此外，纳米纤维的总孔容、微孔容都随着活化处理温度的升高呈现逐渐增大的趋势，这是由于温度升高导致了局域石墨化程度提高同时产生了大量的中孔。

表 5-2　纤维 PA15 在不同温度处理后的比表面积和孔结构参数

样品	比表面积 /（$m^2 \cdot g^{-1}$）	微孔比表面积 /（$m^2 \cdot g^{-1}$）	总孔容 /（$cm^3 \cdot g^{-1}$）	微孔容 /（$cm^3 \cdot g^{-1}$）	中孔容 /（$cm^3 \cdot g^{-1}$）
PA15-800	625	605	0.337	0.293	0.044
PA15-900	1228	1193	0.614	0.510	0.104
PA15-1000	418	129	0.854	0.602	0.252

碳纳米纤维的表面化学组成由 XPS 分析测试获得。图 5-7 中的氧和氮的结合能谱图可以说明这两种基团都同时存在于纳米纤维的表面。从纳米纤维的 N 1s 谱图可以看出，PA15 经 800℃、900℃和 1000℃活化处理后出现的 N 1s 峰都可以分为三个独立的特征峰，这三个峰分别对应于吡啶型 N、吡咯型 N 和石墨型 N。纳米纤维表面的化学元素组成如表 5-3 中所示。由表可知，纤维表面 N 元素的含量随着活化处理温度的升高呈现单调下降的趋势，说明温度升高对 N 元素的进入碳纤维表面具有抑制作用。纤维表现的氧元素相对含量也随着温度升高呈现逐渐降低的趋势，说明较高的温度下 NH_3 可以与更多的含氧基团反应，从而使氧的相对含量降低。

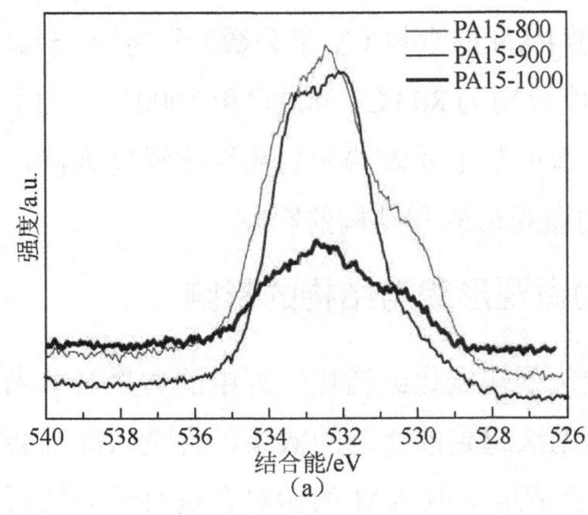

（a）

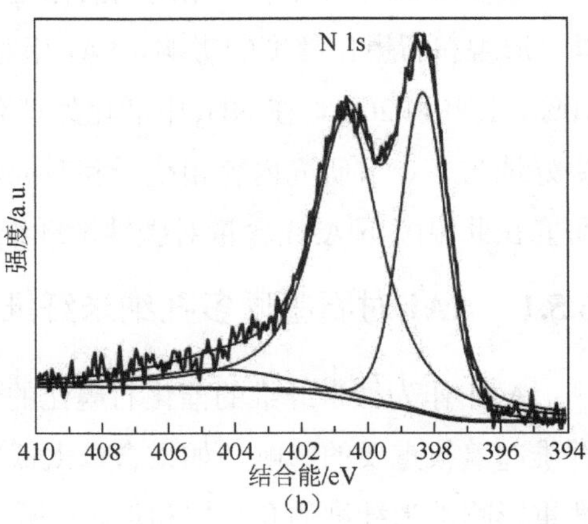

（b）

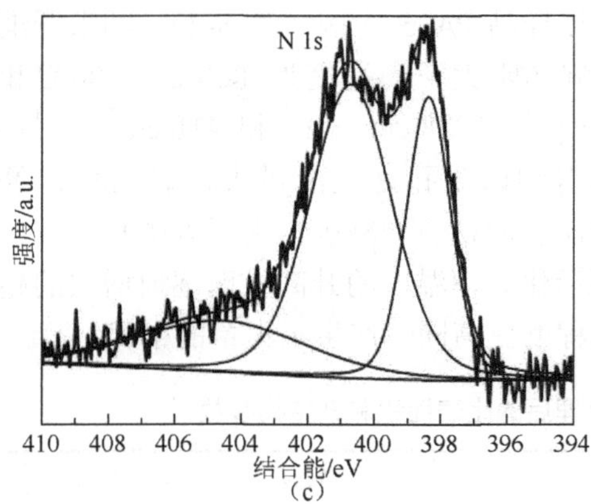

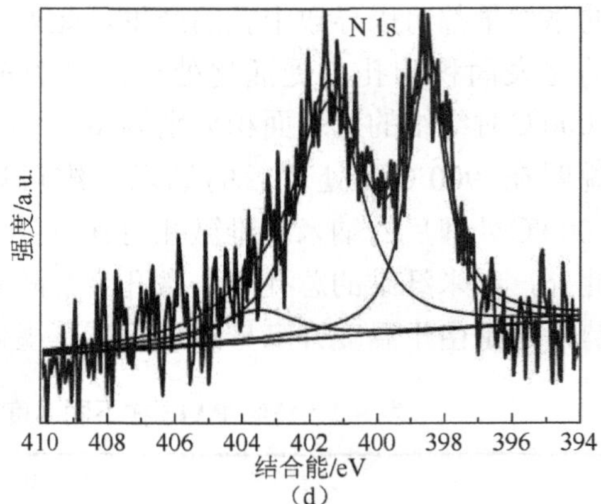

图 5-7　纤维的 O 1s 和 N 1s 能谱图

（a）O 1s；（b）PA15-800；（c）PA15-900；（d）PA15-1000

表 5-3　纤维的表面化学组成

样品	C/at%	O/at%	N/at%	Fe/at%
PA15-800	83.43	10.28	5.7	0.6
PA15-900	86.9	9.66	3.29	0.15
PA15-1000	94.44	3.49	1.6	0.47

5.5　催化剂（AAI）含量对多孔石墨质纳米纤维的影响规律

本实验同时研究了在相同的活化处理温度下不同 AAI 含量对碳纳米纤维的结构、形貌和石墨化程度的影响。AAI 相对于 PAN 的含量（质量分数）分别为：5%、10%、15%和 20%，在 NH_3 中活化处理温度分别为 800℃、900℃和 1000℃，为了更好地与上一节研究内容相统一和对应，本小节主要以 900℃的活化温度为例，研究在此温度下 AAI 含量对碳纳米纤维的微观形貌和结构的影响。

5.5.1　AAI 对石墨质多孔纳米纤维的微观形貌与结构的影响

AAI 作为纳米纤维的催化石墨化的催化剂在碳化或活化过程中的含量对纳米纤维起着很重要的影响，如果含量太低则无法起到催化剂的效果，含量太高则会严重影响纳米纤维的孔结构和形貌，所以合适地选取 AAI 的相对含量对于局域石墨化质结构纤维的制备起到关键作用。不同含量的 AAI 在 900℃处理后的 SEM 和

TEM 微观形貌结构如图 5-8 所示，其拉曼光谱参数见表 5-4。从图中可以看出，纳米纤维的直径受 AAI 含量的影响不大，几乎不受其影响，直径都为 100～150 nm，纤维都能够保持良好的纤维状形貌。但是，从 SEM 图中可以看出，AAI 含量相对较少的 PA5-900 和 PA10-900 纤维有着光滑的表面，而随着 AAI 含量的增加 PA15-900 和 PA20-1000 纤维表面出现了较多的 Fe 单质颗粒，在此温度下由于 AAI 含量较多可以从纤维的内部或表面形成 Fe 单质粒子附着在纤维的表面，在聚集处也会发生团聚现象。从高分辨透射电镜图中可以看出，PA5-900 和 PA10-900 纤维的边缘处还是以无定形的碳为主，没有观察到明显的石墨条纹，同时可以看到部分无定形的碳缠绕并附着在催化剂颗粒的周围。随着 AAI 含量的继续增加，在相同的温度下，PA15-900 和 PA20-1000 纤维的边缘可以开始看到有部分的石墨质结构产生，尤其在样品 PA20-1000 的边缘，这种石墨条纹更加明显呈现弯曲的结构，同样产生弯曲石墨质条纹的厚度都没有超过 10 nm，石墨质条纹区域的电子衍射图与（002）面相对应。随着 AAI 含量的增加，在同一处理温度后的纳米纤维的石墨化度逐渐提高，各样品的 D 峰和 G 峰的半高宽也呈现逐渐下降的趋势。从图 5-9 中的 XRD 可以看到，PA20-9000 纤维在 26.1° 出现了一个明显的衍射峰，对应于 TEM 中呈弯曲形状的石墨条纹的（002）面，说明在此温度下，AAI 含量达到 20%时纤维的局域石墨化程度较高。

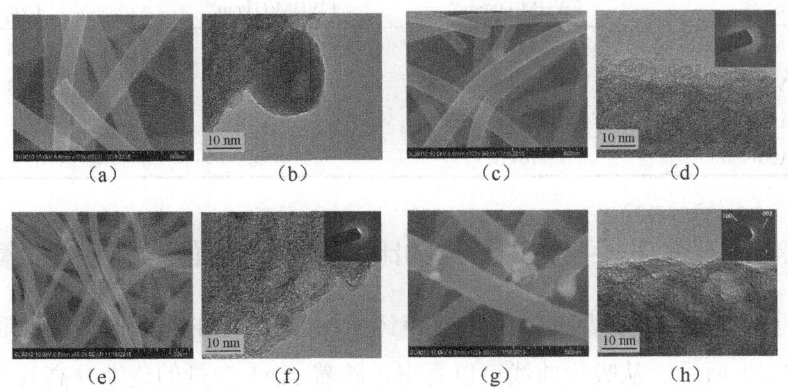

图 5-8　900℃活化温度处理后不同 AAI 含量的纤维 SEM 和 TEM 微观形貌

（a，b）PA5-900；（c，d）PA10-900；（e，f）PA15-900；（g，h）PA20-900

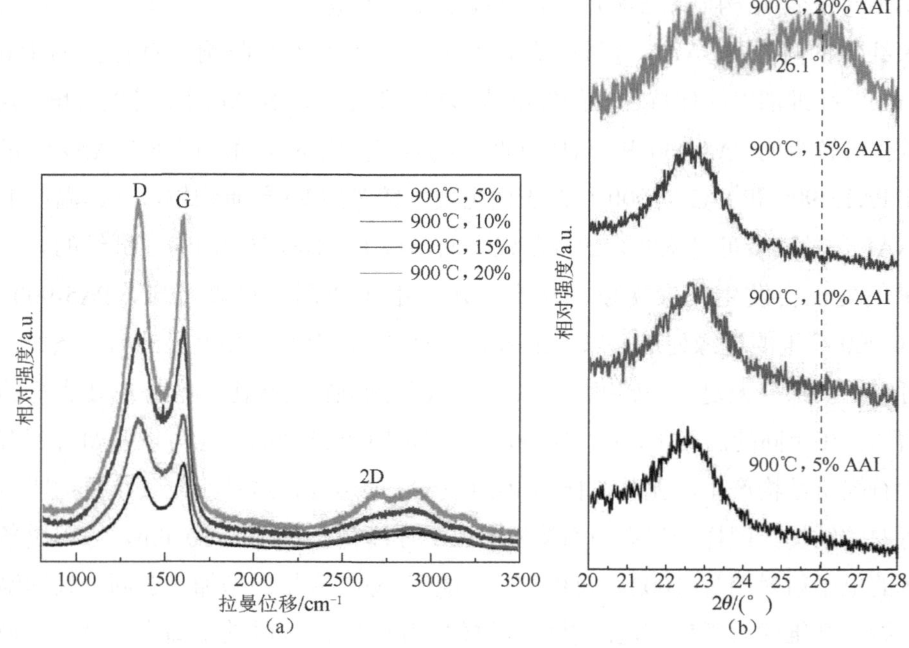

图 5-9 900℃活化温度处理后不同 AAI 含量的纤维 Raman 和 XRD 图谱

(a) Raman；(b) XRD

表 5-4 900℃活化处理后碳纳米纤维的拉曼光谱参数

样品	FWHM(D)/cm^{-1}	FWHM(G)/cm^{-1}	I_D/I_G
PA5-900	131.8	108.9	1.25
PA10-900	128.5	104.6	1.18
PA15-900	115.7	98.7	1.12
PA20-900	101.5	95.6	1.03

5.5.2 AAI 石墨质多孔纳米纤维的比表面积和表面化学组成的影响

不同 AAI 含量的样品在 NH_3 气氛下经 900℃处理后的吸附脱附曲线和孔径分布如图 5-10 所示。从吸附曲线可以看出，随着 AAI 含量的逐渐升高其在低分压下对 N_2 的吸附量呈现逐渐降低的趋势，其中纤维 PA20-900 的吸附量最低，说明微孔的含量显著下降，同时也证明了 AAI 含量在 20%时会严重影响到纤维的微孔分布。纤维的比表面积和孔结构参数如表 5-5 所示，AAI 含量在 20%以下的三种纤维其比表面积都可以达到 1300 cm^2 · g^{-1}，而纤维 PA20-900 比表面积骤减到 650 cm^2 · g^{-1}，说明微孔数量的急剧下降。总孔容和微孔容也随着 AAI 含量的增加呈现下降的趋势，特别地，由于 PA20-900 产生了部分的中孔，其中孔容为四种纤维中的最大值。由图 5-10(b)的孔径分布可以看出，纤维的孔径大都集中在 2 nm 以下的微孔区域，只有 PA20-900 出现了位于 2～4 nm 的中孔，但是所占的比例较小，与图 5-11（a）中的吸附脱附曲线相一致。

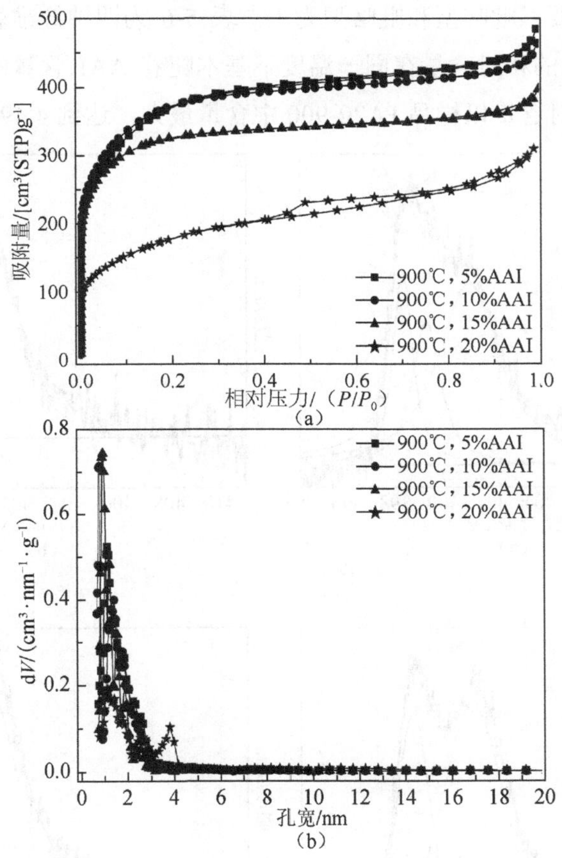

图 5-10　900℃活化温度处理后不同 AAI 含量的纤维吸附脱附曲线和孔径分布

（a）吸附脱附曲线；（b）孔径分布

表 5-5　不同 AAI 含量纤维在 900℃处理后的比表面积和孔结构参数

样品	比表面积 /（$m^2 \cdot g^{-1}$）	微孔比表面积 /（$m^2 \cdot g^{-1}$）	总孔容 /（$cm^3 \cdot g^{-1}$）	微孔容 /（$cm^3 \cdot g^{-1}$）	中孔容 /（$cm^3 \cdot g^{-1}$）
PA5-900	1378	1290	0.750	0.572	0.178
PA10-900	1364	1318	0.717	0.592	0.125
PA15-900	1228	1193	0.614	0.510	0.104
PA20-900	650	478	0.480	0.221	0.259

图 5-11 为 900℃活化处理后不同 AAI 含量纤维的 N 1s 能谱图，从图中可以看出，四种不同 AAI 含量纤维的 N 1s 峰都可以在 398 eV、400 eV 和 402 eV 附近分为三个独立的峰，分别对应于吡啶型 N、吡咯型 N 和石墨型 N。在四种纤维中，PA5-900 和 PA10-900 中主要以石墨型 N 为主，而在 PA15-900 和 PA20-900 中 N 的存在形式则主要以吡啶型和吡咯型为主。表 5-6 为四种纤维表面的化学组成，可以看出 C 元素的相对含量在同一温度下基本随着 AAI 含量的增加呈现上升趋势，N 元素的相对含量以样品 PA20-900 中含量最大，达到 4.49%。

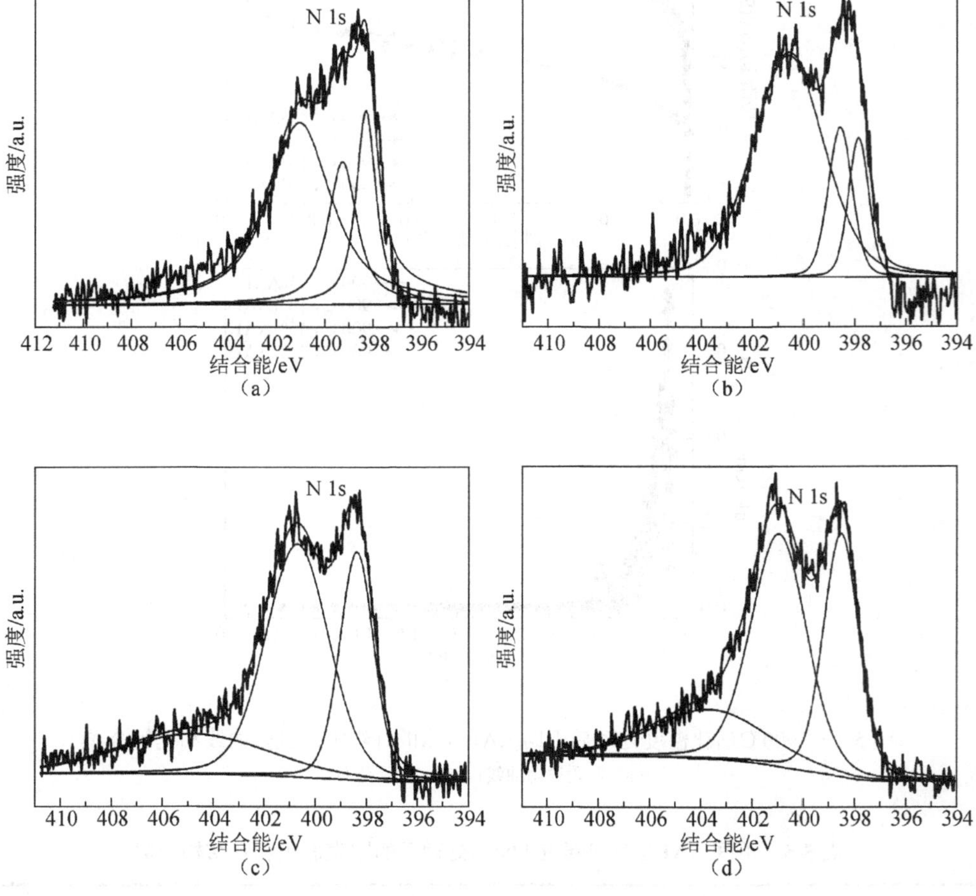

图 5-11　不同含量 AAI 碳纳米纤维的 N 1s 能谱图

（a）PA5-900；（b）PA10-900；（c）PA15-900；（d）PA20-900

表 5-6　纤维表面的化学组成

样品	C/at%	O/at%	N/at%	Fe/at%
PA5-900	88.23	7.00	4.14	0.63
PA10-900	85.58	10.68	3.22	0.52
PA15-900	86.9	9.66	3.29	0.15
PA20-900	90.35	4.52	4.49	0.63

5.6　石墨质多孔碳纳米纤维在室温下对 NO 的催化氧化性能

不同 AAI 含量（5%、10%、15%和 20%）和不同 NH_3 气氛中活化处理温度（800℃、900℃和 1000℃）制备得到的具有局域石墨化结构的碳纳米纤维在用于室温下（30℃）低浓度 NO（50 ppm）的催化氧化测试结果如图 5-12 所示。图中灰线代表 NO_2 浓度的变化，黑线代表 NO 浓度的变化，浅灰线代表总 NO_x 浓度的变化。

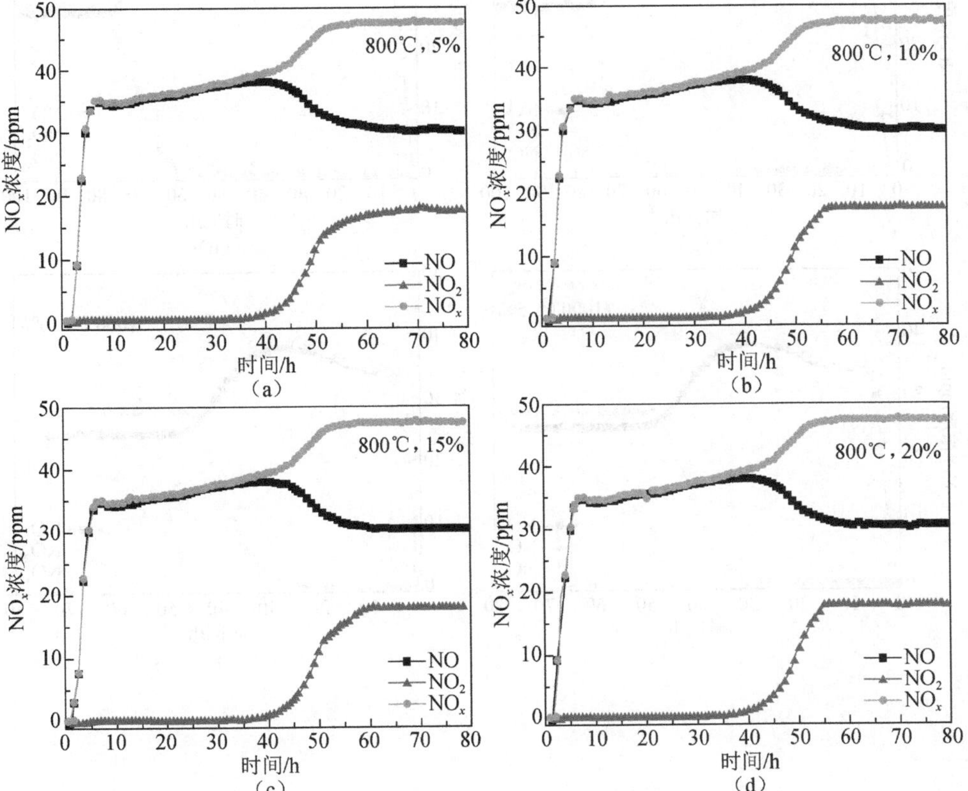

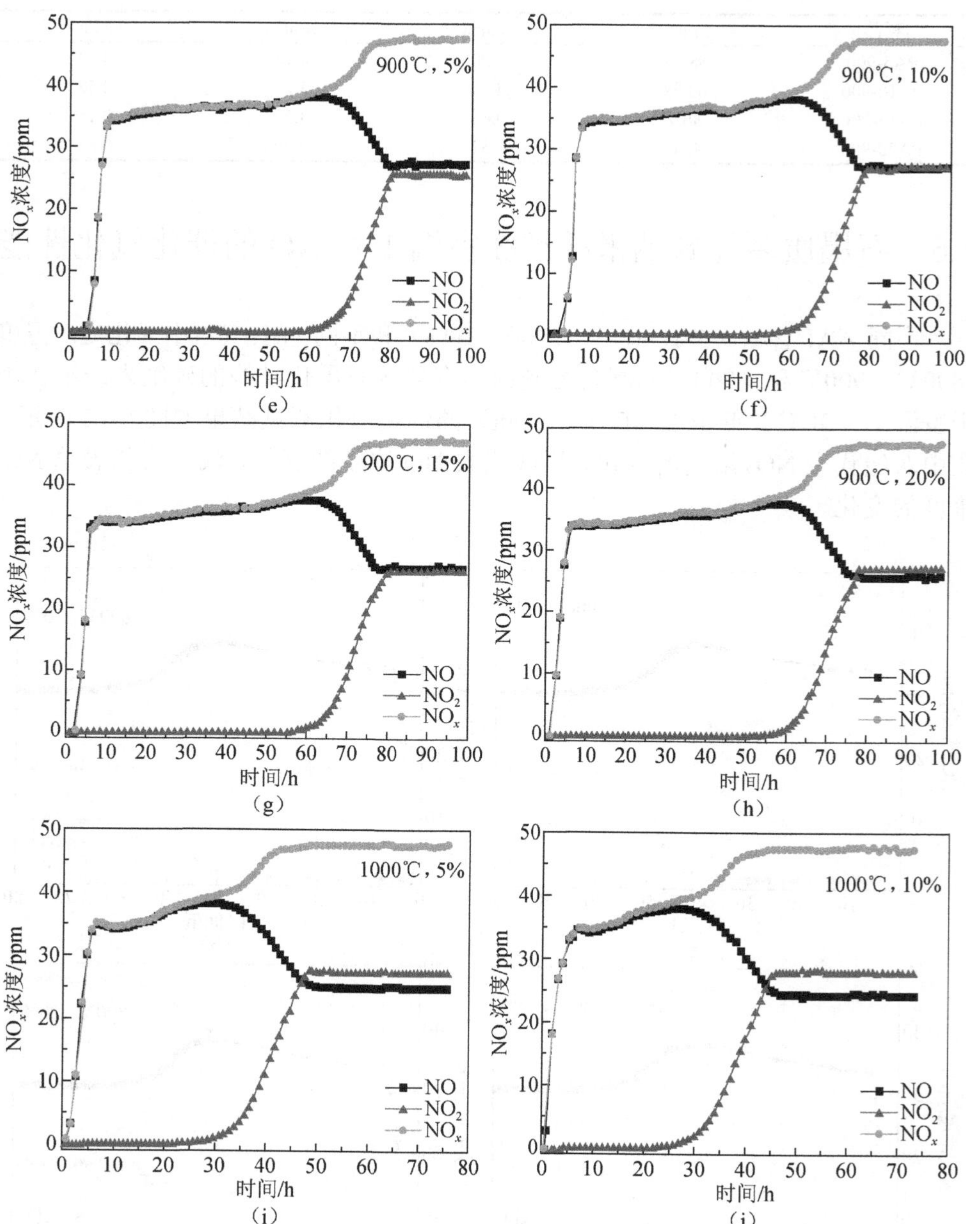
900℃，5%
NO
NO_2
NO_x
NO_x浓度/ppm
时间/h
（e）
900℃，10%
NO
NO_2
NO_x
NO_x浓度/ppm
时间/h
（f）
900℃，15%
NO
NO_2
NO_x
NO_x浓度/ppm
时间/h
（g）
900℃，20%
NO
NO_2
NO_x
NO_x浓度/ppm
时间/h
（h）
1000℃，5%
NO
NO_2
NO_x
NO_x浓度/ppm
时间/h
（i）
1000℃，10%
NO
NO_2
NO_x
NO_x浓度/ppm
时间/h
（j）

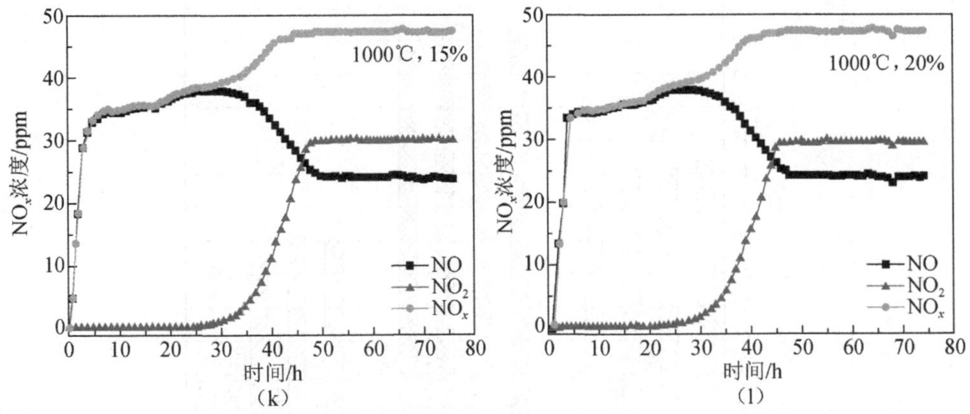

图 5-12　不同 AAI 含量在相同的活化温度下、相同 AAI 含量在不同的活化处理温度下各纤维的在室温下对 NO 的催化氧化性能测试结果

(a) PA5-800；(b) PA10-800；(c) PA15-800；(d) PA20-800；(e) PA5-900；(f) PA10-900；(g) PA15-900；(h) PA20-900；(i) PA5-1000；(j) PA10-1000；(k) PA15-1000；(l) PA20-1000

5.6.1　不同含量 AAI 的纤维对 NO 的催化氧化性能影响及机理探究

从图中可以看出，NO 气体通入的初始阶段完全被纤维吸附，随着时间的推移，NO 吸附达到饱和后溢出，浓度逐渐上升。NO 在各纤维表面的穿透时间与纤维的比表面积成正比，其结果如图 5-13（a）所示。在同一温度下，不同含量 AAI 纤维对 NO 的穿透时间基本随着 AAI 含量的增加呈现下降的趋势，这是由于 AAI 含量达到一定值后会使纤维产生部分的中孔导致微孔比例减少比表面积下降。同样对 NO_2 的穿透时间也与 AAI 含量成反比。从图 5-13（c）中看到，同一温度下，

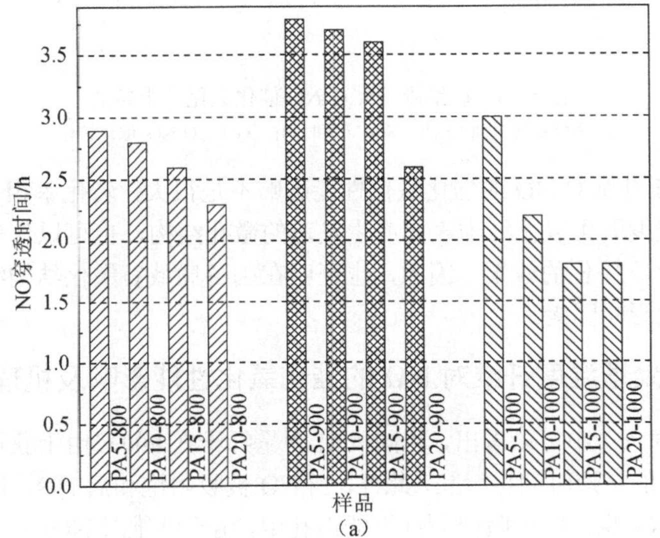

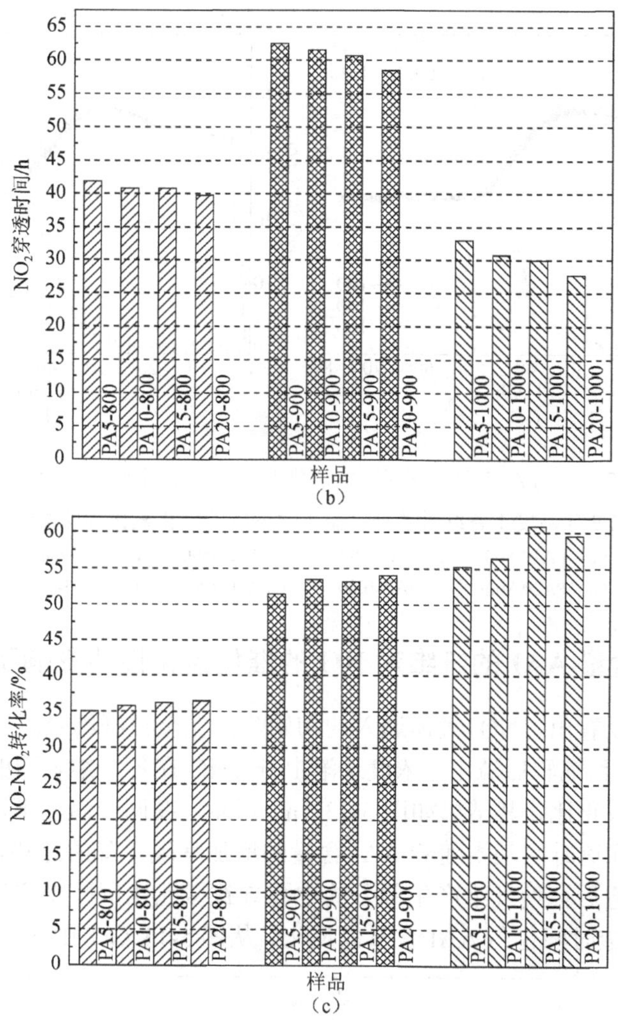

图 5-13　碳纳米纤维对 NO 催化氧化结果参数

（a）NO 穿透时间；（b）NO_2 穿透时间；（c）NO-NO_2 催化转化率

不同含量 AAI 纤维对 NO 的催化氧化性能影响不是很大，转化率相差较小。由于合适的处理温度既可以使纤维表面产生发达的微孔结构，也可以使作为催化剂的 AAI 发挥催化石墨化的效果。因此，也证明在制备局域石墨化结构纤维的过程中温度是其最大影响因素。

5.6.2　不同处理温度纤维对 NO 的催化氧化性能影响及机理探究

从图 5-13（c）中可以看出，相同 AAI 含量纤维在 900℃由于获得最大的比表面积其对 NO 的穿透时间也最长。此外，当 NO 被吸附饱和后 NO_2 开始逐渐产生，但是产生的 NO_2 也同时被吸附到纤维的微孔中，由于纤维对 NO_2 分子的吸附能力要强于对 NO 的吸附能力，所以 NO_2 在各纤维的穿透时间要远大于 NO 的穿透时间。NO_2 在各纤维中的穿透时间如图 5-13（b）中所示，其穿透时间也依赖于纤维的比表面积，由 800℃处理后纤维的 30 h 达到 900℃处理后纤维的 60 h 左右。

纤维在室温下对 NO 的催化氧化转化率如图 5-13（c）所示，从图中可以看出，经 800℃处理后的纤维对 NO 的催化氧化转化率为 35%左右，900℃处理的纤维对 NO 的催化氧化转化率为 50%左右，而经 1000℃处理后得到明显局域石墨化的纤维对 NO 的催化氧化转化率达到 60%左右，特别是纤维 PA15-1000 对 NO 的催化氧化转化率达到了 61%，为最大值。三种不同处理温度后纤维对 NO 有不同的转化率是由于其石墨化程度不同，800℃中 AAI 对纤维几乎没有起到催化石墨化的效果，且在此温度下 NH_3 对纤维的刻蚀能力较弱，产生的微孔较少，所以导致对 NO 的催化氧化能力较弱。经 900℃处理后的纤维由于产生较多的微孔导致比表面积达到了最大，且在此温度下也有少量的石墨质结构形成，但是由于石墨质结构产生的量较少且结构没有形成规整的排列，其对 NO 的催化贡献部分较少，主要贡献来自于纤维表面微孔的催化活性位点。1000℃处理后的纤维由于形成了较多且结晶度较高的石墨质结构，尽管其产生了较多的中孔，但是由于其形成的大量具有石墨质结构作为催化活性位点对 NO 的催化起到了主要作用。

5.7　氨气处理对 NO 的催化氧化性能促进的机理分析

在实验的活化过程中通入 NH_3 作为活化气体是一种对纳米碳材料的有效掺杂方式。碳纳米纤维在 NH_3 气氛中活化后不仅可以对纳米纤维进行造孔还可以对其进行 N 掺杂，同时实验结果也表明，在 NH_3 气氛中处理后 rGO/PAN 复合纳米纤维对 NO 的催化氧化转化率要高于 H_2O 活化后纤维的转化率。关于纳米碳材料 N 掺杂提高 NO 的机理分析主要趋向于额外电子供给机制。Wan 等[232]认为 N 原子基团中额外的 π 电子可以使分子态的 O 活化从而促使 NO 更容易被氧化为 NO_2。Matzner 等[233]在研究中认为，N 原子额外的电子造成芳香环中的 C 原子被 N 所取代并迫使 C 原子离开原先位置，并且在此位置处可以形成新的 NO 吸附位点，在这些位点中 NO 被转化为活性表面中间态。

为了进一步阐明 NH_3 活化处理石墨质多孔碳纳米纤维对室温下 NO 的催化氧化转化率的提升作用，本实验分别在低温催化石墨化制备石墨质结构多孔碳纳米纤维过程中采用 H_2O 蒸气和 NH_3 对其进行处理，其对 NO 的催化氧化结果如图 5-14 所示。从图中可以看出，经 H_2O 活化处理后的纳米纤维对 NO 的催化氧化转化率为 52%，而经 NH_3 活化后的纳米纤维对 NO 的转化率为 61%，由此可以得出，在同等条件下 NH_3 在石墨质多孔碳纳米纤维氧化 NO 中性能提高了 9%，这与 rGO/PAN 对 NO 催化性能提升的贡献率基本一致。

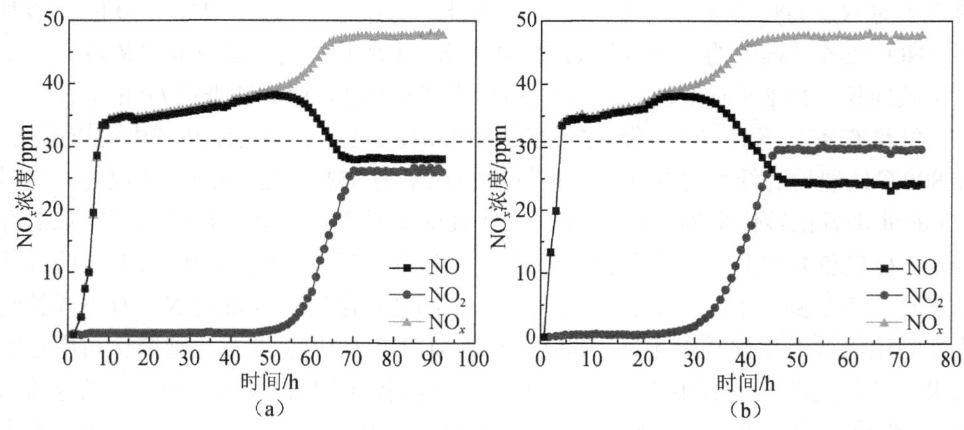

图 5-14　不同活化气氛制备的石墨质多孔碳纳米纤维对 NO 的催化氧化结果

(a) H_2O 活化处理；(b) NH_3 活化处理

此外，文献[94]还研究了碳材料中 N 元素的含量与单位面积 NO 转化之间的关系，其结果如图 5-15 所示。从图中可以看出，活性炭中 N 元素的百分含量直接影响到单位面积碳材料中 NO 的转化量，两者呈正比例关系。此外，其研究认为，位于石墨烯片层或石墨质结构边缘处吡啶类的含氮官能团和 C 原子有着最低的能带隙，因此可以呈现出对 NO 最高的催化活性。

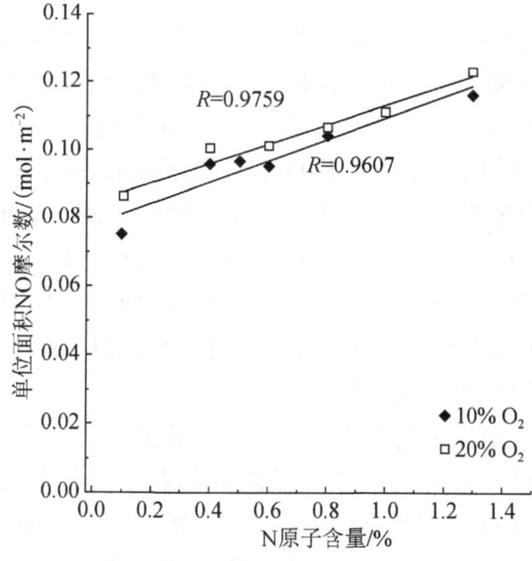

图 5-15　活性炭中 N 元素含量与对单位面积 NO 的转化量之间的关系[94]

5.8 本章小结

本章采用聚丙烯腈为碳前驱体，利用乙酰丙酮铁（AAI）为催化剂通过静电纺丝技术制备了纳米纤维原丝，后经 NH_3 气氛下活化处理得到具有局域石墨化结构的纳米纤维，研究了不同 AAI 含量及不同活化处理温度对室温下 NO 的催化氧化性能。主要结论如下。

（1）将 AAI 作为催化石墨化的催化剂与 PAN 混纺制备了具有石墨化结构的纳米纤维，通过精细调控 AAI 的相对含量和活化处理温度实现了石墨质结构的可控制备，其形成的石墨质结构以弯曲的形态缠绕在催化剂颗粒的周围，作为对 NO 氧化的催化活性位点。

（2）同一温度下，不同含量 AAI 的纤维对 NO 的催化氧化能力影响较小，当 AAI 含量达到 20%时即使在较低的温度下（800℃）也会在纤维表面引入部分的中孔，从而使比表面积降低，温度越高引入的中孔越明显。

（3）相同 AAI 含量下，不同的温度对产生局域石墨化结构有着重要的影响。900℃处理后纤维具有最大的比表面积，可达 1300 $cm^2 \cdot g^{-1}$，对 NO 有着最大的吸附量，对 NO 的催化氧化转化率为 55%。在 1000℃活化处理温度下，纤维的比表面积和微孔显著下降，达到最低值，为 650 $cm^2 \cdot g^{-1}$。纤维表面也可以产生明显的石墨质结构，弯曲的石墨质结构对 NO 有着较强的催化氧化活性，当 AAI 含量为 15%时对 NO 的催化氧化转化率可达 61%。

（4）NH_3 处理可以使纳米纤维 N 掺杂，N 原子基团中额外的电子可以使吸附态的 O_2 活化以提高其对 NO 的催化活性；N 原子可以将碳中边缘处的 C 原子取代形成新的吸附和催化中心，这些活性位点可以明显提高对 NO 的氧化性能。

第 6 章 环境催化部分结论

本章研究以大气中低浓度（50 ppm）的氮氧化物（NO_x）气体污染问题为研究背景，通过静电纺丝法及后续不同处理工艺分别获得了三种局域石墨化的碳纳米纤维，研究了三种不同结构的多孔石墨质碳纳米纤维在室温下对 NO 的吸附和催化氧化性能。研究主要得到以下结论。

（1）以微晶石墨为原料通过化学氧化法和超声处理可以成功地制备出横向尺寸小于 400 nm 的氧化石墨烯（GO），通过静电纺丝法可以将 GO 嵌入聚丙烯腈（PAN）纳米纤维的表面，后续经 NH_3 活化处理可以获得 N 掺杂的 rGo/PAN 碳纳米复合纤维。随着 GO 含量的增加活化后纳米纤维的收率逐渐增加，当 GO 相对含量超过 10%时会引入部分 2～4 nm 的中孔，纤维的石墨化度与 GO 含量成正比。相同条件下 NH_3 活化后的纳米纤维对 NO 的催化氧化转化率要明显高于 H_2O 蒸气活化处理的纳米纤维。当 GO 相对含量为 15%时，获得 NO-NO_2 最大的转化率，为 47.5%。

（2）GO 在 PAN 中相对添加量（质量分数）的极限值为 30%，超过此值则无法电纺成丝。当 GO 含量为 30%时，在 1000℃NH_3 气氛中处理时会形成由石墨烯组成的管状结构，相同条件下用 H_2O 处理则无法出现该结构。对石墨烯管中 N 1s 峰进行分峰拟合后发现其石墨型的氮（N-4）相对含量要明显高于吡啶型的氮（N-6），N 原子可以将 GO 边缘处的 C 原子取代并将周围 GO 片层连接为一体，在此过程中纳米纤维对反应起到了限域和模板作用。

（3）通过将天然鳞片石墨制备得到的 GO 与 PAN 混纺（GO 的质量分数为 30%）分别在 900℃和 950℃及 NH_3 存在的气氛中活化 20 min、30 min、40 min 和 50 min 可以成功获得石墨烯基纳米纤维。样品的收率与活化温度和处理时间成反比。900℃处理 40 min 后纤维的比表面积会达到最大值而后随时间增加而减小。950℃处理会在纤维表面引入大量中孔，其比表面积与活化时间成反比。

（4）相同温度处理后的石墨烯基纳米纤维其石墨化度与处理时间成正比。900℃处理得到的石墨烯基纳米纤维对 NO 的催化氧化转化率随着处理时间的增加呈现线形提高，在处理 50 min 后达到最大转化率，为 49.5%。而 950℃处理的石墨烯基纤维对 NO 的转化率随时间呈现先增加后降低的趋势，在 40 min 处理后转化率达到最大值，为 49.4%。石墨烯基纳米纤维对 NO 的转化率基本与其石墨化度成正比。

（5）将 AAI 作为对纳米纤维低温催化石墨化的催化剂与 PAN 混纺经后续不

同温度和时间处理后可控的制备了石墨质结构的碳纳米纤维。纤维中 AAI 的含量在催化石墨化过程中属于次要因素，活化处理温度为其主要因素。当温度达到 1000℃时，在纤维表面会出现明显的石墨质结构，在催化剂（Fe）颗粒附近会有明显的弯曲石墨条纹缠绕在催化剂的周围，其厚度不超过 10 nm。在相同的活化温度下，AAI 含量的变化对 NO 的催化性能较小。900℃处理后的纳米纤维比表面积可达到 1300 $m^2 \cdot g^{-1}$，对 NO 最大转化率为 55%。1000℃处理后的纳米纤维比表面积显著下降到 650 $m^2 \cdot g^{-1}$，当 AAI 相对含量为 15%时，对 NO 有最大的转化率，可达 61%。弯曲状的石墨质结构对 NO 的催化氧化起到了高的催化活性。

（6）室温下低浓度（50 ppm）NO 在局域石墨化结构纳米纤维中的反应机制更符合 Eley-Rideal 机制。rGO 和石墨质结构都可以降低 NO 分子的活化能，从而使其转化率提高。N 原子基团中的额外电子可以使吸附态的 O_2 活化从而提高对 NO 的氧化活性，同时 N 原子可以将 rGO 边缘处的 C 原子取代形成新的吸附和催化中心，从而提高对 NO 的催化氧化能力。

参考文献

[1] Zeng Z, Lu P, Li C, et al. Removal of NO by carbonaceous materials at room temperature: A review. Catalysis Science & Technology, 2012, 2(11): 2188.

[2] Loiland J A, Lobo R F. Low temperature catalytic NO oxidation over microporous materials. Journal of Catalysis, 2014, 311: 412-423.

[3] Mochida I, Korai Y, Shirahama M, et al. Removal of SO_x and NO_x over activated carbon fibers. Carbon, 2000, 38(2): 227-239.

[4] Yao G H, Gui K T, Wang F. Low-temperature De-NO_x by selective catalytic reduction based on iron-based Catalysts. Chemical Engineering & Technology, 2010, 33(7): 1093-1098.

[5] Mochida I, Kisamori S, Hironaka M, et al. Oxidation of NO into NO_2 over active-carbon fibers. Energy & Fuels, 1994, 8(6): 1341-1344.

[6] Brook R D, Rajagopalan S. Particulate matter, air pollution, and blood pressure. Journal of the American Society of Hypertension, 2009, 3(5): 332-350.

[7] Milt V G, Querini C A, Miro E E, et al. Abatement of diesel exhaust pollutants: NO_x adsorption on Co, Ba, K/CeO_2 catalysts. Journal of Catalysis, 2003, 220(2): 424-432.

[8] Zawadzki J, Wisniewski M. Adsorption and decomposition of NO on carbon and carbon-supported catalysts. Carbon, 2002, 40(1): 119-124.

[9] Lee Y W, Kim H J, Park J W, et al. Adsorption and reaction behavior for the simultaneous adsorption of NO-NO_2 and SO_2 on activated carbon impregnated with KOH. Carbon, 2003, 41(10): 1881-1888.

[10] Klose W, Rincon S. Adsorption and reaction of NO on activated carbon in the presence of oxygen and water vapour. Fuel, 2007, 86(1-2): 203-209.

[11] Baierle R J, Schmidt T M, Fazzio A. Adsorption of CO and NO molecules on carbon doped boron nitride nanotubes. Solid State Communications, 2007, 142(1-2): 49-53.

[12] Chang H, Lee J D, Lee S M, et al. Adsorption of NH_3 and NO_2 molecules on carbon nanotubes. Applied Physics Letters, 2001, 79(23): 3863-3865.

[13] Sedlmair C, Seshan K, Jentys A, et al. Elementary steps of NO_x adsorption and surface reaction on a commercial storage-reduction catalyst. Journal of Catalysis, 2003, 214(2): 308-316.

[14] Shirahama N, Moon S H, Choi K H, et al. Mechanistic study on adsorption and reduction of NO_2 over activated carbon fibers. Carbon, 2002, 40(14): 2605-2611.

[15] Szanyi J, Kwak J H, Kim D H, et al. NO_2 adsorption on BaO/Al_2O_3: The nature of nitrate species. Journal of Physical Chemistry B, 2005, 109(1): 27-29.

[16] Zhang W J, Rabiei S, Bagreev A, et al. Study of NO adsorption on activated carbons. Applied Catalysis B-Environmental, 2008, 83(1-2): 63-71.

[17] Lee K J, Maqbool M S, Pullur A K, et al. Vanadia-modified Sb-CeO_2/TiO_2 catalyst for effective removal of NO by NH_3. Research on Chemical Intermediates, 2015, 41(4): 2635-2650.

[18] Li P, Xin Y, Li Q, et al. Ce-Ti amorphous oxides for selective catalytic reduction of NO with NH_3: confirmation of Ce-O-Ti active sites. Environmental Science & Technology, 2012, 46(17): 9600-9605.

[19] Long R Q, Yang R T, Chang R. Low temperature selective catalytic reduction (SCR)of NO with NH_3 over Feâ€"Mn based catalysts". Chemical Communication, 2002, (5): 452-453.

[20] Busca G, Lietti L, Ramis G, et al. Chemical and mechanistic aspects of the selective catalytic reduction of NO_x by ammonia over oxide catalysts: A review. Applied Catalysis B-Environmental, 1998, 18(1-2): 1-36.

[21] Qi G S, Yang R T. Low-temperature selective catalytic reduction of NO with NH_3 over iron and manganese oxides supported on titania. Applied Catalysis B-Environmental, 2003, 44(3): 217-225.

[22] Adelman B J, Beutel T, Lei G D, et al. Mechanistic cause of hydrocarbon specificity over Cu/ZSM-5 and Co/ZSM-5 catalysts in the selective catalytic reduction of NO_x. Journal of Catalysis, 1996, 158(1): 327-335.

[23] Qi G S, Yang R T, Chang R. MnO_x-CeO_2 mixed oxides prepared by co-precipitation for selective catalytic reduction of NO with NH_3 at low temperatures. Applied Catalysis B-Environmental, 2004, 51(2): 93-106.

[24] Koebel M, Elsener M, Madia G. Reaction pathways in the selective catalytic reduction process with NO and NO_2 at low temperatures. Industrial & Engineering Chemistry Research, 2001, 40(1): 52-59.

[25] Amiridis M D, Zhang T J, Farrauto R J. Selective catalytic reduction of nitric oxide by hydrocarbons. Applied Catalysis B-Environmental, 1996, 10(1-3): 203-227.

[26] Shelef M. Selective catalytic reduction of NO_x with N-free reductants. Chemical reviews, 1995, 95(1): 209-225.

[27] Brandenberger S, Kroecher O, Tissler A, et al. The state of the art in selective catalytic reduction of NO_x by ammonia using metal-exchanged zeolite catalysts. Catalysis Reviews-Science and Engineering, 2008, 50(4): 492-531.

[28] Long R Q, Yang R T. Superior Fe-ZSM-5 catalyst for selective catalytic reduction of nitric oxide by ammonia. Journal of the American Chemical Society, 1999, 121(23): 5595-5596.

[29] Pena D A, Uphade B S, Smirniotis P G. TiO_2-supported metal oxide catalysts for low-temperature selective catalytic reduction of NO with NH_3. Evaluation and characterization of first row transition metals. Journal of Catalysis, 2004, 221(2): 421-431.

[30] Traa Y, Burger B, Weitkamp J. Zeolite-based materials for the selective catalytic reduction of NO_x with hydrocarbons. Microporous and Mesoporous Materials, 1999, 30(1): 3-41.

[31] Irfan M F, Goo J H, Kim S D. Co_3O_4 based catalysts for NO oxidation and NO_x reduction in fast SCR process. Applied Catalysis B-Environmental, 2008, 78(3-4): 267-274.

[32] Olsson L, Persson H, Fridell E, et al. Kinetic study of NO oxidation and NO_x storage on Pt/Al_2O_3 and Pt/BaO/Al_2O_3. Journal of Physical Chemistry B, 2001, 105(29): 6895-6906.

[33] Chen J Y, Ikeda O, Hatasa T, et al. Oxidation of NO mediated by water-soluble iron porphyrin. Electrochemistry Communications, 1999, 1(7): 274-277.

[34] Dalton J S, Janes P A, Jones N G, et al. Photocatalytic oxidation of NO_x gases using TiO_2: a surface spectroscopic approach. Environmental Pollution, 2002, 120(2): 415-422.

[35] Xue E, Seshan K, Ross J R H. Roles of supports, Pt loading and Pt dispersion in the oxidation of NO to NO_2 and of SO_2 to SO_3. Applied Catalysis B—Environmental, 1996, 11(1): 65-79.

[36] Wu X, Lin F, Xu H, et al. Effects of adsorbed and gaseous NO_x species on catalytic oxidation of diesel soot with MnO_x-CeO_2 mixed oxides. Applied Catalysis B: Environmental, 2010, 96(1-2): 101-109.

[37] Wu X, Liu S, Weng D, et al. MnO_x-CeO_2-Al_2O_3 mixed oxides for soot oxidation: activity and thermal stability. Journal of hazardous materials, 2011, 187(1-3): 283-290.

[38] Chen L, Li J, Ge M. DRIFT study on cerium-tungsten/titiania catalyst for selective catalytic reduction of NO_x with NH_3. Environmental Science & Technology, 2010, 44(24): 9590-9596.

[39] Tang X, Hao J, Xu W, et al. Low temperature selective catalytic reduction of NO_x with NH_3 over amorphous MnO_x catalysts prepared by three methods. Catalysis Communications, 2007, 8(3): 329-334.

[40] Li J, Chang H, Ma L, et al. Low-temperature selective catalytic reduction of NO_x with NH_3 over metal oxide and zeolite catalysts-A review. Catalysis Today, 2011, 175(1): 147-156.

[41] He H, Yu Y B. Selective catalytic reduction of NO_x over Ag/Al_2O_3 catalyst: from reaction mechanism to diesel

engine test. Catalysis Today, 2005, 100(1-2): 37-47.

[42] Sjovall H, Olsson L, Fridell E, et al. Selective catalytic reduction of NO_x with NH_3 over Cu-ZSM-5 - The effect of changing the gas composition. Applied Catalysis B-Environmental, 2006, 64(3-4): 180-188.

[43] Chen H Y, Voskoboinikov T, Sachtler W M H. Reaction intermediates in the selective catalytic reduction of NO_x over Fe/ZSM-5. Journal of Catalysis, 1999, 186(1): 91-99.

[44] Balle P, Geiger B, Kureti S. Selective catalytic reduction of NO_x by NH_3 on Fe/HBEA zeolite catalysts in oxygen-rich exhaust. Applied Catalysis B-Environmental, 2009, 85(3-4): 109-119.

[45] Shan W, Liu F, He H, et al. A superior Ce-W-Ti mixed oxide catalyst for the selective catalytic reduction of NO_x with NH_3. Applied Catalysis B-Environmental, 2012, 115: 100-106.

[46] Wu X, Liang Q, Weng D, et al. The catalytic activity of CuO-CeO_2 mixed oxides for diesel soot oxidation with a NO/O_2 mixture. Catalysis Communications, 2007, 8(12): 2110-2114.

[47] Adapa S, Gaur V, Verma N. Catalytic oxidation of NO by activated carbon fiber (ACF). Chemical Engineering Journal, 2006, 116(1): 25-37.

[48] Bhatia D, McCabe R W, Harold M P, et al. Experimental and kinetic study of NO oxidation on model Pt catalysts. Journal of Catalysis, 2009, 266(1): 106-119.

[49] Mochida I, Shirahama N, Kawano S, et al. NO oxidation over activated carbon fiber (ACF). Part 1. Extended kinetics over a pitch based ACF of very large surface area. Fuel, 2000, 79(14): 1713-1723.

[50] Yan K, Kanazawa S, Ohkubo T, et al. Oxidation and reduction processes during NO_x removal with corona-induced nonthermal plasma. Plasma Chemistry and Plasma Processing, 1999, 19(3): 421-443.

[51] Stanmore B R, Tschamber V, Brilhac J F. Oxidation of carbon by NO_x, with particular reference to NO_2 and N_2O. Fuel, 2008, 87(2): 131-146.

[52] Reddy B V, Khanna S N. Self-stimulated NO reduction and CO oxidation by iron oxide clusters. Physical Review Letters, 2004, 93(6): 068301: 1-4.

[53] Izquierdo M T, Rubio B, Mayoral C, et al. Low cost coal-based carbons for combined SO_2 and NO removal from exhaust gas. Fuel, 2003, 82(2): 147-151.

[54] Tseng H H, Wey M Y, Liang Y S, et al. Catalytic removal of SO_2, NO and HCl from incineration flue gas over activated carbon-supported metal oxides. Carbon, 2003, 41(5): 1079-1085.

[55] Nikolov P, Khristova M, Mehandjiev D. Low-temperature NO removal over copper-containing activated carbon. Colloids and Surfaces a-Physicochemical and Engineering Aspects, 2007, 295(1-3): 239-245.

[56] Wang Y L, Huang Z G, Liu Z Y, et al. A novel activated carbon honeycomb catalyst for simultaneous SO_2 and NO removal at low temperatures. Carbon, 2004, 42(2): 445-448.

[57] Wang Y L, Liu Z Y, Zhan LA, et al. Performance of an activated carbon honeycomb supported V_2O_5 catalyst in simultaneous SO_2 and NO removal. Chemical Engineering Science, 2004, 59(22-23): 5283-5290.

[58] Lee Y W, Choi D K, Park J W. Performance of fixed-bed KOH impregnated activated carbon adsorber for NO and NO_2 removal in the presence of oxygen. Carbon, 2002, 40(9): 1409-1417.

[59] Lu C Y, Wey M Y. Simultaneous removal of VOC and NO by activated carbon impregnated with transition metal catalysts in combustion flue gas. Fuel Process Technol, 2007, 88(6): 557-567.

[60] Long X L, Xin Z L, Wang H X, et al. Simultaneous removal of NO and SO_2 with hexamminecobalt(II)solution coupled with the hexamminecobalt(II)regeneration catalyzed by activated carbon. Applied Catalysis B-Environmental, 2004, 54(1): 25-32.

[61] Wang M X, Huang Z H, Shimohara T, et al. NO removal by electrospun porous carbon nanofibers at room temperature. Chemical Engineering Journal, 2011, 170(2-3): 505-511.

[62] Byeon J H, Yoon H S, Yoon K Y, et al. Electroless copper deposition on a pitch-based activated carbon fiber and an application for NO removal. Surface & Coatings Technology, 2008, 202(15): 3571-3578.

[63] Park S J, Shim G H, Kim H Y. NO removal of Ni-electroplated activated carbon fibers. Journal of Colloid and Interface Science, 2005, 291(2): 585-587.

[64] Park S J, Kim B J. Preparation and characterization of nano-scaled Ag plated activated carbon fibers for NO removal. Science and Technology of Nanomaterials-ICMAT, 2005, 23: 215-218.

[65] Yoon K S, Ryu S K. Removal of NO using surface modified activated carbon fiber (ACF)by impregnation and heat-treatment of propellant waste. Korean Journal of Chemical Engineering, 2010, 27(6): 1882-1886.

[66] Lu P, Zeng Z, Li CT, et al. Room temperature removal of NO by activated carbon fibres loaded with urea and La_2O_3. Environmental Technology, 2012, 33(9): 1029-1036.

[67] Park S J, Kim B J. A study on NO removal of activated carbon fibers with deposited silver nanoparticles. Journal of Colloid and Interface Science, 2005, 282(1): 124-127.

[68] Wang M X, Huang Z H, Shen K, et al. Catalytically oxidation of NO into NO_2 at room temperature by graphitized porous nanofibers. Catalysis Today, 2013, 201: 109-114.

[69] Wang M X, Huang Z H, Shimohara T, et al. NO removal by electrospun porous carbon nanofibers at room temperature. Chemical Engineering Journal, 2011, 170(2-3): 505-511.

[70] Wang M X, Huang Z H, Kang F, et al. Porous carbon nanofibers with narrow pore size distribution from electrospun phenolic resins. Materials Letters, 2011, 65(12): 1875-1877.

[71] Guo Z Y, Huang Z H, Wang M, et al. Graphene/carbon composite nanofibers for NO oxidation at room temperature. Catalysis Science & Technology, 2015, 5(2): 827-829.

[72] Wang M X, Guo Z, Huang Z H, et al. NH_3-activated carbon nanofibers for low-concentration NO removal at room temperature. Catalysis Communications, 2015, 62: 83-88.

[73] Guo Z, Wang M, Huang Z H, et al. Preparation of graphene/carbon hybrid nanofibers and their performance for NO oxidation. Carbon, 2015, 87: 282-291.

[74] Beyer H, Kohler K. NO_x removal by rhodium catalysts supported on carbon nanotubes: Evidence for the stoichiometric reduction of NO_2 and NO by the carbon support. Applied Catalysis B-Environmental, 2010, 96(1-2): 110-116.

[75] Vermisoglou E C, Romanos G E, Karanikolos G N, et al. Catalytic NO_x removal by single-wall carbon nanotube-supported Rh nanoparticles. Journal of Hazardous Materials, 2011, 194: 144-155.

[76] Li Q, Yang H S, Qiu F M, et al. Promotional effects of carbon nanotubes on V_2O_5/TiO_2 for NO_x removal. Journal of Hazardous Materials, 2011, 192(2): 915-921.

[77] Bai S L, Li H Y, Wang L, et al. The Properties and Mechanism of CuO Modified Carbon Nanotube for NO_x Removal. Catalysis Letters, 2014, 144(2): 216-221.

[78] Xu W, Zheng S, Dweik R A, et al. Role of epithelial nitric oxide in airway viral infection. Free Radical Biology & Medicine, 2006, 41(1): 19-28.

[79] Su I H, Wu J C S. Photo selective catalytic reduction of nitric oxide with propane at room temperature. Catalysis Communications, 2009, 10(11): 1534-1537.

[80] Kostikas K, Papaioannou A I, Tanou K, et al. Exhaled NO and exhaled breath condensate pH in the evaluation of asthma control. Respiratory Medicine, 2011, 105(4): 526-532.

[81] Kharitonov S A. Influence of different therapeutic strategies on exhaled NO and lung inflammation in asthma and COPD. Vascular Pharmacology, 2005, 43(6): 371-378.

[82] Gonçalves F, Figueiredo J L. Development of carbon supported metal catalysts for the simultaneous reduction of NO and N_2O. Applied Catalysis B: Environmental, 2004, 50(4): 271-278.

[83] Lopez D, Buitrago R, Sepulveda-Escribano A, et al. Low-temperature catalytic adsorption of NO on activated carbon materials. Langmuir, 2007, 23(24): 12131-12137.

[84] Lizzio A A, DeBarr J A. Effect of surface area and chemisorbed oxygen on the SO_2 adsorption capacity of

activated char. Fuel, 1996, 75(13): 1515-1522.

[85] Tomita A. Suppression of nitrogen oxides emission by carbonaceous reductants. Fuel Process Technol, 2001, 71(1-3): 53-70.

[86] Rodriguez-Reinoso F. The Role of Carbon Materials in Heterogneous. Carbon, 1998, 36(3): 159-175.

[87] López D, Calo J. The NO-Carbon Reaction: The influence of potassium and CO on reactivity and populations of oxygen surface complexes. Energy & Fuels, 2007, 21(4): 1872-1877.

[88] Claudino A, Soares J L, Moreira R, et al. Adsorption equilibrium and breakthrough analysis for NO adsorption on activated carbons at low temperatures. Carbon, 2004, 42(8-9): 1483-1490.

[89] Li B, Zhang L, Wang Z, et al. NO adsorption over powder activated carbon in a fluidized bed, Asia-Pacific Power and Energy Engineering Conference (APPEEC), 2011.

[90] Mochida I, Kisamori S, Hironaka M, et al. Oxidation of NO into NO_2 over active carbon fibers. Energy & Fuels, 1994, 8(6): 1341-1344.

[91] Guo Z C, Xie Y S, Hong I Y, et al. Catalytic oxidation of NO to NO_2 on activated carbon. Energy Conversion and Management, 2001, 42(15-17): 2005-2018.

[92] Nakahashi T, Konno H, Inagaki M. Chemical state of nitrogen atoms in carbon films prepared from. Solid State Ionics, 1998, 113: 73-77.

[93] Mangun C L, Benak K R, Economy J, et al. Surface chemistry, pore sizes and adsorption properties of. Carbon, 2001, 39(12): 1809-1820.

[94] Sousa J P S, Pereira M F R, Figueiredo J L. Catalytic oxidation of NO to NO_2 on N-doped activated carbons. Catalysis Today, 2011, 176(1): 383-387.

[95] Mochida I, Kawano S, Hironaka M, et al. Reduction of NO of very low concentration in Air with NH_3 at room temperature over calcined active carbon fibers. Energy & Fuels, 1995, 9(4): 659-664.

[96] Mochida I, Kawabuchi Y, Kawano S, et al. High catalytic activity of pitch based activated carbon fibres of moderate surface area for oxidation of NO to NO_2 at room temperature. Fuel, 1997, 76(6): 543-548.

[97] Mochida I, Shirahama N, Kawano S, et al. NO oxidation over activated carbon fiber (ACF). Part 1. Extended kinetics. Fuel, 2000, 79(14): 1713-1723.

[98] Rubel A M, Stewart M L, Stencel J M. Activated carbon for control of nitrogen oxide emissions. Journal of Materials Research, 1995, 10(3): 562-567.

[99] Teng H S, Suuberg E M. Chemisorption of nitric oxide on char. 1. reversible nitric oxide sorption. Journal of Physical Chemistry, 1993, 97(2): 478-483.

[100] Teraoka Y, Nakano K, Shangguan W, et al. Simultaneous catalytic removal of nitrogen oxides and diesel soot particulate over perovskite-related oxides. Catalysis Today, 1996, 27(1-2): 107-113.

[101] Odenbrand C U I, Andersson L A H, Brandin J G M, et al. Dealuminated mordenites as catalyst in the oxidation and decomposition of nitric oxide and in the decomposition of nitrogen dioxide: characterization and activities. Catalysis Today, 1989, 4(2): 155-172.

[102] Zhang Z, Atkinson J D, Jiang B, et al. Nitric oxide oxidation catalyzed by microporous activated carbon fiber cloth: An updated reaction mechanism. Applied Catalysis B—Environmental, 2014, 148-149: 573-581.

[103] Muniz J, Marban G, Fuertes A B. Low temperature selective catalytic reduction of NO over modified activated carbon fibres. Applied Catalysis B-Environmental, 2000, 27(1): 27-36.

[104] Burch R, Ottery D. Selective catalytic reduction of NO_x by hydrocarbons on Pt/Al_2O_3 catalysts at low temperatures without the formation of N_2O. Applied Catalysis B-Environmental, 1996, 9(1-4): L19-L24.

[105] Marbán G, Fuertes A B. Low-temperature SCR of NO_x with NH_3 over Nomex™ rejects-based activated carbon fibre composite-supported manganese oxides: Part II. Effect of procedures for impregnation and active phase formation. Applied Catalysis B: Environmental, 2001, 34(1): 55-71.

[106] Marbán G, Antuña R, Fuertes A B. Low-temperature SCR of NO_x with NH_3 over activated carbon fiber composite-supported metal oxides. Applied Catalysis B: Environmental, 2003, 41(3): 323-338.

[107] Yoshikawa M, Yasutake A, Mochida I. Low-temperature selective catalytic reduction of NO_x by metal oxides supported on active carbon fibers. Applied Catalysis a-General, 1998, 173(2): 239-245.

[108] Mochida I, Kawano S, Hironaka M, et al. Kinetic study on reduction of NO of low concentration in air with NH_3 at room temperature over pitch-based active carbon fibers of moderate surface area. Langmuir, 1997, 13(20): 5316-5321.

[109] Yim W L, Gong X G, Liu Z F. Chemisorption of NO_2 on carbon nanotubes. Journal of Physical Chemistry B, 2003, 107(35): 9363-9369.

[110] Tasis D, Tagmatarchis N, Bianco A, et al. Chemistry of carbon nanotubes. Chemical Reviews, 2006, 106(3): 1105-1136.

[111] Dai J, Giannozzi P, Yuan J. Adsorption of pairs of NO_x molecules on single-walled carbon nanotubes and formation of NO+NO_3 from NO_2. Surface Science, 2009, 603(21): 3234-3238.

[112] Chen X, Gao S, Wang H, et al. Selective catalytic reduction of NO over carbon nanotubes supported CeO_2. Catalysis Communications, 2011, 14(1): 1-5.

[113] Zhang D, Zhang L, Shi L, et al. In situ supported MnO_x-CeO_x on carbon nanotubes for the low-temperature selective catalytic reduction of NO with NH_3. Nanoscale, 2013, 5(3): 1127-1136.

[114] Wang X, Zheng Y, Lin J. Highly dispersed Mn-Ce mixed oxides supported on carbon nanotubes for low-temperature NO reduction with NH_3. Catalysis Communications, 2013, 37: 96-99.

[115] Wang L, Huang B, Su Y, et al. Manganese oxides supported on multi-walled carbon nanotubes for selective catalytic reduction of NO with NH_3: Catalytic activity and characterization. Chemical Engineering Journal, 2012, 192: 232-241.

[116] Su Y, Fan B, Wang L, et al. MnO_x supported on carbon nanotubes by different methods for the SCR of NO with NH_3. Catalysis Today, 2013, 201: 115-121.

[117] Byl O, Kondratyuk P, Yates J T. Adsorption and dimerization of NO inside single-walled carbon nanotubes - An infrared spectroscopic study. Journal of Physical Chemistry B, 2003, 107(18): 4277-4279.

[118] Fan X, Qiu F, Yang H, et al. Selective catalytic reduction of NO_x with ammonia over Mn-Ce-O-x/TiO_2-carbon nanotube composites. Catalysis Communications, 2011, 12(14): 1298-1301.

[119] De Jong K P, Geus J W. Carbon nanofibers: Catalytic synthesis and applications. Catal Rev-Sci Eng, 2000, 42(4): 481-510.

[120] Mangun C L, Benak K R, Economy J, et al. Surface chemistry, pore sizes and adsorption properties of activated carbon fibers and precursors treated with ammonia. Carbon, 2001, 39(12): 1809-1820.

[121] Zussman E, Chen X, Ding W, et al. Mechanical and structural characterization of electrospun PAN-derived carbon nanofibers. Carbon, 2005, 43(10): 2175-2185.

[122] Arshad S N, Naraghi M, Chasiotis I. Strong carbon nanofibers from electrospun polyacrylonitrile. Carbon, 2011, 49(5): 1710-1719.

[123] Endo M, Kim Y A, Hayashi T, et al. Microstructural changes induced in "stacked cup" carbon nanofibers by heat treatment. Carbon, 2003, 41(10): 1941-1947.

[124] Hammel E, Tang X, Trampert M, et al. Carbon nanofibers for composite applications. Carbon, 2004, 42(5-6): 1153-1158.

[125] Sullivan P, Moate J, Stone B, et al. Physical and chemical properties of PAN-derived electrospun activated carbon nanofibers and their potential for use as an adsorbent for toxic industrial chemicals. Adsorption, 2012, 18(3-4): 265-274.

[126] Srivastava A K, Saxena A, Shah D, et al. Catalytic removal of carbon monoxide over carbon supported palladium

catalyst. Journal of Hazardous Materials, 2012, 241-242(1): 463-471.

[127] Dadvar S, Tavanai H, Morshed M, et al. The removal of 2-chloroethyl ethyl sulfide using activated carbon nanofibers embedded with MgO and Al_2O_3 nanoparticles. Journal of Chemical and Engineering Data, 2012, 57(5): 1456-1462.

[128] Ramirez A, Sierra L, Mesa M, et al. Simulation of nitrogen adsorption-desorption isotherms. Hysteresis as an effect of pore connectivity. Chemical Engineering Science, 2005, 60(17): 4702-4708.

[129] Park C, Engel E S, Crowe A, et al. Use of carbon nanofibers in the removal of organic solvents from water. Langmuir, 2000, 16(21): 8050-8056.

[130] Wang J, Lv X H, Zhao L, et al. Removal of chromium from electroplating wastewater by aminated polyacrylonitrile fibers. Environmental Engineering Science, 2011, 28(8): 585-589.

[131] Kim C, Ngoc B, Yang K S, et al. Self-sustained thin webs consisting of porous carbon nanofibers for supercapacitors via the electrospinning of polyacrylonitrile solutions containing zinc chloride. Advanced Materials, 2007, 19(17): 2341-2346.

[132] Ji L W, Zhang X W. Electrospun carbon nanofibers containing silicon particles as an energy-storage medium. Carbon, 2009, 47(14): 3219-3226.

[133] Barranco V, Lillo-Rodenas M A, Linares-Solano A, et al. Amorphous carbon nanofibers and their activated carbon nanofibers as supercapacitor electrodes. Journal of Physical Chemistry C, 2010, 114(22): 10302-10307.

[134] Wang M X, Guo Z, Huang Z H, et al. NH_3-activated carbon nanofibers for low-concentration NO removal at room temperature. Catalysis Communications, 2015, 62: 83-88.

[135] Oh G Y, Ju Y W, Jung H R, et al. Preparation of the novel manganese-embedded PAN-based activated carbon nanofibers by electrospinning and their toluene adsorption. Journal of Analytical and Applied Pyrolysis, 2008, 81(2): 211-217.

[136] Wang Y L, Wang X J, Zhan L, et al. Structure control of V_2O_5/CNF/cordierite monolith cata-lyst and its catalytic performance on NO removal from flue gas. Journal of Inorganic Materials, 2012, 27(8): 800-806.

[137] Bhaduri B, Verma N. Preparation of asymmetrically distributed bimetal ceria CeO_2 and copper (Cu)nanoparticles in nitrogen-doped activated carbon micro/nanofibers for the removal of nitric oxide (NO)by reduction. Journal of Colloid and Interface Science, 2014, 436: 218-226.

[138] Jiang X. CVD growth of carbon nanofibers. Physica Status Solidi a-Applications and Materials Science, 2014, 211(12): 2679-2687.

[139] Che G, Lakshmi B B, Martin C R, et al. Chemical vapor deposition based synthesis of carbon nanotubes and nanofibers using a template method. Chemistry of Materials, 1998, 10(1): 260-267.

[140] Lakshminarayanan P V, Toghiani H, Pittman C U. Nitric acid oxidation of vapor grown carbon nanofibers. Carbon, 2004, 42(12-13): 2433-2442.

[141] Park C, Keane M A. Controlled growth of highly ordered carbon nanofibers from Y zeolite supported nickel catalysts. Langmuir, 2001, 17(26): 8386-8396.

[142] Zhang G Y, Jiang X, Wang E G. Tubular graphite cones. Science, 2003, 300(5618): 472-474.

[143] Hulteen J C, Chen H X, Chambliss C K, et al. Template synthesis of carbon nanotubule and nanofiber arrays. Nanostruct Mater, 1997, 9(1-8): 133-136.

[144] Hsieh C T, Chen W Y. Gaseous adsorption of carbon tetrachloride onto carbon nanofiber arrays prepared by template-assisted synthesis. Diamond and Related Materials, 2007, 16(11): 1945-1949.

[145] Chae W S, An M J, Lee S W, et al. Templated carbon nanofiber with mesoporosity and semiconductivity. Journal of Physical Chemistry B, 2006, 110(13): 6447-6450.

[146] Taha A A, Hriez A A, Wang H T, et al. One-pot/self-template synthesis of mesostructured vanadium oxide embedded carbon nanofiber as a visible-light photocatalyst. Rsc Advances, 2014, 4(12): 5901-5905.

[147] Liu H J, Wang X M, Cui W J, et al. Highly ordered mesoporous carbon nanofiber arrays from a crab shell biological template and its application in supercapacitors and fuel cells. Journal of Materials Chemistry, 2010, 20(20): 4223-4230.

[148] Liu H, Cao C Y, Wei F F, et al. Fabrication of macroporous/mesoporous carbon nanofiber using $CaCO_3$ nanoparticles as dual purpose template and its application as catalyst support. Journal of Physical Chemistry C, 2013, 117(41): 21426-21432.

[149] Greiner A, Wendorff J H. Electrospinning: A fascinating method for the preparation of ultrathin fibres. Angewandte Chemie International Edition, 2007, 46(30): 5670-5703.

[150] Inagaki M, Yang Y, Kang F. Carbon nanofibers prepared via electrospinning. Advanced Materials, 2012, 24(19): 2547-2566.

[151] Shin Y M, Hohman M M, Brenner M P, et al. Experimental characterization of electrospinning: The electrically forced jet and instabilities. Polymer, 2001, 42(25): 09955-09967.

[152] Yarin A L, Koombhongse S, Reneker D H. Taylor cone and jetting from liquid droplets in electrospinning of nanofibers. Journal of Applied Physics, 2001, 90(9): 4836.

[153] Sun Z C, Zussman E, Yarin A L, et al. Compound core-shell polymer nanofibers by co-electrospinning. Advanced Materials, 2003, 15(22): 1929.

[154] Zhang Y Z, Huang Z M, Xu X J, et al. Preparation of core-shell structured PCL-r-gelatin Bi-component nanofibers by coaxial electrospinning. Chemistry of Materials, 2004, 16(18): 3406-3409.

[155] Li D, Xia Y. Direct fabrication of composite and ceramic hollow nanofibers by electrospinning. Nano Letters, 2004, 4(5): 933-938.

[156] Bognitzki M, Czado W, Frese T, et al. Nanostructured fibers via electrospinning. Advanced Materials, 2001, 13(1): 70-75.

[157] Megelski S, Stephens J S, Chase D B, et al. Micro-and nanostructured surface morphology on electrospun polymer fibers. Macromolecules, 2002, 35(22): 8456-8466.

[158] Li D, Xia Y N. Electrospinning of nanofibers: Reinventing the wheel? Advanced Materials, 2004, 16(14): 1151-1170.

[159] Borhani S, Hosseini S A, Etemad S G, et al. Structural characteristics and selected properties of polyacrylonitrile nanofiber mats. Journal of Applied Polymer Science, 2008, 108(5): 2994-3000.

[160] Gu S Y, Ren J, Vancso G J. Process optimization and empirical modeling for electrospun polyacrylonitrile (PAN)nanofiber precursor of carbon nanofibers. European Polymer Journal, 2005, 41(11): 2559-2568.

[161] Yördem O S, Papila M, Menceloğlu Y Z. Effects of electrospinning parameters on polyacrylonitrile nanofiber diameter: An investigation by response surface methodology. Materials & Design, 2008, 29(1): 34-44.

[162] Acatay K, Simsek E, Ow-Yang C, et al. Tunable, superhydrophobically stable polymeric surfaces by electrospinning. Angewandte Chemie, 2004, 43(39): 5210-5213.

[163] Ge J J, Hou H, Li Q, et al. Assembly of well-aligned multiwalled carbon nanotubes in confined polyacrylonitrile environments: electrospun composite nanofiber sheets. Journal of the American Chemical Society, 2004, 126(48): 15754-15761.

[164] Xie X L, Mai Y W, Zhou X P. Dispersion and alignment of carbon nanotubes in polymer matrix: A review. Materials Science and Engineering: R: Reports, 2005, 49(4): 89-112.

[165] Ci L J, Wei J Q, Wei B Q, et al. Carbon nanofibers and single-walled carbon nanotubes prepared by the floating catalyst method. Carbon, 2001, 39(3): 329-335.

[166] Huang C W, Chiu S C, Lin W H, et al. Preparation and characterization of porous carbon nanofibers from thermal decomposition of poly(ethylene glycol). Journal of Physical Chemistry C, 2008, 112(4): 926-931.

[167] Song X, Wang C, Zhang D. Surface structure and adsorption properties of ultrafine porous carbon fibers. Applied

Surface Science, 2009, 255(7): 4159-4163.

[168] Kaneko K, Murata K. An analytical method of micropore filling of a supercritical gas. Adsorption-Journal of the International Adsorption Society, 1997, 3(3): 197-208.

[169] Otsuka K, Ogihara H, Takenaka S. Decomposition of methane over Ni catalysts supported on carbon fibers formed from different hydrocarbons. Carbon, 2003, 41(2): 223-233.

[170] Ogihara H, Takenaka S, Yamanaka I, et al. Reduction of NO with the carbon nanofibers formed by methane decomposition. Carbon, 2004, 42(8-9): 1609-1617.

[171] Beyer H, Köhler K. NO_x removal by rhodium catalysts supported on carbon nanotubes: Evidence for the stoichiometric reduction of NO_2 and NO by the carbon support. Applied Catalysis B: Environmental, 2010, 96(1-2): 110-116.

[172] Tighe C J, Dennis J S, Hayhurst A N, et al. The reactions of NO with diesel soot, fullerene, carbon nanotubes and activated carbons doped with transition metals. Proceedings of the Combustion Institute, 2009, 32(2): 1989-1996.

[173] Dadvar S, Tavanai H, Morshed M. Effect of embedding MgO and Al_2O_3 nanoparticles in the precursor on the pore characteristics of PAN based activated carbon nanofibers. Journal of Analytical and Applied Pyrolysis, 2012, 98: 98-105.

[174] Garcia-Gomez N A, Garcia-Gutierrez D I, Sepulveda-Guzman S, et al. Enhancement of electrochemical properties on TiO_2/carbon nanofibers by electrospinning process. Journal of Materials Science: Materials in Electronics, 2013, 24(10): 3976-3984.

[175] Dror Y, Salalha W, Khalfin R L, et al. Carbon nanotubes embedded in oriented polymer nanofibers by electrospinning. Langmuir, 2003, 19(17): 7012-7020.

[176] Geim A K, Novoselov K S. The rise of graphene. Nature materials, 2007, 6(3): 183-191.

[177] Li D, Kaner R B. Materials science. Graphene-based materials. Science, 2008, 320(5880): 1170-1171.

[178] Yao Y, Fu Q, Zhang Y Y, et al. Graphene cover-promoted metal-catalyzed reactions. Proceedings of the National Academy of Sciences of the United States of America, 2014, 111(48): 17023-17028.

[179] Marcano D C, Kosynkin D V, Berlin J M, et al. Improved synthesis of graphene oxide. Acs Nano, 2010, 4(8): 4806-4814.

[180] Rahaman M S A, Ismail A F, Mustafa A. A review of heat treatment on polyacrylonitrile fiber. Polymer Degradation and Stability, 2007, 92(8): 1421-1432.

[181] Zhou J H, Sui Z J, Zhu J, et al. Characterization of surface oxygen complexes on carbon nanofibers by TPD, XPS and FT-IR. Carbon, 2007, 45(4): 785-796.

[182] Kim S, Zhou S, Hu Y, et al. Room-temperature metastability of multilayer graphene oxide films. Nature materials, 2012, 11(6): 544-549.

[183] Tuinstra F. Raman spectrum of graphite. The Journal of Chemical Physics, 1970, 53(3): 1126.

[184] Zhao L, Qiu Y, Yu J, et al. Carbon nanofibers with radially grown graphene sheets derived from electrospinning for aqueous supercapacitors with high working voltage and energy density. Nanoscale, 2013, 5(11): 4902.

[185] Brunauer S, Deming L S, Deming W E, et al. On a theory of the van der waals adsorption of gases. Journal of the American Chemical Society, 1940, 62(7): 1723-1732.

[186] Jansen R J J, Vanbekkum H. XPS of nitrogen-containing functional-groups on activated carbon. Carbon, 1995, 33(8): 1021-1027.

[187] Mangun C L. Benak K R, Economy J, et al. Surface chemistry, pore sizes and adsorption properties of activated carbon fibers and precursors treated with ammonia. Carbon, 2001, 39(12): 1809-1820.

[188] Li J, Vergne M J, Mowles E D, et al. Surface functionalization and characterization of graphitic carbon nanofibers (GCNF). Carbon, 2005, 43(14): 2883-2893.

[189] Chambrion P, Suzuki T, Zhang Z G, et al. XPS of nitrogen-containing functional groups formed during the C-NO

reaction. Energy & Fuels, 1997, 11(3): 681-685.

[190] Deng S, Chen J P. Aminated polyacrylonitrile fibers for lead and copper removal. Langmuir, 2003, 19(12): 5058-5064.

[191] Kampalanonwat P, Supaphol P. Preparation and adsorption behavior of aminated electrospun polyacrylonitrile nanofiber mats for heavy metal ion removal. ACS Applied Materials & Interfaces, 2010, 2(12): 3619-3627.

[192] Qie L, Chen W M, Wang Z H, et al. Nitrogen-doped porous carbon nanofiber webs as anodes for lithium ion batteries with a superhigh capacity and rate capability. Advanced Materials, 2012, 24(15): 2047-2050.

[193] Matzner S, Boehm H P. Influence of nitrogen doping on the adsorption and reduction of nitric oxide by activated carbons. Carbon, 1998, 36(11): 1697-1703.

[194] Qiu Y, Yu J, Shi T, et al. Nitrogen-doped ultrathin carbon nanofibers derived from electrospinning: Large-scale production, unique structure, and application as electrocatalysts for oxygen reduction. Journal of Power Sources, 2011, 196(23): 9862-9867.

[195] Wei D C, Liu Y Q, Wang Y, et al. Synthesis of N-doped graphene by chemical vapor deposition and its electrical properties. Nano Letters, 2009, 9(5): 1752-1758.

[196] Wang X, Lee J S, Zhu Q, et al. Ammonia-treated ordered mesoporous carbons as catalytic materials for oxygen reduction reaction. Chemistry of Materials, 2010, 22(7): 2178-2180.

[197] Kundu S, Xia W, Busser W, et al. The formation of nitrogen-containing functional groups on carbon nanotube surfaces: a quantitative XPS and TPD study. Physical Chemistry Chemical Physics, 2010, 12(17): 4351-4359.

[198] Bhaduri B, Verma N. Carbon bead-supported nitrogen-enriched and Cu-doped carbon nanofibers for the abatement of NO emissions by reduction. Journal of Colloid and Interface Science, 2015, 457: 62-71.

[199] Kaneko K, Fukuzaki N, Kakei K, et al. Enhancement of NO dimerization by micropore fields of activated carbon-fibers. Langmuir, 1989, 5(4): 960-965.

[200] Stromnova T A, Shishilov O N, Churakov A V, et al. NO-disproportionation, promoted by Pd-cluster: Formation and X-ray structure of Pd_8(micro-CO)$_4$(micro-OOCCMe$_3$)$_8$[micro-N(=O)O—]$_4$. Chemical Communication, 2007, (45): 4800-4802.

[201] Li B, Li L, Wang B, et al. Alternating patterns on single-walled carbon nanotubes. Nature nanotechnology, 2009, 4(6): 358-362.

[202] Sousa J P S, Pereira M F R, Figueiredo J L. Modified activated carbon as catalyst for NO oxidation. Fuel Process Technol, 2013, 106: 727-733.

[203] Ahmed S N, Baldwin R, Derbyshire F, et al. Catalytic reduction of nitric-oxide over activated carbons. Fuel, 1993, 72(3): 287-292.

[204] Lozano-Castello D, Cazorla-Amoros D, Linares-Solano A, et al. Influence of pore size distribution on methane storage at relatively low pressure: Preparation of activated carbon with optimum pore size. Carbon, 2002, 40(7): 989-1002.

[205] Rathore R S, Srivastava D K, Agarwal A K, et al. Development of surface functionalized activated carbon fiber for control of NO and particulate matter. Journal of Hazardous Materials, 2010, 173(1-3): 211-222.

[206] Hueso J L, Espinós J P, Caballero A, et al. XPS investigation of the reaction of carbon with NO, O_2, N_2 and H_2O plasmas. Carbon, 2007, 45(1): 89-96.

[207] Rubel A M, Stewart M L, Stencel J M. Activated carbon for control of nitrogen-oxide emissions. Journal of Materials Research, 1995, 10(3): 562-567.

[208] Teng H S, Hsu Y F, Tu Y T. Reduction of NO with NH_3 over carbon catalysts - the influence of carbon surface

structures and the global kinetics. Applied Catalysis B-Environmental, 1999, 20(2): 145-154.

[209] Cong H P, Ren X C, Wang P, et al. Wet-spinning assembly of continuous, neat, and macroscopic graphene fibers. Scientific Reports, 2012, 2: 613.

[210] Dong Z, Jiang C, Cheng H, et al. Facile fabrication of light, flexible and multifunctional graphene fibers. Advanced Materials, 2012, 24(14): 1856-1861.

[211] Vadukumpully S, Paul J, Valiyaveettil S. Cationic surfactant mediated exfoliation of graphite into graphene flakes. Carbon, 2009, 47(14): 3288-3294.

[212] Chen G H, Wu D J, Weng W U, et al. Exfoliation of graphite flake and its nanocomposites. Carbon, 2003, 41(3): 619-621.

[213] Aikawa S, Kizu T, Nishikawa E. Catalytic graphitization of an amorphous carbon film under focused electron beam irradiation due to the presence of sputtered nickel metal particles. Carbon, 2010, 48(10): 2997-2999.

[214] Hong S E, Kim D K, Jo S M, et al. Graphite nanofibers prepared from catalytic graphitization of electrospun poly(vinylidene fluoride)nanofibers and their hydrogen storage capacity. Catalysis Today, 2007, 120(3-4): 413-419.

[215] Amadou J, Chizari K, Houlle M, et al. N-doped carbon nanotubes for liquid-phase C=C bond hydrogenation. Catalysis Today, 2008, 138(1-2): 62-68.

[216] Ding W, Wei Z D, Chen S G, et al. Space-confinement-induced synthesis of pyridinic- and pyrrolic-nitrogen-doped graphene for the catalysis of oxygen reduction. Angewandte Chemie International Edition, 2013, 52(45): 11755-11759.

[217] Gao H, Guo L, Wang L X, et al. Synthesis of nitrogen-doped graphene from ployacrylonitrile. Materials Letters, 2013, 109: 182-185.

[218] Zhang Y, Ge J, Wang L, et al. Manageable N-doped graphene for high performance oxygen reduction reaction. Scientific Reports, 2013, 3: 2771.

[219] Zheng Q B, Li Z G, Yang J H. Effects of N doping and NH_2 grafting on the mechanical and wrinkling properties of graphene sheets. RSC Advances, 2013, 3(3): 923-929.

[220] Huang Y T, Lin Y W, Chen C M. Characterization of carbon nanomaterials synthesized from thermal decomposition of paper phenolic board. Materials Chemistry and Physics, 2011, 127(1-2): 397-404.

[221] Lee S Y, Park S J. Effect of temperature on activated carbon nanotubes for hydrogen storage behaviors. International Journal of Hydrogen Energy, 2010, 35(13): 6757-6762.

[222] Gan L, Du H D, Li B H, et al. Surface-reconstructed graphite nanofibers as a support for cathode catalysts of fuel cells. Chemical Communication, 2011, 47(13): 3900-3902.

[223] Mangun C L, Benak K R, Daley M A, Economy J. Oxidation of activated carbon fibers: Effect on pore size, surface chemistry, and adsorption properties. Chemistry of Materials, 1999, 11(12): 3476-3483.

[224] Pietrzak R. XPS study and physico-chemical properties of nitrogen-enriched microporous activated carbon from high volatile bituminous coal. Fuel, 2009, 88(10): 1871-1877.

[225] Marsh H, Warburto A P. Catalysis of Graphitisation. Journal of Applied Chemistry, 1970, 20(5): 133.

[226] Zhou H H, Peng Q L, Huang Z H, et al. Catalytic graphitization of PAN-based carbon fibers with electrodeposited Ni-Fe alloy. Transactions of Nonferrous Metals Society of China, 2011, 21(3): 581-587.

[227] Liu Y C, Liu Q L, Gu J J, et al. Highly porous graphitic materials prepared by catalytic graphitization. Carbon, 2013, 64: 132-140.

[228] Zhang T, Huang D, Yang Y, et al. Influence of iron (III)acetylacetonate on structure and electrical conductivity of

Fe_3O_4/carbon composite nanofibers. Polymer, 2012, 53(26): 6000-6007.

[229] Ferrari A C , Basko D M. Raman spectroscopy as a versatile tool for studying the properties of graphene. Nature Nanotechnology, 2013, 8(4): 235-246.

[230] Ferrari A C. Raman spectroscopy of graphene and graphite: Disorder, electron-phonon coupling, doping and nonadiabatic effects. Solid State Communications, 2007, 143(1-2): 47-57.

[231] Yang Z Y, Zhang Y X, Jing L, et al. Beanpod-shaped Fe-C-N composite as promising ORR catalyst for fuel cells operated in neutral media. Journal of Materials Chemistry A, 2014, 2(8): 2623.

[232] Wan X K, Sho H X, Zou X Q, et al. Effect of nitrogen doping on the reduction of nitric oxide with activated carbon in the presence of oxygen. Journal of Zhejiang University-Science A, 2008, 9(1): 113-117.

[233] Matzner S, Boehm H P. Influence of nitrogen doping on the adsorption and reduction of nitric oxide by activated carbons. Carbon, 1998, 36(11): 1697-1703.

第二部分　能量存储应用

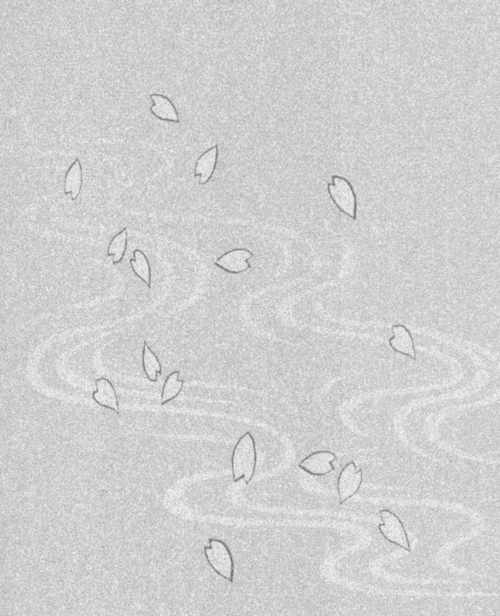

第7章　锂离子电池及负极材料概述

7.1　引　　言

随着全球气候的变暖、石油价格的高涨，人们开始意识到环境保护的重要性和能源危机的严重性。为了减少矿石燃料的使用，降低二氧化碳的排放，减缓全球变暖的速度，世界各国政府及企业一方面开始寻求新的替代能源（如太阳能、燃料电池）；另一方面以锂离子电池取代铅酸、镍氢电池来提高二次电池的转换效率。发展至今，二次电池产业已经发生了结构性的转变，锂离子电池将逐渐取代铅酸电池和镍氢电池。尤其是进入 21 世纪以来，混合动力汽车/纯电动汽车等新能源汽车快速发展，使动力型锂离子电池的研发掀起了新的高潮，并有望逐步取代镍氢电池成为电动汽车的首选能源[1]。LG 集团发布的文章[2]显示：2010 年，全球用于消费类电子产品的锂离子电池产业已达 116 亿美元的规模。锂离子电池主要应用领域将转变为用于电动汽车的动力电池和应用于电网的大规模储能领域。这无疑对锂离子电池性能提出了更新、更高的要求。如何提高锂离子电池的能量密度、功率密度、安全性和使用寿命，并降低成本，是当前研究的热点，其关键在于高性能电极材料的研发。我国是全球锂离子电池最大的生产国之一，电极材料的研究对促进我国锂离子电池产业的发展具有重要的意义。

目前，对于正极材料，高容量型的消费类锂离子电池仍然以 $LiCoO_2$ 为主。在动力电池领域，日韩企业以 $LiMn_2O_4$ 体系为主，而以美国 A123 公司和我国比亚迪公司为代表的中美企业则以 $LiFePO_4$ 体系为发展方向。对于负极材料，目前及未来一段时期内仍将以碳材料为主，天然石墨将以其低成本和优良性能逐步取代人造石墨和硬碳成为商用主流负极材料[3]。但最新的文献报道又表明，一些前期研究认为不是很有前途的碳负极材料如碳纤维等可通过技术改进如纳米化、造孔和氮掺杂等又可焕发出新的生命。从更长远来说，Sn、Si 等具有高理论容量、低嵌锂/脱嵌电位的新型负极材料将成为碳材料的有力竞争者，也是目前负极材料研究的热点所在。硅是一种非常具有潜力的负极材料，它的理论比容量比石墨材料高出一个数量级，达到 4200 $mAh \cdot g^{-1}$，被认为是最有前景的下一代负极材料，是学术界和产业界研究的重点。但 Si 导电性差，且在与 Li 合金化的过程中伴随着巨大的体积变化，导致材料粉化失效，容量迅速衰减。目前，Si 的改性思路集中在纳米化、Si/C 复合和预置膨胀空间上。但是纳米化后如何保证纳米颗粒的均匀分散，以及有效地在 Si 颗粒周围预置膨胀空间以对整个电极的体积变化进行控制，仍然是尚待解决和完善的科学问题。

因此，制备和研究新型一维多孔碳负极材料和新型 Si/C 复合负极材料，以提高负极材料的电化学性能，具有重要的科学意义和工程价值。

7.2　锂离子电池的工作原理

科学家首先开发出了以金属锂为负极的锂二次电池。但是这种电池充电时锂金属表面有枝晶锂的形成和死锂的沉积，极易导致安全问题。到了 20 世纪 80 年代初期，Armand[4]首先提出了摇椅式电池概念，即后来的锂离子电池或称摇椅式电池。此概念中用低插锂电势的嵌锂化合物代替金属锂负极，与高插锂电势的嵌锂化合物组成没有金属锂的二次锂电池。锂离子电池的工作原理如图 7-1 所示，其充放电过程是锂离子在正极和负极之间来回嵌入和脱出的过程。因此，形象地锂离子电池又被称为“摇椅电池”。

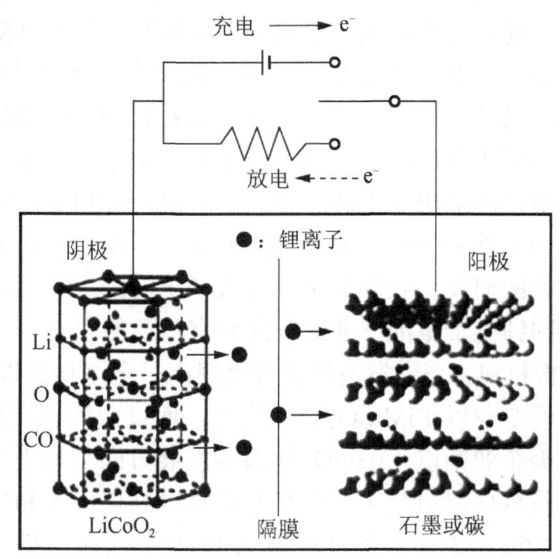

图 7-1　锂离子电池的工作原理[9]

锂离子电池正负极充放电时的典型机理分别如图 7-1 和图 7-2 所示，其中负极为碳材料，正极中的 M 指 Ni、Mn、Co 等过渡族金属及其衍生物。电池充电时，锂离子从正极脱出并通过电解液到达负极嵌入负极活性物质中，负极电位降低，正极电位上升，电池开路电压升高；放电时，锂离子从负极脱出，返回正极，负极电位升高，正极电位下降，电池开路电压下降。

$$Li_xC \rightleftharpoons C + xLi^+ + xe^- \tag{7-1}$$

$$Li_{1-x}MO_2 + xLi^+ + xe^- \rightleftharpoons LiMO_2 \tag{7-2}$$

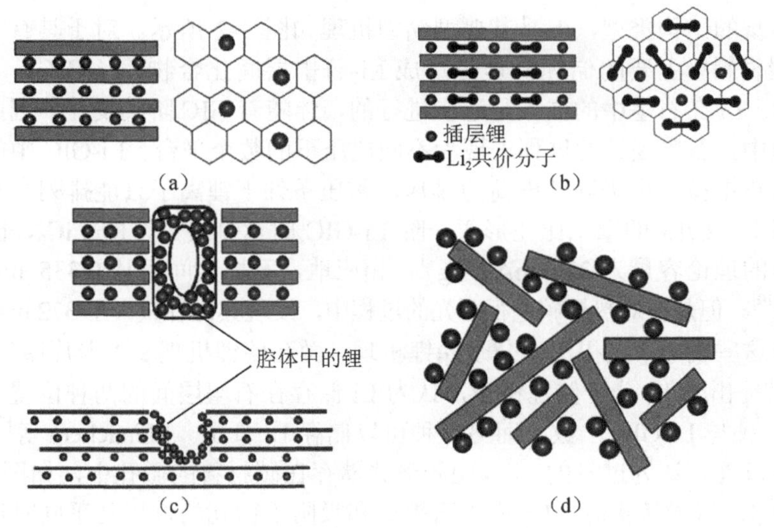

图 7-2　碳负极材料储锂机理[16]

（a）石墨层间化合物机理；（b）锂分子储锂机理；
（c）微孔储锂机理；（d）“卡片屋”模型-吸附机理

实际的锂离子电池由正极材料、负极材料、隔膜、电解液、锂盐、导电剂、黏结剂、集流体、电池壳、安全保护机构等组成。负极材料一般是碳材料，包括高石墨化度的中间相碳微球（MCMB）、天然石墨、人造石墨和硬碳等；正极材料一般是 $LiCoO_2$、$LiMn_2O_4$、$LiFePO_4$、$LiNi_{1/3}Mn_{1/3}Co_{1/3}O_2$、$LiNiO_2$ 及其衍生物。电极活性物质一般涂覆或压制在金属集流体上，负极集流体为铜或镍，正极为铝。正负极之间以隔膜隔离，一般为聚丙烯（PP）、聚乙烯（PE）或 PP/PE/PP 多孔隔膜。电解液为有机溶剂，即为碳酸乙烯酯（EC）、碳酸二甲酯（DMC）、碳酸二乙酯（DEC）、碳酸丙烯酯（PC）等两种或三种的混合物。锂盐主要有 $LiPF_6$、$LiBF_4$、$LiClO_4$、$LiB(C_2O_4)_2$、$LiAsF_6$ 等。导电剂一般为碳材料，有炭黑、膨胀石墨微粉、碳纳米管等。黏结剂一般为聚偏二氟乙烯（PVDF）或丁苯橡胶/羧甲基纤维素钠（SBR/CMC）。总体而言，锂离子电池的性能是由以上整个系统决定的[5-10]，但无疑电极材料是关键因素。

本章研究以负极材料为研究对象，以下对负极材料的发展进行综述。

7.3　锂离子电池负极材料的储锂机理及发展概述

根据材料的基本性质，负极材料可以分为碳基负极材料和非碳基负极材料两大类。不同类型的负极材料具有不同的储锂机理，因而具有不同的性能特点。

1. 碳基负极材料的储锂机理

碳材料是应用最广泛的负极材料[5, 11-17]，也是最早使用的负极材料[18]。碳材料具有丰富的结构类型，但是其典型储锂机理如图 7-2 所示。对于具有石墨层状结构的碳材料，主要的储锂机理是形成 Li-石墨层间化合物（Li-GIC），如图 7-2（a）所示。Li 在石墨中的嵌入是逐步进行的，伴随着 GIC 阶的变化。因此，在充放电曲线中，石墨嵌锂的过程表现为不同电压下的数个平台。Li-GIC 中的锂因离子化而带正电荷，由于同性电荷的排斥，常压条件下锂离子只能排列在石墨层相间的位置上。C/Li 的摩尔比在形成一阶 Li-GIC 时达到最大，即 LiC_6，因此完美石墨晶体的理论容量为 372 mAh · g^{-1}。相应地，石墨层间距从 0.335 nm 增大为 0.370 nm[19]。但是在对热解碳进行研究的过程中，发现其比容量大于 372 mAh · g^{-1}，为了解释这些现象，又提出了分子储锂机理、微孔储锂机理和“卡片屋”模型等。Sato 等[20]提出了 Li 分子储锂机理，认为 Li 储存在石墨层间的两种位置上[图 7-2（b）]。一种与 Li-GIC 一致，而另一种可以储存 Li 分子。Menachem 等[21]提出了微孔储锂机理，认为过量的 Li 以团簇形式储存在碳材料的微孔中，如图 7-2（c）所示。当 Li 嵌入负极时，Li 嵌入石墨层和吸附于微孔的过程几乎同时进行；当 Li 从负极脱出时，石墨层间的 Li 首先脱出，然后微孔中的 Li 通过石墨层脱出。Zheng 等[22]提出了“卡片屋”模型，认为锂离子可以吸附在每一个石墨层的两侧，如同储存在石墨片层构造的“卡片屋”中，如图 7-2（d）所示。

这些碳材料的储锂机理中，Li-GIC 机理是一种插层反应，反应过程中伴随着 GIC 阶层变化，充放电曲线具有明显的平台，并且对锂电位低。对锂离子电池来说，为了使其工作电压保持稳定，电极材料应该具有平稳的充放电平台。

2. 碳基负极材料的发展概述

1989 年 SONY 公司首先把沥青焦用作锂离子电池负极材料[18]，实现了锂离子电池的商业化应用。随即全世界掀起了研究碳材料的新热潮，碳负极材料迅速拓展为包括 MCMB、硬碳、人造石墨和天然石墨等在内的多元体系。近年来，随着纳米技术的发展，碳纳米管（CNT）、碳纤维/碳纳米纤维（CF/CNF）及石墨烯等纳米碳材料也成为当前科学研究的热点。

1）焦炭

包括沥青焦、石油焦等。其碳原子层大致呈平行排列，易于石墨化，因此又称为软碳。焦炭石墨层片小，属乱层构造，层片堆积不规整，明显大于理想石墨的层间距。焦炭具有热处理温度低、与 PC 相容及成本低等特点，因此可以降低电池成本。同时，其锂离子嵌入/脱出速率比石墨大，有较好大电流性能。但是焦炭比容量低，为 200～230 mAh · g^{-1} 左右，因此已很少作为负极材料使用。

2）中间相碳微球

中间相碳微球（MCMB）是沥青类有机化合物经液相热缩聚反应形成的一种各向异性的微米级球状物，由日本大阪煤气公司最先开发、生产，并用于锂离子电池负极材料。其颗粒外形呈球形，堆积密度较高，内部为高度有序的层状结构。

当 MCMB 用作负极材料时，需要将 MCMB 在 2800℃左右进行石墨化处理。高度石墨化的 MCMB 具有优良的循环性能，曾是高端锂离子电池的首选负极材料。其缺点是比容量较低，同时成本高昂，一般为 280～330 mAh • g^{-1}。因此，MCMB 正逐渐被石墨材料取代。Yang 等[23, 24]按照膨胀石墨的思路，将 MCMB 插层后进行膨胀，得到膨胀 MCMB（EMCMB）。EMCMB 在 0.2 mA • cm^{-2} 的电流密度下容量达 310 mAh • g^{-1}。交流阻抗分析表明，EMCMB 电极膜片的电荷转移阻抗较 MCMB 大为降低，证明膨胀处理有利于提高大电流充放电性能。可见通过膨胀引入孔结构可以提高碳负极材料的性能。

3）硬碳

硬碳是相对于软碳而言的，指难以石墨化的碳材料。硬碳主要由树脂和有机聚合物碳化得到，因其前驱体结构在碳化时形成大量 sp^3 杂化造成立体交联，妨碍了石墨层平行成长，难以石墨化，因此具有无定形结构。硬碳存在较多的微孔储锂空间，一般比容量高于石墨，如酚醛树脂热解碳比容量为 400～500 mAh •g^{-1}，聚糠醇热解碳比容量约 400 mAh • g^{-1}，部分热解碳甚至高达 900 mAh • g^{-1}。硬碳的缺点在于首次效率低，除电解液分解生成固相-电解质界面（SEI）膜外，硬碳表面的各种活性基团如羟基及吸附的水分也是形成不可逆容量的主要原因。但是相对于石墨而言，硬碳具有乱层结构，同时碳原子层之间距离比石墨大，大电流充放电能力比石墨好，有可能在动力型锂离子电池中获得更多应用。目前，日立汽车能源（Hitachi Vehicle Energy）、LG 化学（LG Chemical）和本田-GS 汤浅（Blue Energy）等锂离子电池生产商已经在用于混合动力汽车（HEV）的动力型锂离子电池中采用硬碳作为负极材料[3]。

4）石墨

人造石墨是指将无定形碳进行石墨化得到的材料。一般而言，人造石墨具有高石墨化度、高纯度及低比表面积的特点。由于人造石墨产品在结构上有很好的一致性及优秀的电化学性能，目前高端锂离子电池基本采用人造石墨负极材料。值得一提的是，日立化工（Hitachi Chemical）的人造脉石墨（synthetic vein graphite），它占据了全球消费类锂离子电池负极材料 40%～50%的市场份额，并统治了高容量锂离子电池市场[3]。人造脉石墨的特点在于其颗粒内部为多孔结构，提高了比容量及大电流性能，具有良好的低温充放电特性[25]，这正是一种具有丰富孔结构的石墨。人造石墨性能优异，但因成本较高，在中低端锂离子电池市场已基本被天然石墨取代。

天然石墨是指天然石墨矿经采选、筛分、提纯等得到的石墨材料。其成矿机理与普通石墨不同，属于天然热解石墨，宏观上具有肉眼可见的针状织构[26]。其结构类似于人造石墨，具有优秀的电化学性能。目前实际应用的是鳞片石墨，工业上采用无定形碳包覆和球化整形等方法进行处理，比容量可达 340 mAh • g^{-1} 以上，首次效率 90%以上。相对于人造石墨而言，鳞片石墨价格仅为其 1/2 甚至更低，因此在成本上具有巨大的优势。随着鳞片石墨改性技术的发展，鳞片石墨将有可能取代人造石墨成为锂离子电池的首选负极材料。与鳞片石墨相比，微晶石墨具有成本更低、电化学循环更稳定等特别的优势，因此也是一种极有前景的负极材料，对其进行研究具有前瞻性和潜在的经济效益。日本碳素（Nippon Carbon）、SONY 公司和东海碳素（Tokai Carbon）等日本企业已经开展了前期研究并申请了相关专利[27-29]。但是微晶石墨结构特殊，其提纯、整形非常困难，也极少有相关研究报道。

5）碳纳米管

碳纳米管（CNT）具有较高的比容量和较好的循环特性[30, 31]，但 CNT 的分散和电极膜片的制备都比较困难，阻碍了其实际应用。而通过直接在导电基体上生长碳纳米管或碳纳米管直接成膜，可以解决 CNT 在制备负极膜片时需大量黏结剂的问题。Chew 等[32]利用真空抽滤的方式使 CNT 直接成膜，CNT 膜具有一定的强度，可以直接用作电极，20 次循环后比容量为 258 mAh • g^{-1}。Venkatachalam 等[33]直接在铜箔上通过化学气相沉积生长了单壁碳纳米管（SWNT），形成了 SWNT/CuO_x/Cu 三明治结构，在 50 C 充放电条件下仍然具有 220 mAh • g^{-1} 的比容量，具有很好的大电流充放电特性。尽管 CNT 负极的研究已取得较大进展，但是 CNT 的首次效率低和体积比容量低仍是不可忽视的问题。从 CNT 的结构和电化学特点来看，它可能更适合做电极的导电剂[34]。

6）石墨烯

石墨烯是近年最热门的纳米材料之一，指厚度为一个碳原子的二维碳原子膜。相比较石墨，石墨烯具有非常大的比表面积（2600 m^2 • g^{-1}）和更多的活性位点负载更多的电化学活性物质[16, 35]。因此石墨烯应具有更高的理论参比容量，这也被众多实验所证实。石墨烯纳米片存储 Li 的能力最初由 Yoo 等[36]进行了研究。Park 等[37]认为单层石墨烯两面可同时吸附锂离子形成 Li_2C_6 的化合物，使石墨烯的理论容量能达到 744 mAh • g^{-1}。然而，Gerouki 等[38]对直径在 0.7 nm 左右石墨烯片进行了计算，得出石墨烯的理论储锂量应为 1488 mAh •g^{-1}，并构成 Li_4C_6 化合物。Kostecki[39]也指出在多层石墨烯中储锂的机理类似于石墨，区别于单层石墨烯。Uthaisar 等[40]运用密度泛函理论从理论上研究了石墨烯“边缘效应”对锂在石墨烯中扩散的影响，并证明较窄的石墨烯片因更小的能垒和扩散距离，具有更好的放电能力。Jiao 等[35]研究了在高度无规则石墨烯片中储锂的能力，发现高的储锂量主要同边缘和缺陷等有关。综上所述，虽然关于石墨烯中储锂的机制问题仍然有争论，但石墨烯具有比石墨高得多的容量的事实是毋庸置疑的。

石墨烯粉末作为锂电池负极被进行了广泛的研究。例如，前述 Yoo 等用化学还原法制备了多层石墨烯片得到 540 mAh • g^{-1} 的容量外，Wang 等[37]对其作为锂离子电池负极材料的可行性进行了研究，将氧化石墨超声分散后制备成电极膜片，100 次循环后仍具有 460 mAh • g^{-1} 的比容量。相比较化学还原法制备的石墨烯，热剥离石墨烯具有更高的容量。Guo 等[41]将石墨氧化、快速膨胀和超声处理所得到的石墨烯进行了测试，发现其有 672 mAh·g^{-1} 的可逆容量。Wang 等[37]通过在氮气气氛中快速热膨胀氧化石墨所获得的石墨烯，其首次容量高达 1264 mAh·g^{-1}，经过 40 次循环容量减少为 848 mAh·g^{-1}。

对电极膜片的制备而言，石墨烯与其他纳米材料一样需要较多的黏结剂，而通过真空抽滤来直接制备具有一定机械强度的石墨烯纸[42, 43]可以解决这一问题，这一思路与真空抽滤制备 CNT 纸[32]是类似的。Wang 等[43, 44]测试了真空抽滤制备的石墨烯纸的电化学性能，发现首次放电容量高达 680 mAh·g^{-1}，且在 2.0 V 的放电平台容量达 528 mAh·g^{-1}，他们认为这个放电平台可能与石墨烯制备过程中附着的大量含氧官能团有关。但是该材料从第二次循环开始其容量就降至 84 mAh·g^{-1}，循环稳定性较差。Abouimrane 等[45]将电流密度从 50 mA·g^{-1} 降到 10 mA·g^{-1} 时石墨烯纸的容量从 84 mAh·g^{-1} 提高到 214 mAh·g^{-1}。Song 等[46]在没有表面活性剂的情况下通过微乳液法得到了一种氧化石墨烯空心球（HGOS）。其制备过程和结构可见图 7-3。当热还原后，这种空心石墨容量为 485 mAh·g^{-1}，且具有增强的倍率性能。

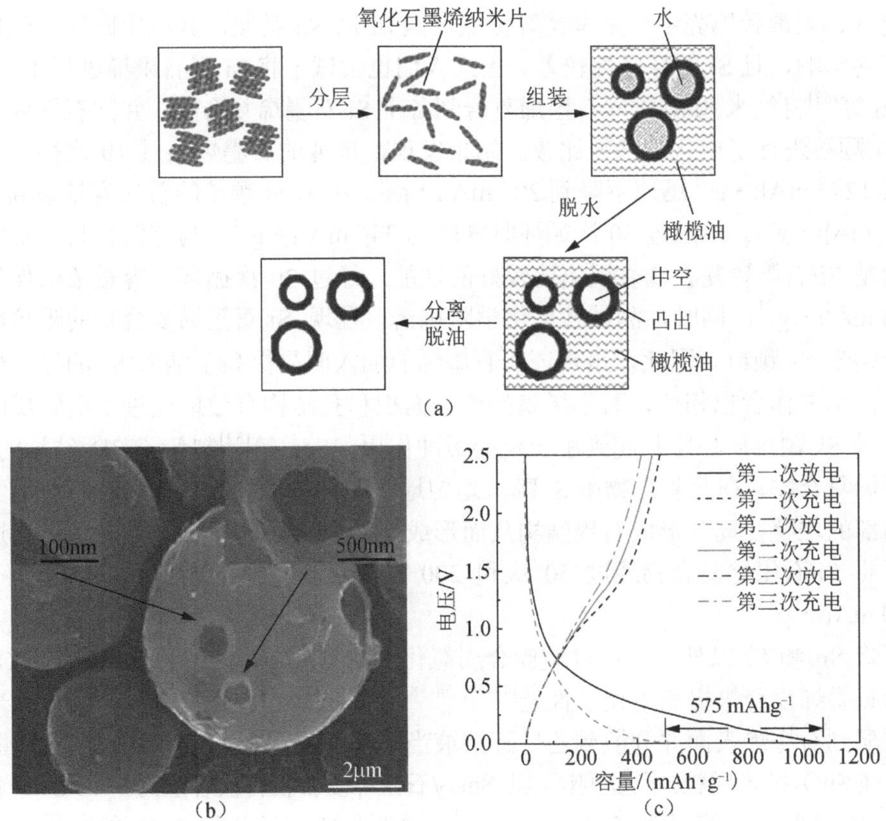

图 7-3　HGOS 的制备过程（a）、扫描电镜照片（b）和前三次循环的充放电曲线（c）[46]

7）石墨烯复合物

除商用的石墨外，众多非碳类材料如 Sn、Si 和过渡族氧化物等因具有非常高的理论容量而日益成为锂离子电池负极材料的研究热点。但这些材料在实际充放电过程中均伴有较大的体积膨胀和收缩，使电极粉化失效。另外，这些材料又普遍存在导电性差的问题，严重阻碍了其在锂电池中的应用。如果使用石墨烯同上述材料复合可一定程度上改善上述问题。因此人们将上述材料同石墨烯进行复合得到了各种石墨烯的复合物用于锂离子电池的负极[47-59]。

Sn 具有较高的理论容量，为 994 mAh · g^{-1}。然而 Sn 粉作为电极材料时，在循环的过程中伴有较大的体积膨胀且较易团聚长大，导致剧烈的容量衰减。Wang 等[50]将 Sn 纳米颗粒沉积到石墨烯表面得到一种 3D 纳米结构的石墨烯/Sn 复合物。经测试此材料表现出非常优异的电化学性能。首次可逆容量达到 1250 mAh · g^{-1}，二次循环时可逆容量为 810 mAh · g^{-1}，经过 100 次循环可逆容量保持 508 mAh · g^{-1}。

Si 是另一种非常有吸引力的负极材料。它具有最高的理论容量（4200 mAh · g^{-1}），且便宜、无毒和地壳中含量丰富等优点。但 Si 同 Sn 类似，其应用同样受到体积效应的影响，且 Si 的导电性较差。因此人们也尝试了将 Si 同石墨烯进行了复合。Chou 等[53]将纳米 Si 颗粒同石墨烯复合制备了 Si/石墨烯复合物，并同石墨烯和纳米 Si 颗粒进行了电化学性能比较。结果发现，单纯的石墨烯经过 10 次循环，容量从 1274 mAh · g^{-1} 迅速下降到 204 mAh · g^{-1}。纳米 Si 颗粒的首次容量最高，为 3027 mAh · g^{-1}。但经过 30 次循环时跌落到 346 mAh · g^{-1}。与这两种材料形成对比的是 Si/石墨烯复合物表现出比较好的性能，经过 30 次循环，容量依旧保持在 1168 mAh · g^{-1}。同时，测试其电化学阻抗谱，发现 Si/石墨烯复合物的阻抗明显低于纳米 Si 颗粒。因此，这也证明石墨烯的加入明显提高了纳米 Si 的导电性。同时，本书作者也相信，石墨烯高的比表面积和孔结构有效地促进了电解质的扩散并对 Si 颗粒体积膨胀起到了一定的缓冲作用。Lee 等[52]制备了 3D 结构的 Si/石墨烯复合物，在此复合物中 Si 颗粒均匀地沉积在石墨烯表面，同时石墨烯又通过局部的堆叠在局部形成石墨结构从而形成连续和高导电性的 3D 网络。经过测试，此 Si/石墨烯复合物经过 50 次和 200 次循环其容量高达 2200 mAh · g^{-1} 和 1500 mAh · g^{-1}。

除 Sn 和 Si 以外，一些过渡族金属氧化物如 Co_3O_4、Fe_2O_3、TiO_2 和 SnO_2 等也同石墨烯复合来提高电化学性能[47-49, 54-58, 60]。例如，Paek 等[47]将 SnO_2 纳米颗粒装配到石墨烯表面并分散到乙二醇溶液当中。石墨烯形成多孔纳米结构松散地包裹住 SnO_2 纳米颗粒。经过测试，此 SnO_2/石墨烯复合物首次容量为 810 mAh · g^{-1}，经过 30 次循环其容量为 570 mAh · g^{-1}。这明显要高于单独 SnO_2 的容量（首次 550 mAh · g^{-1}，经过 15 次循环容量为 60 mAh · g^{-1}）（图 7-4）。Yao 等[60]$SnCl_2$ 为前驱体通过在 120℃还原氧化石墨烯的方法制备了 SnO_2/石墨烯复合物。其首次可逆容量达到 765 mAh · g^{-1}。Wang 等[54]也通过加入表面活性剂成功制备了 SnO_2/石墨烯复合物，经过 10 次循环其容量稳定在 625 mAh · g^{-1}，且经过 100 次循环未见明显的容量衰减。

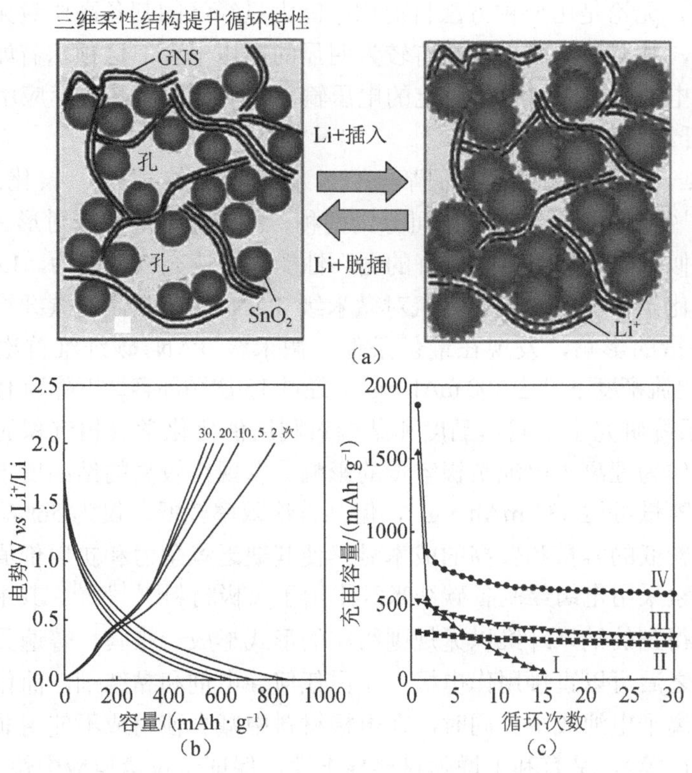

图 7-4　SnO_2/石墨烯的结构（a）、充放电曲线（b）和循环稳定性（c）

图中Ⅰ为 SnO_2 纳米颗粒；Ⅱ为石墨；Ⅲ为石墨烯；Ⅳ为 SnO_2/石墨烯[47]

TiO_2 也是一种非常具有吸引力的负极材料（理论容量 335 mAh · g^{-1}），具有资源广泛、便宜、环境友好和循环稳定性好等优点。阻碍其应用的主要缺点即导电性差。因此通过与石墨烯复合恰好可解决此问题。Wang 等[48]通过在石墨烯表面原位生长 TiO_2 纳米晶体的方法制备了 TiO_2/石墨烯复合物。因为石墨烯的加入明显提高了导电性，相比较纯的 TiO_2，TiO_2/石墨烯复合物的容量和倍率性能得到明显增强。尖晶石型 $Li_4Ti_5O_{12}$ 是目前非常热门的一种负极材料。其超强的结构稳定性和大电流充放电性能在动力电池领域受到了人们很大的关注[58, 59, 61]。Zhu 等[58]通过电纺丝的方法制备了 $Li_4Ti_5O_{12}$/石墨烯复合物，石墨烯的加入明显提高了其导电性和倍率性能。

综上所述，不管是纯石墨烯还是石墨烯复合物作为锂离子电池负极，相比较商用的石墨具有较大的容量且可提高其他一些负极材料的性能。但目前石墨烯材料仍然存在一些挑战和问题阻碍其应用：第一，也是最主要的缺点是首次不可逆容量高，有时甚至超过 50%。这主要是因为锂和电解液等同具有巨大比表面积和众多官能团的石墨烯发生不可逆反应生成固态电解质膜（SEI 膜）所致，这一问题部分可通过表面改性石墨烯得到解决[41, 62]；第二，纯石墨烯的功率性能不是太好[37]；第三，无论是用何种方法目前均不能大量经济的制备高质量尤其是单层石墨烯；第四，其充放电曲线上没有较为明显的电压平台，这预示着如果石墨烯类做成锂离子电池则将无法提供稳定的电压输出，从而阻碍其实际应用。

8）碳纤维

碳纤维一般可通过聚丙烯腈（PAN）等前驱体拉丝、碳化或气相生长（VGCF）[63]得到。碳纤维的截面可分为两种，即同心环形和放射形。放射形截面的碳纤维类似石墨结构，具有较好的循环性能和快速充放电能力。Lee 等[64]研究了不同预氧化条件和不同碳化气氛对微米级 PAN 为前驱体的碳纤维作为锂离子电池负极容量的影响，发现在最优条件，微米级 PAN 碳纤维首次可逆容量在 25 mA·g^{-1} 电流密度下可达 300 mAh·g^{-1}，经过 15 次循环容量下降为 180 mAh·g^{-1}。Yoon 等[65]系统研究了不同结晶度和结构对利用催化化学气相沉积的办法得到的碳纳米纤维作为锂离子电池负极容量的影响，发现在较高的结晶度下碳纳米纤维的首次可逆容量可达 431 mAh·g^{-1}，但其首次效率较低，仅为 56%。

碳纤维较低的容量和较高的成本显然使其缺乏竞争力和实用价值。近年来，人们开始探索采用电纺丝制备碳纳米纤维用于负极材料[64, 66–69]。其主要特点是，电纺丝制备得到的纳米纤维以无规则纺织的形式形成一张膜，普遍具有自支撑结构，在碳化之后可以直接用作电极，无需任何导电剂和黏结剂，简化电极制备过程，降低锂离子电池成本。同时，在电极材料中减少使用或不使用非电化学活性物质（黏结剂等），又有利于增强材料导电性，保证法拉第反应中快速电子传输，缩短离子迁移距离，具有提高材料电化学性能的良好潜力。Kim 等[66]通过电纺制备了 PAN 碳纳米纤维，首次可逆容量在 30 mAh·g^{-1} 电流密度下达到 450 mAh·g^{-1}，且其倍率性能较好，在 100 mA·g^{-1} 电流密度下可逆容量达到 350 mAh·g^{-1}。具有特殊孔结构的有序中孔碳也受到了一定的关注。Zhou 等[70]表征了 CMK-3（一种有序中孔碳）负极材料的性能，发现在前 20 次循环具有 850～1100 mAh·g^{-1} 的高比容量。可见，微观结构是影响碳材料电化学性能的关键因素之一。为提高电极材料容量，在电纺前驱体中加入不同分解温度的有机物和模板剂，通过后续处理得到多孔碳纳米纤维。例如，PAN 中加入聚甲基丙烯酸甲酯（PMMA）[67]，PAN 中加入聚乳酸（PLLA）[68]，碳化后可以得到多孔碳纤维。多孔碳纤维膜[68]首次可逆容量可达 566 mAh·g^{-1}，50 次循环后仍具有 435 mAh·g^{-1} 的比容量，但首次效率较低，仅为 66%。Ji 等[69]通过纳米 SiO_2 为模板，用 HF 腐蚀掉碳纤维中纳米 SiO_2 的办法得到了多孔碳纳米纤维。通过测试其容量，首次可逆容量在 50 mA·g^{-1} 电流密度下达到 593 mAh·g^{-1}，经过 10 次循环其容量下降为 380 mAh·g^{-1}，同石墨相当。此外，除用电纺丝法外，Qie 等[71]利用在碳材料中掺杂 N 和 B 等非碳元素可提高碳材料电化学性能的规律[72-76]，通过对模板法得到的聚吡咯纳米纤维碳化、活化和掺 N，得到掺 N 的多孔碳纳米纤维，发现其具有非常高的容量和良好的倍率性能。在 100 mA·g^{-1} 电流密度下首次可逆容量三倍于石墨理论容量，达到 1280 mAh·g^{-1}。在 2 A·g^{-1} 电流密度下，首次可逆容量为 633 mAh·g^{-1}，且经过 600 次循环其容量不降反升，达到 943 mAh·g^{-1}。在此文章中，作者将高的可逆容量和倍率性能归因于丰富的孔结构和高的掺 N 量。其电化学性能见图 7-5。

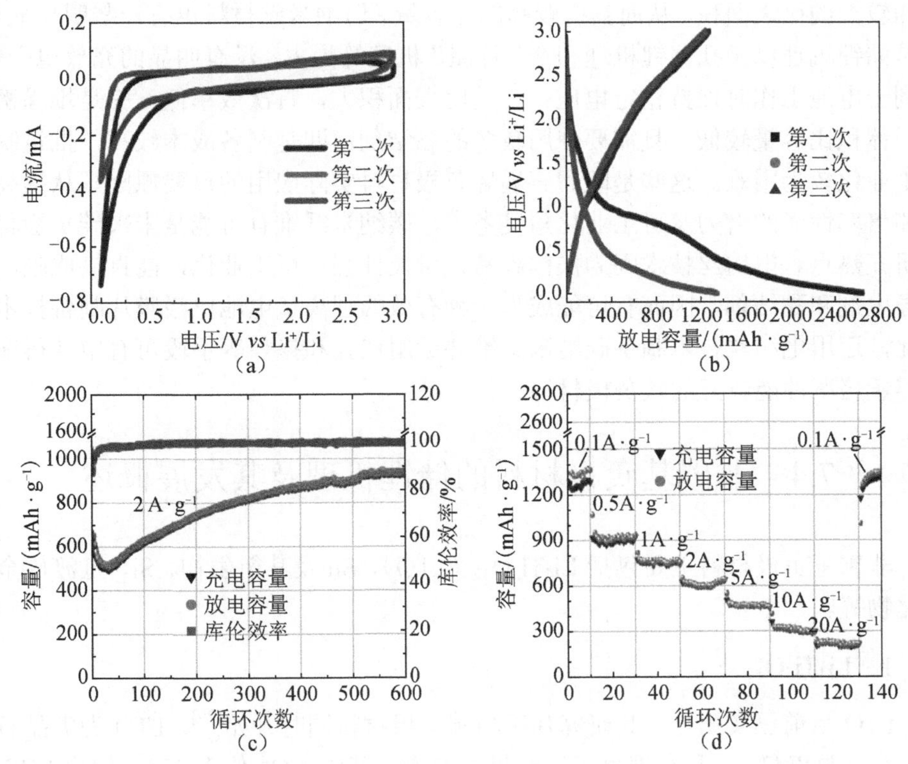

图 7-5　CNFW 的电化学性能[71]

(a) 0.1 mV·s^{-1} 扫速下的循环伏安曲线；(b) 100 mA·g^{-1} 电流密度下充放电曲线；(c) 2 A·g^{-1} 电流密度下循环稳定性；(d) 倍率性能

除此以外，人们又通过控制电纺条件获得各种微观结构的碳纳米纤维来提高碳纳米纤维的容量。例如，Liu 等[77]通过同轴双针头电纺的方法获得了一种 core-shell 结构的碳纳米纤维，发现首次可逆容量在 25 mA·g^{-1} 电流密度下达到 654.2 mAh·g^{-1}（首次效率为 66.5%），经过 20 次循环，可逆参比容量依然保持 520 mAh·g^{-1}，且其倍率性能较好，50 mA·g^{-1} 电流密度下可逆容量达到 450 mAh·g^{-1}，在 100 mA·g^{-1} 电流密度下可逆容量达到 390 mAh·g^{-1}。Lee 等[78]通过同轴双针头电纺和后续的碳化过程获得了一种空心结构的碳纳米纤维，在

50 mA · g^{-1} 电流密度下，首次可逆容量达到 517.7 mAh · g^{-1}。经过 10 次循环，可逆参比容量依然保持 390 mAh · g^{-1}。

综上所述，各种石墨及石墨化的碳材料具有较低的嵌锂/脱嵌电位、平稳的充放电平台和优良的导电性，且易于批量制备和使用，是优秀的锂离子电池负极材料。其缺点在于嵌锂电位过低，发生极化时容易出现析锂，导致安全问题。同时，其理论容量过低（372 mAh · g^{-1}），倍率性能较差又难以满足电动汽车和高容量储电等对锂离子电池的要求。相比之下，石墨烯等纳米碳材料往往具有丰富的孔结构和较大的比表面积，从而具有较高的比容量。但纳米碳材料也有一些明显缺点，一是储锂机理以微孔储锂机理和“卡片屋”机理等为主，没有明显的充放电平台，不利于电池工作时保持稳定电压；二是比表面积大，首次效率低；三是堆垛密度低，体积比容量较低，且需要使用较多的黏结剂；四是制备成本较高，批量制备和工业化较为困难。这些是阻碍石墨烯负极材料实际应用的重要原因。从提高容量和倍率性能的潜力及可工业化角度考虑，碳纳米纤维有可能是未来碳负极材料的研究热点。电纺丝技术因为操作容易，可控性强，可工业化，能直接成膜，无需导电剂和黏结剂，因而有可能成为一种有效的锂离子电池电极膜片制备技术。因此，运用电纺丝技术制备碳纳米纤维并运用造孔和掺杂等手段可有望获得廉价且容量倍率性能较好的碳负极材料。

7.4 非碳基负极材料的储锂机理及其发展概述

非碳基负极材料主要包括 $Li_4Ti_5O_{12}$（LTO）、Sn 及其衍生物、Si、过渡族金属氧化物等。

1. $Li_4Ti_5O_{12}$

LTO 目前已实用化，其研究几乎与碳负极材料同时开始[79]。LTO 为尖晶石结构，空间群 Fd3m，具有锂离子三维扩散通道。其中，O^{2-}位于 32e，构成 FCC 点阵；部分 Li^+则位于四面体 8a 位置，剩余的 Li^+和 Ti^{4+}以 1∶5 比例随机分布在八面体 16d 位置[80]。因此，LTO 结构可以描述为$[Li]^{8a}[Li_{1/3},Ti_{5/3}]^{16d}[O_4]^{32e}$。其储锂机理如式（7-3）所示[81]。

$$[Li]^{8a}[Li_{1/3},Ti_{5/3}]^{16d}[O_4]^{32e} + e^- + Li^+ \rightleftharpoons [Li_2]^{16c}[Li_{1/3},Ti_{5/3}]^{16d}[O_4]^{32e} \quad (7\text{-}3)$$

LTO 的特点在于，其所有嵌锂容量几乎都保持在 1.55～1.562 V 的嵌锂平台上[81]，且充放电过程中晶体结构保持稳定，几乎无应变，因此循环稳定性极佳，小电流时几乎没有电压滞后现象。同时，因为其具有三维的锂离子扩散通道，所以锂离子扩散系数达 2×10^{-8} $cm^2 \cdot s^{-1}$，比石墨高一个数量级。此外，因为其嵌锂平台电位高，所以不易产生析锂，安全性高。但是 LTO 的缺点也很明显，其理论容量较低，仅为 175 mAh · g^{-1}。同时，其嵌锂/脱嵌电位高，导致电池的工作电压低。因此，LTO 更适合强调使用寿命和安全性的锂离子电池。随着新能源汽车的发展，出于对动力电池安全性的考虑，有学者提出了牺牲容量换安全，在动力型锂离子电池中采用 LTO/$LiMn_2O_4$ 体系的建议[82, 83]，不失为一种折中的解决方案。

2. Sn 基负极材料

Sn 基负极材料主要是指 Sn 及其衍生物。Sn 与 Li 反应的基本原理是 Sn 的合金化，如式（7-4）所示。反应生成 $Li_{4.4}Sn$ 时，容量为 992 mAh · g^{-1}。对于 Sn 的氧化物，其与 Li 反应时首先分解为 Sn 和 Li_2O，这是不可逆反应，如式（7-5）所示。

$$Sn + xe^- + xLi^+ \rightleftharpoons Li_xSn(x \leqslant 4.4) \tag{7-4}$$

$$SnO_x + 2xe^- + 2xLi^+ \longrightarrow xLi_2O + Sn \tag{7-5}$$

Courtney 等[84]利用原位 XRD 研究了 SnO 充放电过程中不同锂电位下的相变情况（表 7-1）。

表 7-1　Li 在 SnO 中嵌入和脱出过程中的相变、电位及体积变化情况

相	电位（嵌入）	电位（脱出）	体积变化系数
Sn	0.66 V	1.00 V	1.00
$Li_{0.4}Sn$	0.55 V	—	1.23
LiSn	0.41 V	0.78 V	1.53
$Li_{7/3}Sn$	0.31 V	0.43 V	2.28
其他	更低	更低	3.59 （$Li_{4.4}Sn$）

根据 Li-Sn 相图，在 Sn 与 Li 的合金化过程中，从 Sn、$Li_{0.4}Sn$、LiSn、$Li_{7/3}Sn$、$Li_{2.5}Sn$、$Li_{2.6}Sn$、$Li_{3.5}Sn$ 到 $Li_{4.4}Sn$ 发生一系列相变。其中 $Li_{0.4}Sn$ 和 LiSn 是类层状结构，具有良好的充放电性能，同时晶格体积变化不大。从表 7-1 可以看出，Sn 在合金化过程中体积变化较大，这是阻碍其实际应用的主要原因。但也可以发现，通过控制 Sn 的嵌锂/脱嵌截止电位，可以控制 Sn-Li 的合金化程度，有助于减少体积变化，提高循环性能。

综上所述，Sn 负极材料的基本特点是：①具有较高的理论比容量，达 992 mAh · g^{-1}（$Li_{4.4}Sn$）；②嵌锂/脱嵌电位低，充放电过程电压变化范围较小，具有类似于石墨充放电平台的特性；③合金化过程中体积变化非常大，颗粒容易粉化失效。

3. 过渡族金属氧化物

过渡族金属氧化物的反应机理如式（7-6）[85]所示，其中 M 包括 Fe、Co、Ni、Cr、Mn、Cu 等。

$$MO_x + 2xLi^+ + 2xe^- \rightleftharpoons xLi_2O + M \tag{7-6}$$

此类负极材料的共同特点[85-88]是比容量一般较高，为 200～1000 mAh • g^{-1}[16]，且纳米化后循环性能比较稳定。对 MO_x 的改性思路，与 Sn、Si 也是类似的，主要是纳米化和形成 MO_x/C 复合材料。但其缺点是嵌锂/脱嵌电位较高，尤其是脱嵌过程基本没有平台，不利于锂离子电池保持稳定的工作电压。有关 Si 基负极材料将在后续章节详述。

7.5　Si 基负极材料

Si 是一种非常有前途的负极材料。它具有最高的理论容量、放电电压低（约 370 mV vs.Li/Li^+）、地壳中丰度高、无毒等优点。同时 Si 具有稳定的充放电平台且没有石墨类似的溶剂共嵌入问题[89]。目前，制约 Si 作为负极材料应用主要有以下几个问题。

（1）Si 在与锂合金化过程中有近 400%的体积膨胀，使电极材料在反复的充放电过程中因反复的膨胀和收缩造成电极材料粉化并脱离集流体，导致电极材料的容量迅速衰减[90]。如图 7-6 所示，将粒径较大的 Si 颗粒作为锂电池负极时，首次充电容量为 3260 mAh • g^{-1}，首次放电容量为 1179 mAh • g^{-1}。但当经历五次循环时可逆容量已不足 400 mAh • g^{-1}，10 次时可逆容量接近 0 mAh • g^{-1}[91]。

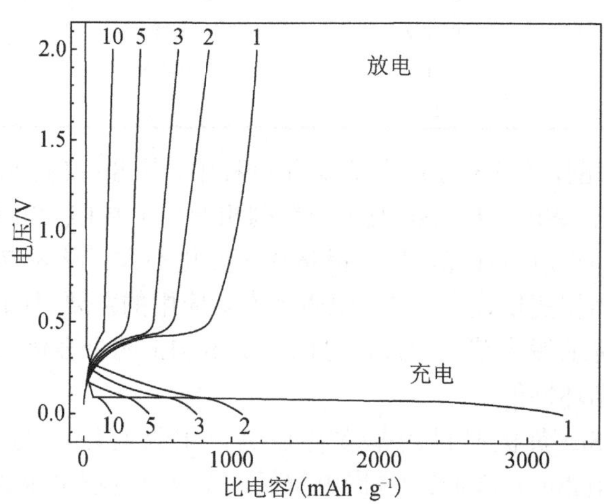

图 7-6　粒径为 10 μm 的 Si 颗粒负极的充放电曲线[91]

Si 的储锂机理与 Sn 类似，也是与 Li 的合金化，如式（7-7）所示。生成 $Li_{4.4}Si$ 时容量达 4200 mAh • g^{-1}，比石墨高出一个数量级。

$$Sn + xe^- + xLi^+ \rightleftharpoons Li_xSn(x \leqslant 4.4) \tag{7-7}$$

Si 与 Li 的合金化过程中，发生从 Si、$Li_{12/7}Si$、$Li_{7/3}Si$、$Li_{3.25}Si$ 到 $Li_{4.4}Si$ 的相

变，合金化过程对锂电位均在 0.34 V 以下[90]。Boukamp 等[90]总结了 Li-Si 合金化过程中各相稳定存在的对锂电位范围，发现均比 Li-Sn 合金的相应相的电位低；同时，总结了各相体积变化情况，如表 7-2 所示。

表 7-2 Li-Si 合金的体积变化[90]

相	体积变化系数
Si	1.00
$Li_{12/7}Si$	2.90
$Li_{7/3}Si$	2.58
$Li_{3.25}Si$	3.37
$Li_{4.4}Si$	4.17

可见，Si 在合金化过程中的体积变化比 Sn 更大，这也是阻碍其实际应用的主要原因。但通过控制 Si 的嵌锂/脱嵌截止电位，可以控制 Si-Li 的合金化程度，有助于减少体积变化，提高循环性能，这与 Sn 是相似的。

（2）因为“体积效应”，其 SEI 膜非常不稳定。在反复的充放电过程中 Si 表面所形成的 SEI 膜经历不断的“形成—碎裂—在新鲜界面再形成”过程，其 SEI 膜不断地长大增厚，当厚度增加到一定值时，锂离子不能通过且严重消耗了电解液当中的锂离子，使锂电池循环稳定性严重下降。其过程可见图 7-7。

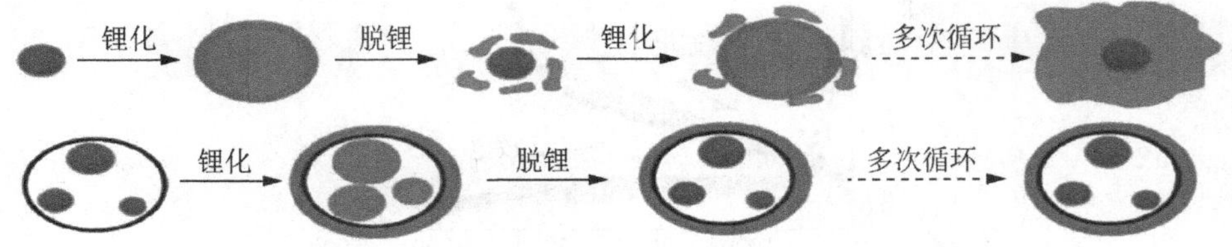

图 7-7 充放电过程中硅表面 SEI 膜形成规律[158]

（3）Si 的导电性较差。

针对以上三个问题，目前主要的解决思路为纳米化、Si/C 复合和微观结构设计。众多实验证明，Si 的纳米化是解决问题的有效途径。纳米结构可快速地缓和应力，使电极材料抵御粉化失效的能力增强。同时，纳米化又可增强电极材料的倍率性能。微观结构设计则能为充放电时 Si 的膨胀预置缓冲空间，减少材料整体的膨胀，从而提高循环性能。实际操作中一般基于以上思路制备成各种 Si 纳米材料或 Si 纳米复合材料进行研究。纳米材料的性能主要同其微观形貌有很大的关系。

1. 纳米颗粒 Si 基负极材料

纳米颗粒状 Si 基负极材料一般是将一定比例活性物质纳米硅同导电剂和黏结剂混合制成电极材料。然而，随着硅量及其相伴体积膨胀的增加，电极材料的不可逆容量和循环稳定性也下降。另外，随着硅及其硅复合物粒径的减小，电极的循环稳定性会变好[92, 93]。然而，电极材料的首次不可逆容量又同电极材料的粒径有密切的关系。电极材料的粒径减小，则电极材料的首次不可逆容量增大，首次库仑效率会降低[94]。因此，在制备颗粒状硅负极材料时一定要调整硅的量和粒径，使其达到一最佳值。

微米级硅颗粒作为负极材料时，经过 5 次循环其容量会损失超过 90%[93, 95, 96]。而纳米硅颗粒如果添加足够的导电剂保证硅同集流体之间的导电性，则电极材料能够获得比较高的容量。导电剂在此电极材料中不但保证了导电性，同时也对硅的体积膨胀起到了一定的缓冲作用。Mazouzi 等[97]通过控制充电电压的方法使用 100 nm 的硅颗粒使电极材料经过 700 次循环容量依然保持在 960 mAh • g^{-1}。这是目前使用硅纳米颗粒所得到的最好性能。另外，Kim 等[94]用溶剂热法制备了 10 nm 硅颗粒，经过测试其首次充电容量为 4210 mAh • g^{-1}，首次放电容量为 3380 mAh • g^{-1}。经过 40 次循环其可逆容量达到了 2737.8 mAh • g^{-1}，容量保持率为 81%（图 7-8）。这也证明了纳米化可有力提高硅负极材料的性能，可有效抵御“体积效应”。

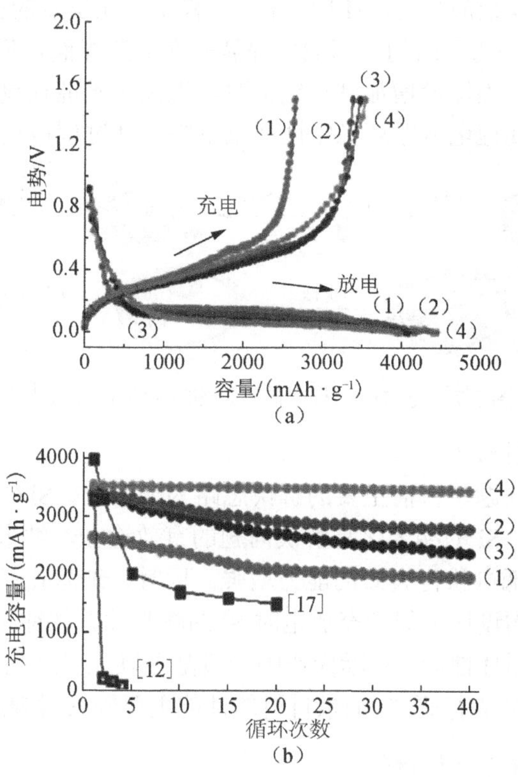

图 7-8　0.2C 下 5 nm、10 nm、20 nm 的 *n*-Si 纳米颗粒和 10 nm 包覆碳纳米硅颗粒的充放电曲线（a）和循环稳定性（b）[94]

（1）为 5 nm 的 *n*-Si；（2）为 10 nm 的 *n*-Si；（3）为 20 nm 的 *n*-Si；（4）为 10 nm 包覆碳纳米硅颗粒

2. 颗粒状硅复合物负极材料

硅复合物负极材料利用在插锂过程中不发生显著体积膨胀的材料作为基体来缓冲或阻碍硅颗粒的体积膨胀，保持整个电极的稳定性，降低纳米硅颗粒在充放电过程中的长大和电化学团聚。Hwang 等[98]原位测量了 Si/石墨和不同比例无电化学活性的有机微球同硅形成的复合物在充放电过程中体积变化。发现随着无电化学活性的有机微球的增加，电极材料的体积变化明显变小；同时，放电后的电极材料体积比充电前原材料要大，这同硅从晶态转变为无定形态和形成 SEI 膜有关（图 7-9）。

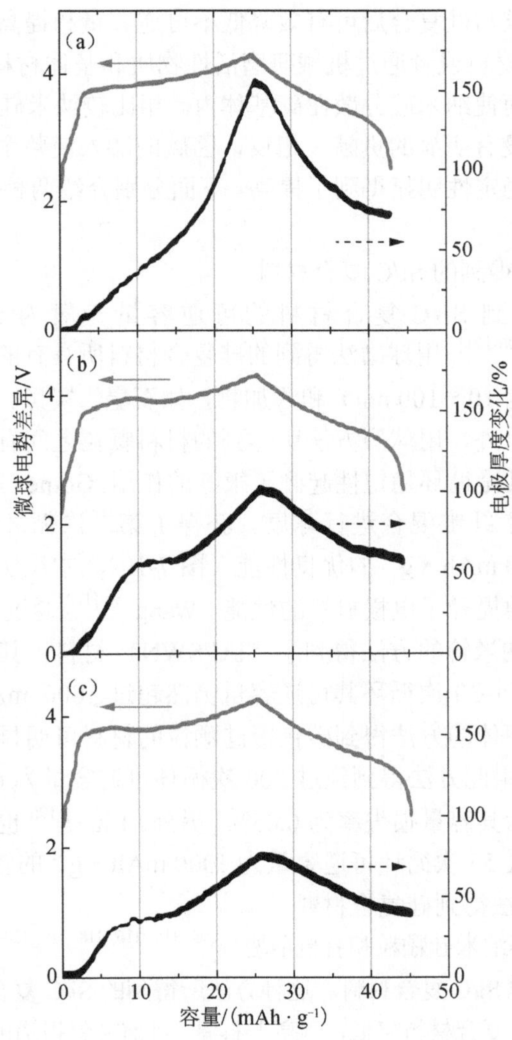

图 7-9　单个充放电过程中电极厚度变化[98]

（a）Si/石墨复合物电极；（b）Si/石墨+5%有机微球；（c）Si/石墨+10%有机微球

有关Si/无活性基体电极材料研究，最初是由Boukamp等[90]将$Li_xSi/Li_{2.6}Sn$化合物作为负极材料进行了研究。在其研究中，通过控制截止电压的方法，Li优先同Li_xSi进行反应，不与无电化学活性的$Li_{2.6}Sn$进行反应。随后人们对Si/Ni[99–102]、Si/Ag[103, 104]、Si/TiC[105]等Si/无活性基体复合物电极材料进行了研究，发现这些电极材料循环稳定性明显增强且其可逆容量高于石墨30%～240%，但它们均未满足实际使用要求。因此大量研究集中到有电化学活性的碳和硅的复合上。碳作为基体与硅进行复合形成Si/C复合材料有以下几点优势：①碳具有高的导电性；②碳质量轻且在微小尺度时具有一定的柔性，可一定程度上缓冲和适应硅的体积膨胀；③碳资源广泛，价格便宜，且人们对其电化学性能较为了解；④碳材料可形成比较稳定的SEI膜，碳与硅复合后可有效降低不可逆容量和提高首次效率[95]。

通常Si/C复合材料或者通过机械研磨活性物质和基体材料，或者通过热解碳和硅的前驱体复合而使纳米硅分散在碳基体内。相比较纳米硅，在Si/C复合材料中碳一般在容量上没有明显的贡献。相反，因碳的加入使整个硅材料的容量下降且使硅材料的循环稳定性明显得到了提高。下面分别介绍两种方法所的Si/C复合材料。

1）用球磨方法得到的Si/C复合材料

用球磨方法得到Si/C复合材料的可逆容量一般为500～1000 mAh · g^{-1}[46, 95, 98, 99, 103, 104, 106-121]。用球磨法得到的硅复合材料所具有的高容量主要源于颗粒小的粒径（一般为10～100 nm）和添加物，如石墨、炭黑、碳纳米管等导电剂的有效分散。除此以外，用球磨方法所得到的材料颗粒之间有丰富的空隙也对提高电极材料性能尤其是循环稳定性起到了很好的作用。Gomez等[120]将纳米硅粉同不同的炭黑和纤维素纤维混合进行球磨，获得了第二次循环2560 mAh · g^{-1}和经过50次循环1800 mAh · g^{-1}的优良性能（图7-10）。本次实验中，炭黑和纤维素纤维的加入有效地提升了电极材料的性能。Wang等[122]通过球磨得到Si/C的同时通过添加单壁碳纳米管的方法得到了Si/C/SWNT材料，其首次不可逆容量为1100 mAh · g^{-1}，经过30次循环其可逆容量仍然超过1000 mAh · g^{-1}。通过球磨后再进行热解碳前驱体的方法得到碳包覆硅颗粒的材料可明显改善材料的循环稳定性。Morita等[110]用此方法得到经过200次循环可逆容量为650 mAh · g^{-1}的较好性能且二次循环后其容量损失率为0.05%。另外。Liu等[96]也通过先球磨后热解苯的方法得到了经过55次循环可逆容量为1000 mAh · g^{-1}的较好性能。

2）通过热解方法得到硅复合材料

这种方法可热解纳米硅颗粒和有机前驱体[95, 115, 116, 118, 119, 123–127]或直接热解有机硅前驱体[128, 129]得到Si/C复合材料。这种方法所得到的Si/C复合材料容量相对于球磨方法所得到的Si/C复合材料略低，但高于石墨。目前文献报道的通过热解方法得到硅复合材料其容量大多为300～700 mAh · g^{-1}[94, 95, 115, 116, 118, 119, 123, 124, 126, 127, 129–131]。得到这一适中的容量，一是因为用热解方法制备的电极材料中含有大量的无电化学活性的物质，使电极材料容量下降；另一方面，用热解方法制备电极材料中的硅往往容易团聚长大并在后续使用中更易粉化失效。另外，用热解方法制备的电极材料尤其是使用含有氧组分的前驱体时则容易在硅和碳之间形成氧化物层[124]。用热解的方法 Ng 等[123]用柠檬酸为碳前驱体获得了较高的容量。在此实验中所获得的材料经过 100 次循环可逆容量依然获得了 1120 mA · g^{-1} 的容量。

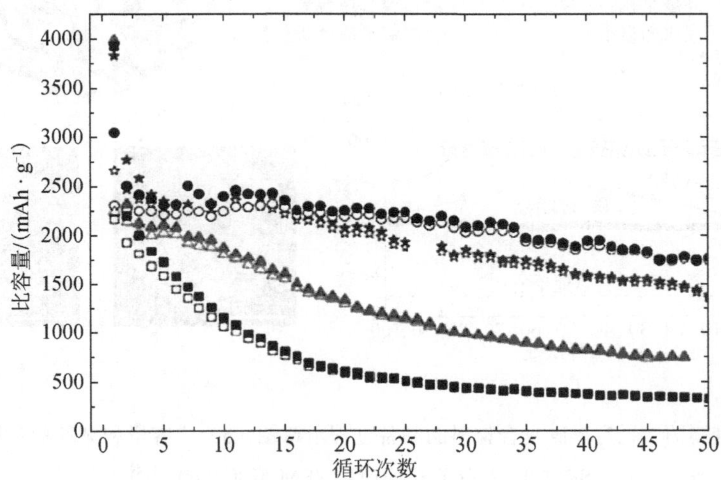

图 7-10　纯 Si 纳米颗粒（*n*-Si）（正方数据点），*n*-Si/cellulose（三角数据点），*n*-Si/cellulose/XE2（圆形数据点），*n*-Si/cellulose/Super P（星形数据点）的容量和循环稳定性[120]

图中空心数据点为放电容量，实心数据点为充电容量

不同的前驱体对性能影响外，热解温度即碳化温度同样对 Si/C 复合材料的容量和循环稳定性有影响。当增加碳化温度时，材料的首次不可逆容量会减少，但首次效率会提高。这主要是因为当碳化温度提高时硅表面所包覆碳的孔隙率会降低，其比表面积会降低[111]。但同时，提高碳化温度，材料中碳含量会减少[116]，碳层变薄且趋于有序化[123, 132]，这同样会影响容量，应为锂在无定形碳中容量比定形碳要高[133]。

除了直接将硅和碳前驱体混合并碳化以外，用热解法制备 Si/C 复合材料过程中引入造孔的过程获得具有多孔纳米结构的 Si/C 复合材料颗粒往往能够获得非常好的性能。Magasinski 等[134]通过热解脚手架状炭黑并在其表面沉积纳米硅和碳的方法获得了一种具有层次多孔结构的炭黑/硅/无定形碳复合材料（图 7-11）。经过测试，其电化学性能非常优异。在 1C 下，经过 100 次循环，容量依然保持在 1530 mAh · g^{-1}，且每次循环容量损失率低于 0.5%。如此优异的性能主要同其具有的独特层次多孔结构有关。通过热解所得到的脚手架结构，在充放电过程中表现稳定，在很好地保持整个电极结构稳定性的同时又为电极提供了一个有效的导电通路。除此以外，脚手架之间的孔结构又为硅的体积膨胀预留了空间，且最后的碳沉积过程又为形成稳定的 SEI 膜起到了很好的作用。

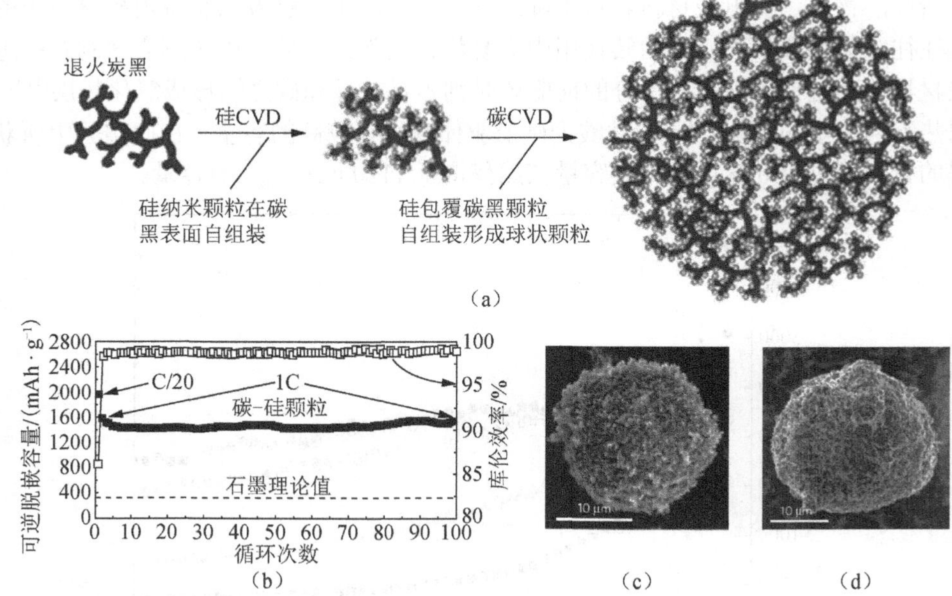

图 7-11　炭黑/硅/无定形碳复合材料的制备过程示意图（a）、容量和循环稳定性（b）、SEM 形貌（c）和插锂后 SEM 形貌（d）[134]

Kim 等[135]利用 HF 腐蚀 SiO_2 模板制备了多孔硅颗粒，且通过热解的方法，用多孔硅颗粒表面沉积厚度低于 10 nm 的一层碳膜制备了 Si/C 复合材料。经过测试，其电化学性能非常优异，经过 100 次循环其容量为 2780 $mAh \cdot g^{-1}$，且其首次效率为 89%（图 7-12）。究其原因，具有大孔的多孔结构在不断的充放电过程当中有效地抵御了硅的体积膨胀，同时，表面沉积的碳膜又形成了稳定的 SEI 膜，有效降低了首次不可逆容量。

总而言之，纳米硅颗粒负极材料是人们研究较早的硅系负极材料。它具有易制备、经济、容易产业化等优点，但其性能相对不是较高正是阻碍其应用的软肋。

3. 纳米薄膜 Si 基负极材料

总体来讲，纳米薄膜硅基负极材料是硅基材料中性能最为优异的一类负极材料。薄膜硅负极材料容量较高且循环稳定性也很好。但制约薄膜硅负极材料应用的主要问题在于电极材料中活性物质量相对较少导致电极材料整体容量较低，且其性能受薄膜厚度的影响非常大。薄膜的性能随薄膜厚度的增加，性能变差。如根据 Griffith-Irwin 公式，薄膜临界断裂应力同薄膜厚度之间存在以下关系式[136]：

$$\sigma_{\mathrm{fracture}} = \frac{K}{\sqrt{\pi d}} \tag{7-8}$$

其中，$\sigma_{\mathrm{fracture}}$ 为临界断裂应力；K 为材料断裂韧性；d 为薄膜厚度。

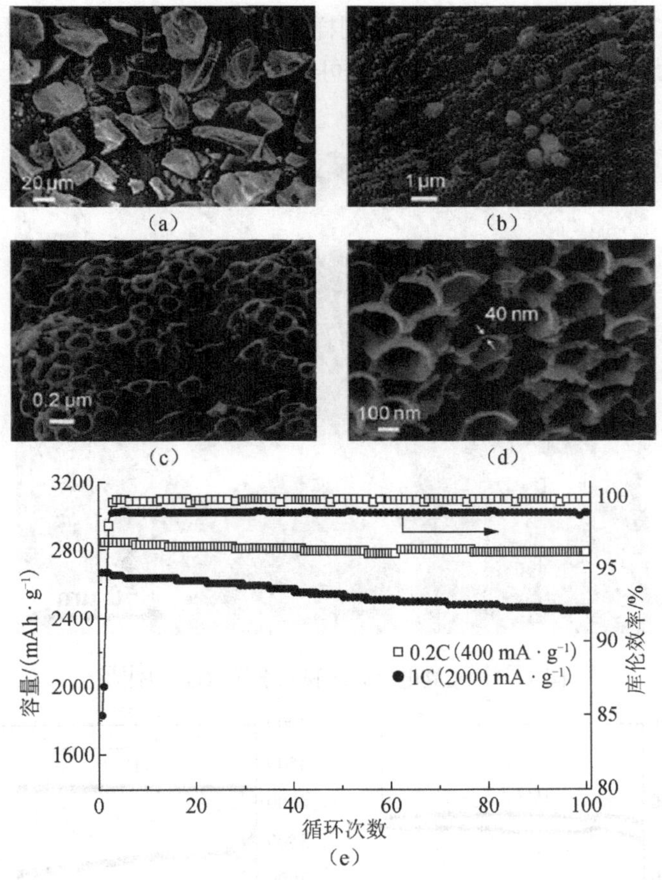

图 7-12　3D 多孔硅材料的 SEM 形貌（a～d）和循环稳定性（e）[135]

图中 x 为容量，Q 为库仑效率

同颗粒状硅负极材料的各向同性膨胀不同，薄膜硅负极材料在充电过程中体积膨胀是各向异性的[137]，膨胀主要发生在垂直于薄膜的方向。而放电时薄膜的收缩又是各向同向的，即沿垂直和平行于薄膜方向均有收缩。因此，薄膜硅负极材料在经过第一次循环以后，会形成裂纹，微观形貌呈现类似于泥潭的岛状形貌（图 7-13）[137, 138]。从图 7-13 可见，经过首次的充放电以后，硅薄膜出现了很大的裂纹使薄膜分裂为若干块，在裂纹薄膜以下可清晰看到铜集流体，且每个块上仍然出现了很多的微裂纹。

Ohara 等[139]通过真空沉积的方法获得了 20～150 nm 厚度的硅薄膜，这种无定形的 n-Si 薄膜首次容量达到 3750 mAh · g^{-1}，且在 1 C 下经过 200 次循环可逆容量依然为 3800 mAh · g^{-1}。同时，此硅薄膜材料的倍率性能也较为优异。在 12 C 下经过 100 次循环容量为 3100 mAh · g^{-1}（图 7-14）。随着薄膜厚度的增加，硅薄膜的电化学性能下降。当厚度变为 150 nm 时，经过 200 次循环容量下降为

2300 mAh · g^{-1}。Maranchi 等[138, 140]也同样发现运用磁控溅射方法得到的硅薄膜，当薄膜厚度为 250 nm 时经过 29 次循环可逆容量为 3800 mAh · g^{-1}。经过 29 次循环后，容量会剧烈下降。

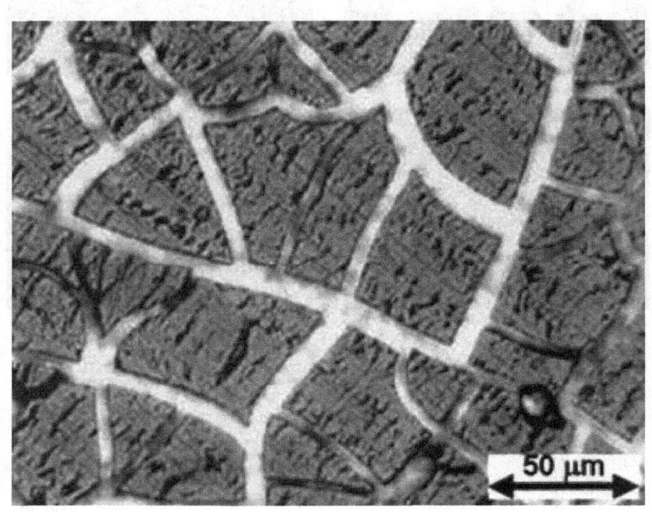

图 7-13　充放电后硅薄膜光学显微镜照片[137]

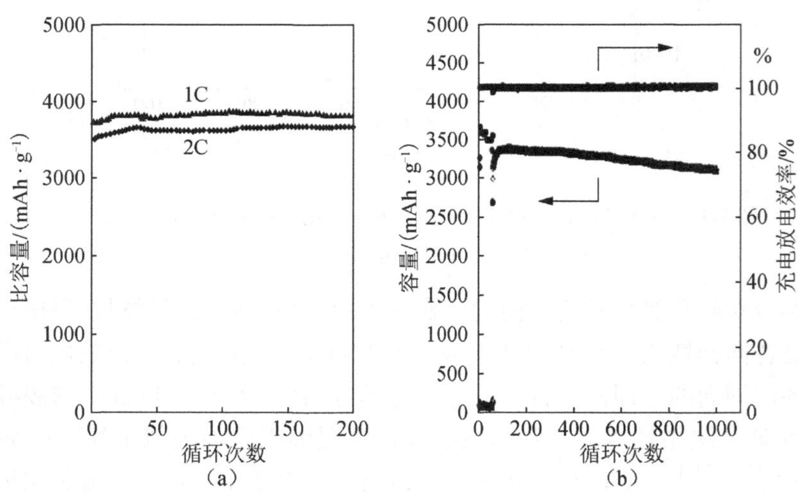

图 7-14　硅薄膜在 1 C 和 2 C 时循环稳定性（a）和在 12 C 时循环稳定性（b）[139]

Arie 等[141]发现，硅薄膜的电化学性能也可通过在硅薄膜表面包覆一层热解富勒烯来改善 SEI 膜的形成而得到提高。由图 7-15 可见，随着等离子能量的提高，材料的循环稳定性提高。没有包覆的硅薄膜容量衰减剧烈，而经过富勒烯包覆的硅薄膜则循环稳定性较好，容量衰减较慢，且不管是用多少能量的薄膜经过 50 次循环后容量均在 3000 mAh · g^{-1} 左右。

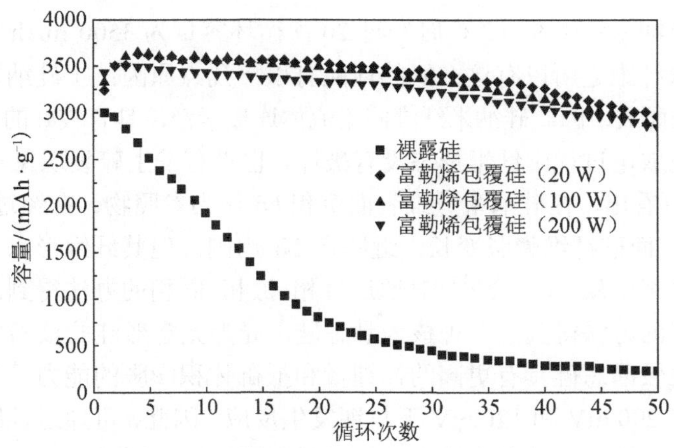

图 7-15 硅薄膜和三种富勒烯包覆硅薄膜的容量和循环稳定性[141]

4. 纳米纤维和纳米管 Si 基负极材料

硅纳米纤维和纳米管具有较高的可逆容量和循环稳定性，且能够很好地适应硅的体积变化[142-145]。Cui 课题组的 Chan[142]用一种气相-液相-固相的办法利用 Au 纳米颗粒为催化剂在集流体表面直接生长了硅纳米纤维（图 7-16）。经过测试

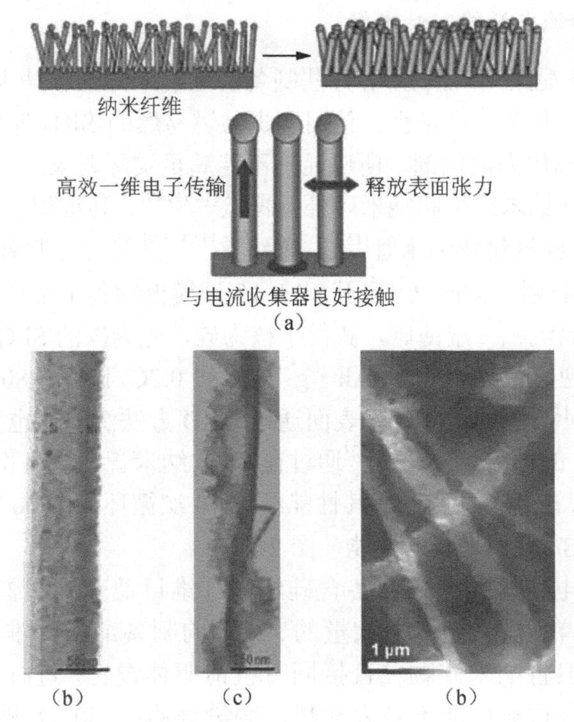

图 7-16 硅纳米纤维制备示意图（a）；充电前沉积 Ni 的硅纳米纤维（b）；充电后沉积 Ni 的硅纳米纤维（c）；充放电后硅纳米纤维 SEM 照片（d）[142]

发现，这种硅纳米纤维在 0.2 C 时经过 20 次循环容量为 3500 mAh • g^{-1}。在本次实验中硅纳米纤维之所以有这么好的性能有以下几点原因：①硅纳米纤维直接在集流体上生长而成，因此硅纳米纤维同集流体连接紧密，具有较好的导电性。②硅纳米纤维在充放电过程中纤维形态没有破坏，也没有发生碎裂现象。从图 7-16 的（b）和（c）可看出，在硅纳米纤维表面沉积 Ni 作为参照物，在经过充电插锂后，Ni 没有变化，而硅纤维膨胀变长，缠绕在 Ni 周围。但其纤维形态未发生改变，也没有发生碎裂现象。Cui 等[143]对通过气相-液相-固相的办法得到的硅纳米纤维利用部分插锂的方法得到了一种核为晶态硅，壳为无定形硅的核-壳结构的纤维。无定形硅相比较晶态硅具有更高的插锂量和抵御体积膨胀的能力，且晶态硅和无定形硅分别在 200 mV 和 120 mV 下与锂发生反应。因此，可通过控制充电电压的方法使锂优先于无定形硅发生反应，从而得到更好的性能。

Song 等[144]以 ZnO 为牺牲模板制备了一种封闭的纳米硅管。经过测试，其电化学性能优良。经过 50 次循环，在 0.05C 和 0.2C 下可逆容量分别为 2600 mAh •g^{-1} 和 2100 mAh • g^{-1}。同时发现，这种纳米硅管在充放电过程中，体积膨胀具有各向异性。其轴向膨胀（约 35%）要低于径向膨胀（约 120%）。因此，作为空心纳米硅管可更好地适应体积膨胀。

5. 硅复合物纳米纤维和纳米管

以气相-液相-固相和 CVD 等方法制备的硅纳米纤维和纳米管，虽然性能优良，但其制备过程复杂、产量少、使用剧毒易燃易爆的 SiH_4 等为 Si 前驱体且需要 Au 等贵重金属作为催化剂，所以显然不能满足实际要求。因此，为克服以上缺点人们运用在硅纳米纤维和纳米硅外包覆碳[146–149]、硅沉积于碳纳米管[150]、碳纳米纤维[151]或金属氧化物纳米管[152]、电纺丝[153–158]等方法制备了含硅的复合一维纳米 Si/C 复合材料。Kim 等[146]用 SBA-15 硬模板制备了平均直径为 6.5 nm 的硅纤维并在其表面沉积一层薄碳，获得了核为硅，壳为碳的 Si/C 纳米纤维。通过测试性能，其可逆容量为 3163 mAh • g^{-1}，且在 0.2C 下经过 80 次循环容量保持率为 87%。Cui 等[151]在纳米碳纤维表面通过 CVD 方法沉积硅也到了经过 50 次循环 1650 mAh •g^{-1} 的性能。Lee 等[152]通过在 SnO_2 纳米管内壁沉积硅的方法制备了纳米 Si/SnO_2 空心管。经过测试，其性能经过 90 次循环为 1600 mAh • g^{-1}，大大高于未沉积硅的 SnO_2 纳米管的性能（图 7-17）。

近年来运用电纺丝技术来制备含硅纳米纤维日益受到人们的关注。电纺丝技术因其操作简单、易控制，可大量的、经济的制备纳米纤维而运用于制备含硅纳米纤维中。但将纳米硅颗粒直接同有机前驱体混合，进行电纺并碳化得到的一维 Si/C 复合材料性能不是太理想，容量普遍在 50 次循环之内为 300～900 mAh • g^{-1}[153, 155-157]。这主要是在 Si/C 复合纤维中硅含量相对较少，且碳虽然在一定程度上能缓冲体积膨胀，但对抵御接近 400%的体积膨胀效果不甚理想。因此，人们的思路逐渐集中在 Si/C 复合纤维中，通过微观结构设计在纳米 Si 颗粒周围预置膨胀空间，并将硅包在碳基体当中，防止硅同电解液之间直接接触而获得稳定的 SEI 膜[154, 158-162]。例如，Hwang 等[154]利用同轴双层针头电纺丝的方法，得到一种核为纳米硅颗粒，壳为碳的核-壳结构 Si/C 纤维。

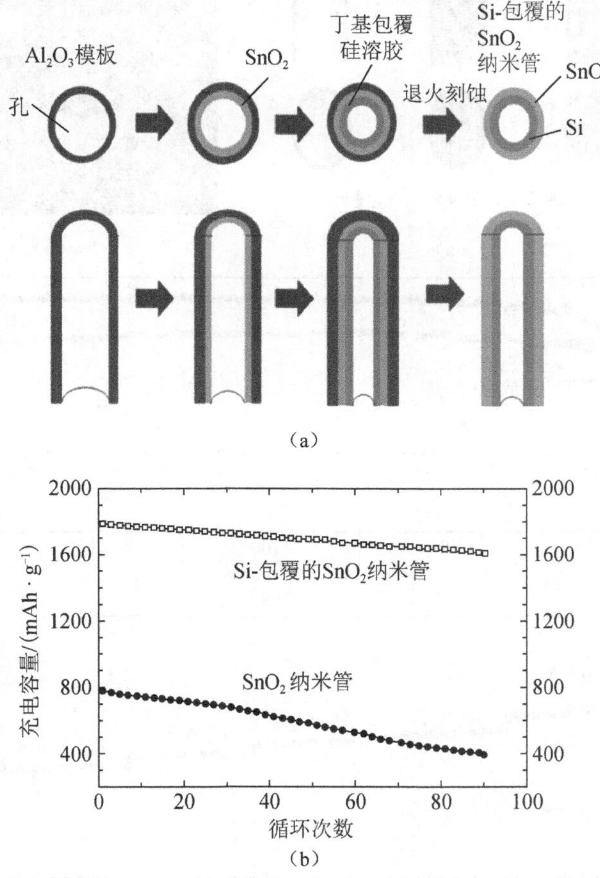

图 7-17　硅包覆 SnO_2 纳米管制备示意图（a）；硅包覆 SnO_2 纳米管和 SnO_2 纳米管容量和循环稳定性（b）[152]

Wu 等[162]通过电纺丝得到的碳纳米纤维表面沉积 Si，并通过热处理去除碳纤维模板同时对硅表面适度的氧化，得到了一种外层为氧化硅内层为硅的复合空心纳米纤维。这种微观结构很好地为 Si 的膨胀预留了膨胀空间，同时 Si 表层的氧化硅层又使 Si 同电解液相互隔离保证了稳定 SEI 膜的存在。经过测试，这种硅的复合空心纳米纤维的电化学性能非常优良。在 0.2C 下，首次可逆容量达到 1780 mAh · g^{-1}，且循环稳定性和倍率性能非常出色。在 12C 下，经过 6000 次循环容量保持率为 85%，如图 7-18 所示。

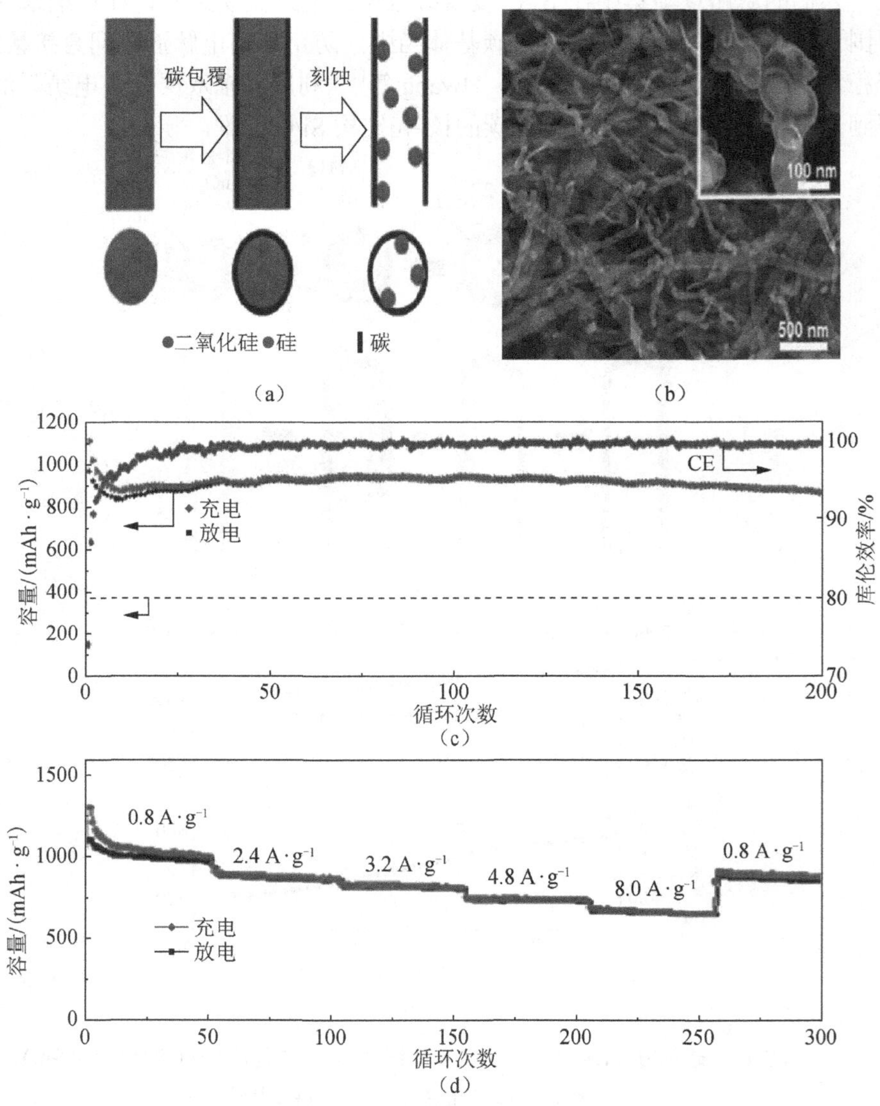

图 7-18　SiNP@CT 的制备过程示意图（a）、SEM 微观形貌（b）、在 1 A · g^{-1} 电流密度下循环稳定性（c）和倍率性能（d）[161]

综上所述，Si 基负极材料相比较当前商用的石墨负极材料具有很明显的优势，但离真正大规模应用还尚需时日，需要克服很多挑战。针对 Si 基负极材料的缺点，纳米化是行之有效的方法。而纳米化后微观形貌又是影响 Si 基负极材料性能的首要因素。颗粒状纳米 Si 材料虽然总体具有易制备、易产业化等优点但其性能较差是制约其应用的首要因素。二维纳米薄膜 Si 基负极材料虽然性能优良，但其性能受限于薄膜厚度，从而使材料中活性物质量相对较少，导致材料整体容量较低，无法满足实际应用的要求。一维 Si 基纳米纤维或纳米管能很好地适应硅的体积膨胀，且不具有薄膜 Si 基材料活性物质过少的缺点。其性能虽不如纳米薄膜 Si 基负极材料优异但相比较颗粒状纳米 Si 材料要好得多。一维 Si 基纳米纤维或纳米管最初主要有气相-液相-固相或 CVD 等方法制备，所以存在制备复杂、价格较高且产率较低的缺点。因此，从形貌分析，一维 Si 基负极材料将是未来 Si 基负极材料的主要研发方向。

第 8 章 锂离子电池负极制备、分析与研究方法

8.1 锂离子电池负极材料特点

由第 7 章可知，理想的锂离子电极负极材料应满足以下要求。

（1）具有高比容量、低充放电电位和平稳的充放电平台，使电池具有高容量、较高且稳定的工作电压。

（2）在锂离子嵌入/脱出时没有结构变化，使材料具有良好的循环性能。

（3）较大的锂离子扩散系数，确保电池有较好的快速充放电性能。

（4）宏观上具有较好的粉体和成膜特性，易于使用。

（5）来源丰富，价格低廉，绿色环保。

总结上述负极材料的主要特点如表 8-1 所示。

表 8-1 典型负极材料的主要特点

负极材料	比容量/（mAh·g^{-1}）	研究/市场状态	主要特点
焦炭	200～230	基本淘汰	比容量较低
MCMB	280～330	市场份额逐渐减少	比容量较低，成本高
硬碳	400～900	少量商用	首次效率低，大电流性能好，几乎没有充放电平台
人造石墨	理论 372	商用主流	充放电电位低，性能优秀，成本高
天然石墨	理论 372	商用主流	充放电电位低，性能较优秀，成本低
碳纳米管	200～500	在研	首次效率低，几乎没有充放电平台，需要较多的黏结剂，体积比容量较低
石墨烯	500～1000	在研	首次效率低，几乎没有充放电平台，需要较多的黏结剂，体积比容量较低
碳纳米纤维	200～1200	在研	首次效率低，几乎没有充放电平台，体积比容量较低
$Li_4Ti_5O_{12}$	理论 175	少量商用	充放电平台性能出色，结构稳定，安全性好。比容量低，电压平台高
Sn	理论 992	少量商用	首次效率低，体积变化大，循环稳定性差。比容量高，充放电电位低
Si	理论 4200	在研	首次效率低，体积变化大，循环稳定性差。比容量高，充放电电位低
过渡族金属氧化物	200～1000	在研	首次效率较低，充放电电位高，锂离子脱嵌时基本无平台

8.2 本章主要研究内容

根据前述文献综述，结合目前人们对高能量密度和高功率密度负极材料的渴求，研究重点集中在高容量负极材料上。在碳基负极材料领域，从提高容量和倍率性能的潜力及可工业化角度考虑，碳纳米纤维有可能是未来碳负极材料的研究热点。碳纳米纤维经过造孔可大大提高其容量，同时如果再进行 N 元素等掺杂更可获得较高容量、较好循环稳定性和功率性能的新型碳负极材料。另外，运用电纺丝制备得到的纳米纤维普遍具有自支撑结构，可以直接用作电极，很好地提高了材料电化学性能和工业化潜力。因此，运用这些思路，采用电纺丝技术，制备新型高容量、高循环稳定性、高功率密度和经济的自支撑一维多孔碳负极材料对研发新型碳负极材料应用和完善负极材料基础理论具有重要的工程价值和科学意义。

在非碳基负极材料领域，Si 以最高的 4200 $mAh \cdot g^{-1}$ 理论容量深受人们的重视。但 Si 作为负极材料，充放电过程中约有约 400%的体积效应、SEI 膜不稳定和导电性差等缺点阻碍其实际应用。根据文献报道，运用纳米化、Si/C 复合、预置膨胀空间等思路制备一维 Si 基负极材料，则有望解决 Si 在锂电池负极中的实际应用问题。因此，运用这些思路，应用电纺丝技术制备新型高容量、高功率密度和经济的且具有一定预置空间的一维 Si/C 复合负极材料且具有重要的研究价值。

因此，本章的主要研究内容包括以下几部分。

（1）碳前驱体对碳材料电化学性能扮演着决定性作用。因此，变换文献中常用聚丙烯腈，选择电化学性能更好的聚酰亚胺为碳前躯体，电纺丝制备聚酰亚胺基一维自支撑多孔碳锂离子电池负极材料。并运用不同表征和电化学测试手段，探索聚酰亚胺基一维自支撑多孔碳锂离子电池负极材料同聚丙烯腈基一维多孔碳锂离子电池负极材料的优劣，并揭示其原因。

（2）运用电纺丝、N 掺杂结合后续的活化等简单经济的方法研发适于锂电池负极的高性能具有自支撑结构一维掺氮多孔碳锂离子电池负极材料，并运用不同表征和电化学测试手段，探索其结构和性能，揭示不同掺氮量和不同活化造孔工艺对制备一维掺氮多孔碳锂离子电池负极材料的影响规律和对一维掺氮多孔碳锂离子电池负极材料电化学性能的影响规律。同时，研究并揭示 N 对提高锂离子电池负极电化学性能的作用机理。

（3）利用浸渍法制备得到适于锂电池负极的具有一定预置空间的锂离子电池自支撑一维 Si/C 复合负极材料。揭示不同的浸渍量、浸渍时间、浸渍方式等对一维 Si/C 复合负极材料的影响规律和对其电化学性能的影响规律。

8.3　实验设备与化学试剂

材料制备过程中使用的主要实验设备包括：①高压静电纺丝装置：包括高压发生器（北京市机电研究院高电压技术公司）、连接注射器的医用进给泵（型号为LSPO1-1A，保定兰格恒流泵有限公司）及接收装置。该套装置的示意图及实物图如图 8-1（a）—（b）所示；②样品干燥和纤维预氧化和固化等均在鼓风干燥箱中进行，设备型号为 DL-101（天津市中环实验电炉有限公司）；③纤维亚胺化、碳化和活化均在高温管式电阻炉中进行，设备型号为 OTL1200（南京大学仪器厂）。

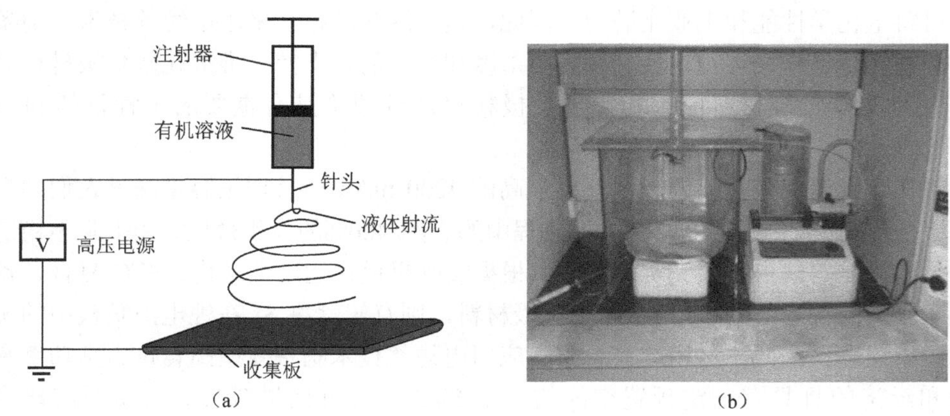

图 8-1　静电纺丝装置示意图（a）和通风橱内纺丝设备（b）

实验中使用的化学药品及试剂如表 8-2 所示。

表 8-2　实验用化学药品及试剂参数

化学药品名称	化学式或简称	备注
4,4-二氨基二苯醚	ODA，$C_{12}H_{12}N_2O$	固体，分析纯，天津市科密欧化学试剂有限公司
均苯四甲酸二酐	PMDA，$C_{10}H_2O_6$	固体，工业纯，辽宁鞍山华兴化工有限公司
N,N-二甲基乙酰胺	DMAc，C_4H_9NO	液体，分析纯，天津市科密欧化学试剂有限公司
盐酸	HCl	液体，优级纯，北京化工厂
正硅酸乙酯	TEOS，$Si(OC_2H_5)_4$	液体，分析纯，天津科密欧化学试剂有限公司
聚丙烯腈	PAN	固体，分子量 15 K，美国 Sigma-Aldrich
三聚氰胺	$C_3H_6N_6$	固体，分析纯，天津市科密欧化学试剂有限公司
N,N-二甲基甲酰胺	DMF，$HCON(CH_3)_2$	液体，分析纯，天津市科密欧化学试剂有限公司
聚乙烯醇	PVA，$[C_2H_4O]_n$	固体，分子量 80 K，Sigma-Aldrich Corporation
纳米硅粉	*n*-Si	固体，平均粒径 40 nm，深圳科晶智达科技有限公司
酚醛树脂	Resol	固体，热固性，分子量 80 K，美国 Durez Corporation
电解液	$LiPF_6$	溶剂 EC∶DEC∶DMC=1∶1∶1（体积比），北京化学试剂研究所
电解液	$LiPF_6$	溶剂 EC∶DMC=1∶1（体积比），北京化学试剂研究所

8.4　物理化学表征

1. 透射电子显微镜

透射电子显微镜（transmission electron microscopy，TEM）主要用于观察碳纤维的形状、尺寸、成分和微观结构等情况。本书中测试用的 TEM 型号是 JOEL 2100F。将一定量的样品放入乙醇中，超声振荡分散一定时间，待样品分散好后，用镊子夹住镀有炭膜的铜网微栅在分散好的溶液中上下浸几下，捞出，放在无尘纸上晾干，然后放入微栅盒中备用。

2. 扫描电子显微镜

扫描电子显微镜（scanning electron microscopy，SEM）主要用来观察实验样品的微观形貌并用机器自带的能谱仪分析测试样品的元素组成。测试前制样，如果是未碳化样品则样品的导电性不好，为了提高拍摄照片的质量，需要进行喷金处理，所用的测试设备为 Hitachi S-4800。

3. X 射线衍射法

X 射线衍射（X-ray diffraction，XRD）分析，可用于样品的物相分析，获得样品的相组成、晶粒尺寸和晶体结构等信息。测试设备为日本理学公司生产的 X 射线衍射仪 Rigaku D/max 2500。

通过布拉格公式可以计算出晶面间距，衍射角和晶面间距的关系由布拉格公式描述：

$$2d\sin\theta = \lambda \tag{8-1}$$

式中，d 为晶面间距；θ 为衍射角；λ 为 X 射线波长。

在 XRD 图谱中，衍射峰越宽，表明晶粒颗粒越小，根据 Sherrer 公式，就能计算出晶粒的粒径：

$$\bar{L} = \frac{k\lambda}{\beta\theta} \tag{8-2}$$

式中，K 为常数，一般计算中取 0.89；λ 为 X 射线波长；β 为衍射峰半高宽；θ 为衍射角。

4. 氮气吸脱附测试

氮气吸脱附测试主要用于测试多孔碳纳米纤维及 Si/C 复合材料的比表面积、孔径分布，可得到的参数有比表面积、孔容、孔径分布等。样品的比表面积用 8 点 B.E.T（Brunauer-Emmett-Teller）方法得到，微孔材料的孔径分布用非线性密度泛函理论 NLDFT（non-linear density function theory）方法计算获得。测试设备为美国 Micromeritics 公司的 ASAP2010 氮吸附测试仪。

5. 热重分析

本书利用热失重分析（thermal gravimetric analysis，TGA）确定样品的碳化温度，并对 Si/C 复合材料中 Si 和 C 的相对含量进行了分析，测试设备为 Netzsch STA 409C 综合热分析仪

6. X 射线光电子能谱分析

以 X 射线为激发光源的光电子能谱（X-ray photoelectron spectroscopy，XPS）是一种测定材料表面化学组成、元素的化学态和电子态的定量能谱技术，是一种对样品表面定性、半定量分析的重要测试手段。本书主要使用 XPS 来确定掺氮碳纳米纤维中氮元素的相对含量和存在形式。

在光电离测试过程中，物质原子特定轨道的结合能（E_b）可以用下面的方程表示：

$$E_b = hv - E_k - \phi_s \tag{8-3}$$

式中，E_b 为特定轨道电子结合能，代表了原子中电子（n，l，m，s）与核电荷之间的相互强度；hv 为入射光源光子的能量；E_k 为出射光电子的动能；ϕ_s 为谱仪的功函数。

在 XPS 分析中，若固定的单色激发源和指定原子轨道，其光电子的能量是唯一的。激发出来的光电子一般根据激发轨道的名称来标记，如 C 1s 是指从 C 原子的 1s 轨道激发出来的光电子，可以根据光电子的结合能定性分析样品的元素种类。

XPS 定量分析的原理是从被测样品表面出射的光电子的强度与该样品中该原子的含量呈线性关系，XPS 谱图中的谱线强度能够反映出原子的含量或相对浓度。现在大多数分析都采用原子灵敏度因子法，定义谱峰下所属面积为谱线强度，对于某一元素特定轨道的峰强度（I_{ij}）由下式表示：

$$I_{ij} = K \cdot T(E) \cdot L_{ij}(r) \cdot \sigma_{ij} \cdot n_i \cdot \lambda(E) \cdot \cos\theta \tag{8-4}$$

$$n_i = I_{ij} / K \cdot T(E) \cdot L_{ij}(r) \cdot \sigma_{ij} \cdot \lambda(E) \cdot \cos\theta = I_{ij} / S_{ij} \tag{8-5}$$

式中，K 为仪器常数；$T(E)$ 为分析器的传输函数；$L_{ij}(r)$ 为 i 元素 j 轨道的角不对称因子；σ_{ij} 为 i 元素 j 轨道光电离截面；n_i 为 i 元素的浓度；$\lambda(E)$ 为光电子的非弹性平均自由程；θ 为测量的光电子相对于表面法线夹角；S_{ij} 为原子灵敏度因子。

这样，对于某一样品中的两个元素 x 和 y，如果已知它们的灵敏度因子 S_x 和 S_y，并计算出各自的特定谱线强度 I_x 和 I_y，则它们的原子浓度之比为

$$\frac{n_x}{n_y} = \frac{I_x / S_x}{I_y / S_y} \tag{8-6}$$

因此可以根据式（8-6）计算样品中各原子的相对含量。

本书中的 XPS 测试采用的是 Physical Electronics 公司的 PHI5802 型 X 光电子能谱仪，以 Mg 靶为单色光源（K_{α}=1253.6 eV），以 C 1s 主峰的结合能为 284.8 eV 为参考，XPS 图谱的拟合采用 XPSPeak 软件（4.1 版）进行分析。

7. 拉曼光谱测试

本书利用拉曼光谱技术分析碳纤维的石墨化程度和无序化度。测试设备为英国 Renishaw 公司的 Invia RM200 型显微共聚焦拉曼光谱仪。测试温度为室温，测试光源为氩气离子激发器，波长为 514.5 nm。测试过程中使用显微镜德尔 50×透镜来聚焦样品。

8.5 电池的组装和测试

8.5.1 电池的组装

本书所得材料均为具有自支撑结构膜状材料。可直接用作电极，无需电极膜片的制备过程，无需添加任何黏结剂、导电剂，也无需使用铜箔集流体。将样品放入烘箱，80℃烘干 2～3 h 后称取样品质量，在手套箱中组装成扣式电池进行电化学测试。手套箱气氛为高纯 Ar，水分含量控制在 5 ppm 以下。组装半电池时所用的对电极为金属锂，电解液为 1 mol/L $LiPF_6$（溶剂为 EC∶DEC∶DMC=1∶1∶1 或 EC∶DMC=1∶1），隔膜为多空聚丙烯，纽扣电池型号为 R 2032。为使电解液与电极材料充分接触，组装完成后需静置 24 h 再进行电化学测试。

8.5.2 恒流充放电测试

测试均采用 CR 2032 扣式电池，电池组成如 8.5.1 节所述。本书所有测试程序均为按一定电流密度进行恒流充放电，设定好充放电截止电位后，每完成一次充电/放电后静置 30s，循环 50 次。通过电池测试可以获得材料的充放电曲线及循环性能等信息，可以对材料的容量、库仑效率和循环稳定性进行分析。如结合充放电曲线和 CV 曲线，可以对材料的充放电机理进行分析。本书所有充放电曲线的纵坐标均为对锂电位（E *vs.* Li/Li^+）。恒流充放电测试使用仪器为电池测试仪，型号为 Land CT2001A（武汉市蓝电电子有限公司）。

8.5.3 循环伏安法

测试均采用 CR 2032 扣式电池，二电极体系，电池组成如 8.2.2 节所述，其中金属锂片作为对电极和参比电极。本书所有循环伏安分析的扫描速率均为 0.1 mV·s^{-1}。循环伏安曲线的横坐标均为对锂电位（E *vs.* Li/Li^+）。使用仪器为电化学工作站，型号为 Zahner IM6ex（德国）。

8.5.4　电化学阻抗测试

测试均采用 CR 2032 扣式电池，二电极体系，电池组成如 8.2.2 节所述，金属锂片作为对电极和参比电极。测试前先将电池恒流并恒压充电至一定电压。扫描频率范围为 2 mHz～100 mHz。

本书主要对掺氮一维多孔碳负极的阻抗特性进行了分析。使用仪器为电化学工作站，型号为 Zahner IM6ex（德国）。

第 9 章 电纺丝制备聚酰亚胺基锂离子电池自支撑一维多孔碳负极材料

9.1 引 言

自从锂离子电池商品化以来，碳基负极材料一直是锂离子电池负极材料的主流。尤其是各种石墨材料，因具有较低的嵌锂/脱嵌电位，平稳的充放电平台和优良的导电性，易于批量制备和使用的优点，一直是商用负极材料的首选。但石墨又存在理论容量较低（372 mAh • g^{-1}），倍率性能较差，嵌锂电位过低，发生极化时容易出现析锂，导致安全隐患等问题而难以满足未来电动汽车和大规模储能等对锂离子电池的要求。因此，全世界投入了大量的人力和物力，开发具有更大容量的新型负极材料来取代商用石墨负极材料。在当前所研究的新型大容量负极材料中，电纺丝制备的多孔碳纳米纤维因其能够缩短 Li^+传输距离、为电池充放电过程中离子反应提供更大的电解质/电极界面和更多的吸附 Li^+的活性位点、在材料内部形成三维导电网络、提高电极材料导电性、提升电极材料容量和功率性能而日益受到人们的关注。同时，电纺丝多孔碳纳米纤维可直接成膜，具有自支撑结构，可直接用做电极，无需导电剂和黏结剂，既可提高电极材料能量密度，也可简化电极制备工序，降低成本。目前文献中，均是以聚丙烯腈（PAN）为碳前驱体，并加入不同分解温度的有机物和模板剂，通过电纺丝和后续热处理、化学处理的方法制备了多孔碳纳米纤维用作锂离子电池负极。如聚丙烯腈（PAN）中加入聚左乳酸（PLLA）[68]、$ZnCl_2$[163]或 SiO_2[69]为软/硬模板，碳化后可以得到多孔碳纳米纤维。然而，实验结果显示，这些以 PAN 为碳前驱体制备的多孔纳米碳纤维作为锂离子电池负极，虽容量相比较石墨有所提升，但其首次可逆容量均不高，低于 650 mAh • g^{-1}，且其循环稳定性较差，难以满足要求。

众所周知，碳前驱体对碳材料电化学性能扮演着决定性作用。相比较 PAN，聚酰亚胺（PI）具有碳收率高（70%[164]，PAN 为 40%～50%[165]）、机械性能良好、电化学性能好的特点[166]。因此，本章中，尝试改变碳前驱体，即选取聚酰亚胺为碳前驱体，电纺丝制备了 PI 基多孔碳纳米纤维，并测试了其电化学性能。实验结果显示，将这种具有自支撑结构的 PI 基多孔碳纤维，在未添加任何黏结剂和导电剂也不使用集流体的情况下直接用作锂离子电池负极时，其电化学性能明显优于 PAN 基多孔碳纳米纤维。

9.2 实验过程

9.2.1 聚酰亚胺简介

聚酰亚胺是高分子主链上含有酰亚胺环的一类高聚物，它主要由含二酐和二胺的化合物经逐步聚合反应制备，随着二胺和二酐结构变化，可制得一系列结构和性能不同的聚酰亚胺。其结构可由图 9-1 表示。

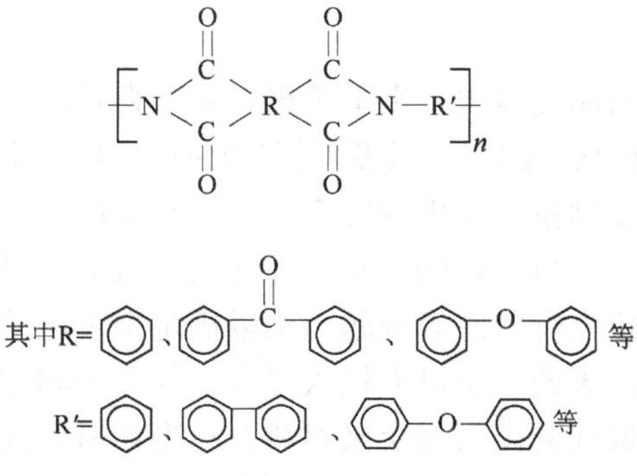

图 9-1　聚酰亚胺（PI）结构示意图

聚酰亚胺的合成方法从理论上可分为两大类，第一类是以带有酰亚胺环结构的单体经缩聚反应生成聚酰亚胺；第二类是带有二胺和二酐的单体在缩聚反应过程中生成有酰亚胺结构的聚酰亚胺。从工艺上也可分为一步法、二步法、三步法和气相沉积法等。其中，二步法是实验室和工业上常用的方法。二步法是将二胺和二酐单体在非质子极性溶剂，如 N-甲基吡咯烷酮（NMP）、*N,N*-二甲基甲酰胺（DMF）、*N,N*-二甲基乙酰胺（DMAc）或四氢呋喃（THF）/甲醇混合溶液中进行低温缩聚，先获得前躯体聚酰胺酸（PAA）溶液，成膜或纺丝后再逐步加热至 300℃左右热环化脱水转变为聚酰亚胺。二步法原理如图 9-2 所示。

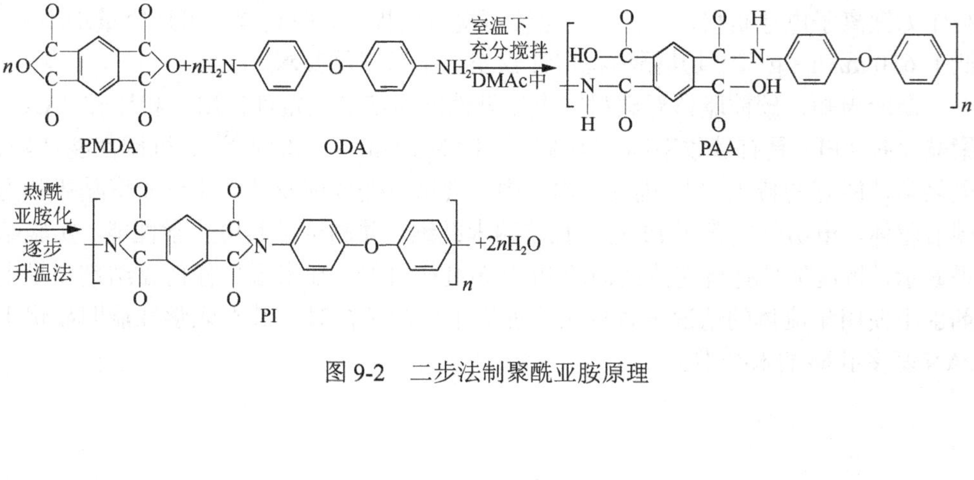

图 9-2　二步法制聚酰亚胺原理

9.2.2　实验过程

文献报道的以 PAN 为碳前驱体制备的多孔碳纤维作为锂离子电池负极的工作中，Ji 等[69]以聚丙烯腈（PAN）为碳前驱体，以原位生成纳米 SiO_2 颗粒为模板，通过电纺丝、后续碳化和 HF 去除碳纤维中纳米 SiO_2 颗粒的方法，得到直径为 200～300 nm 的多孔碳纳米纤维，电化学性能最为优异。测试其负极性能，在最优条件下，首次可逆容量在 50 mAh · g^{-1} 电流密度下达到 567 mAh · g^{-1}，经过 10 次循环其容量下降为 450 mAh · g^{-1}。为易于对比，本研究采取的思路同此工作一致，仅改变碳前驱体，选取聚酰亚胺为碳前驱体。聚酰亚胺的制备和原位纳米 SiO_2 颗粒的生成参照文献[167]，采用两步法得到聚酰亚胺纳米纤维。

具体实验过程如下。

1. 电纺丝前驱体溶液制备

将 7.9 g（0.0392 mol）4，4-二氨基二苯醚（ODA）溶到 90 mL *N*,*N*-二甲基乙酰胺（DMAc）当中，在三颈烧瓶中进行强力机械搅拌。待 ODA 充分溶到 DMAc 中后将 8.848 g（0.0404 mol）均苯四酸二酐（PMDA）在 2 h 内分四批加到 ODA 溶液当中并进行强力的机械搅拌得到聚氨酸（PAA）溶液。整个过程中环境温度保持在 5℃，同时，将 10 ml 正硅酸乙酯（TEOS）溶解到 DMAC 中并滴加两滴 HCl，在 50℃条件下进行机械搅拌 2 h。将此溶液加入此前 PAA 溶液当中，并在 5℃条件下搅拌 10 h 得到适合于电纺丝黏度的溶胶以备电纺丝。经过计算，得到的 PAA 溶液浓度为 16%，根据式（9-1）计算溶胶中应生成 SiO_2 的含量为 20%。

$$SiO_2含量(\%)=\frac{W_{TEOS}\times\dfrac{M_{SiO_2}}{M_{TEOS}}}{W_{TEOS}\times\dfrac{M_{SiO_2}}{M_{TEOS}}+W_{ODA}+W_{PDMA}-W_{H_2O}} \tag{9-1}$$

式中，W 和 M 分别指代相应物质的质量和摩尔质量。

2. 电纺丝

将前述溶胶以 0.5 Ml · h^{-1} 的恒定速率用微量定量泵送至电纺丝装置进行静电纺丝，得到电纺丝产物为含原位生成纳米 SiO_2 颗粒的 PAA 纳米纤维，即 PAA-SiO_2。电纺丝用平头不锈钢针头作为喷嘴，内径约 1 mm。收集板为石墨纸，且石墨纸与针头之间距离 25 cm，恒压 28 kV。得到的产物与石墨纸一并进行亚胺化和碳化处理。

3. 亚胺化和碳化

将 PAA-SiO_2 亚胺化和碳化后得到含原位生成纳米 SiO_2 颗粒的碳纳米纤维，即 PCNF-SiO_2。碳化温度根据 PAA-SiO_2 在氮气保护气氛中热重分析（TGA）实验结果来制定。图 9-3 为 PAA-SiO_2 在氮气保护气氛下，以 10℃ · min^{-1} 均匀升温到 1200℃过程中的热重分析曲线。从热重分析曲线可知，整个曲线在 100～220℃和 600～700℃有两个明显的失重峰。其中 100～200℃失重峰对应的是聚氨酸的亚胺化过程，而 600～700℃的失重峰则对应的是碳化过程。此曲线在 220～580℃之间较为平直，这是因为聚酰亚胺在 600℃以下有较好热稳定性的缘故。在 700℃时样品的失重率为 54%左右，到 1200℃失重率为 36%左右。考虑到所得实验样品需具有一定的碳收率，同时考虑文献中制备 PAN 基多孔碳纳米纤维时碳化温度为 700℃，制定 PAA-SiO_2 的碳化温度为 700℃。而亚胺化过程采用在氮气气氛中，350℃以下逐步升温的方法。本次实验的亚胺化和碳化过程的具体温度制度为：80℃保温 1 h、120℃保温 1 h、160℃保温 0.5 h、200℃保温 1 h、250℃保温 0.5 h、300℃保温 1 h、350℃保温 1 h、700℃保温 1 h。其中在各保温平台之间的升温速率为 5℃ · min^{-1}，且整个亚胺化和碳化过程在高纯氮气保护下进行。

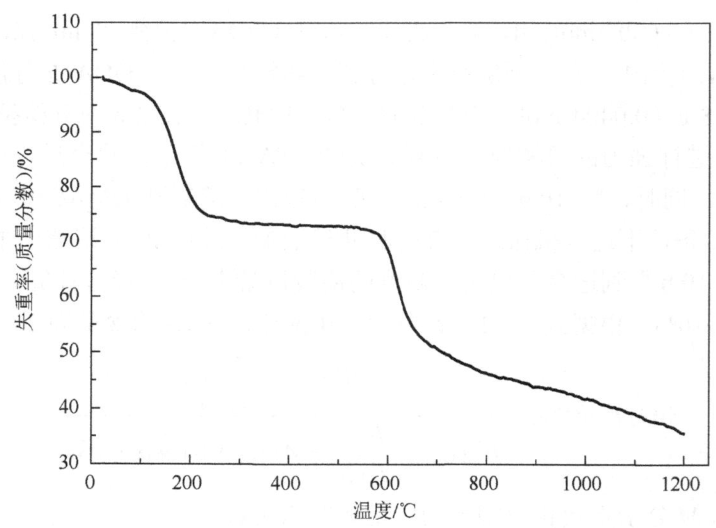

图 9-3　PAA-SiO_2 在氮气中 TGA 曲线

4. 造孔处理

将 PCNF-SiO_2 用 20%HF 浸泡 24 h 消除 SiO_2 得到最终产物 PI 基多孔碳纳米纤维 PCNF。为保持样品的平整性，将样品同石墨纸一同进行了浸泡。

5. 电化学测试

将得到的样品直接用作电极，无需添加任何导电剂和黏结剂，在半电池中测试电化学性能。电化学测试时的电解液为碳酸乙烯酯（EC）、碳酸二甲酯（DMC）和碳酸二乙酯（DEC）的混合物，EC∶DMC∶DEC=1∶1∶1（体积比），锂盐为 1mol · L^{-1} $LiPF_6$。测试条件为恒流充放电，电压范围 0.01～2.50 V。

9.3　聚酰亚胺基多孔碳纳米纤维结构

9.3.1　聚酰亚胺基多孔碳纳米纤维宏观形貌

首先对 PCNF 材料的宏观形貌进行了观察。图 9-4 为 PAA-SiO_2 和 PCNF 的宏观形貌对比。如图所示，无论是 PAA-SiO_2，还是 PCNF，均具有膜状的自支撑结构。电纺丝后得到的 PAA-SiO_2，表观为白色，表面较为平整。PAA-SiO_2 经过亚胺化、碳化和 HF 处理后样品变黑，收缩变小，且边缘有一定的卷曲和褶皱，这是有机物膜遇热收缩变形和高温分解失重的正常现象。需要指出的是，为保证最终材料薄膜的平整性，样品的亚胺化、碳化和 HF 处理过程均是与石墨纸一起进行的。因此在后续使用时，只需将石墨纸移除，便可剪裁成任何形状直接用作电极。

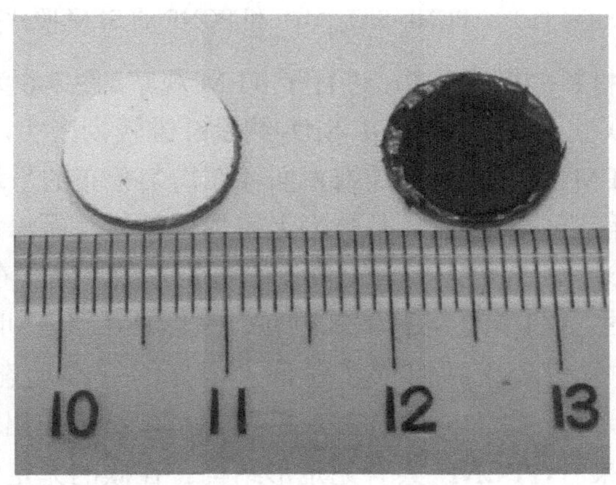

图 9-4　PAA-SiO_2（左）和 PCNF（右）宏观形貌

9.3.2　聚酰亚胺基多孔碳纳米纤维微观形貌表征

图 9-5（a）为电纺丝产物 PAA-SiO_2 的微观形貌。从图可以看出，PAA-SiO_2 呈现典型的电纺丝无纺纤维布形貌。纤维直径分布在几十到几百纳米之间，纤维表面较为光滑，相互无规则的缠结在一起，纤维之间存在大量的空隙。PAA-SiO_2 经过亚胺化、碳化和后续的 HF 处理后，PCNF-SiO_2[图 9-5（b）]和 PCNF[图 9-5（c）]依然保持了很好的相互交联的无纺纤维形貌。纤维间存在较多的孔隙，作为锂离子电池负极材料时能够减少电极材料整体的体积变化，有利于电解液充分浸润及锂离子的嵌入和脱出。另外，在高的放大倍数下观察[图 9-5（d）]，经过 HF 腐蚀处理，纤维变得粗糙，在 PCNF 表面出现了一些“凸起物”。

(a) (b)
(c) (d)

图 9-5 PAA-SiO_2（a）、PCNF-SiO_2（b）和 PCNF 的 SEM 照片[（c）、（d）]

为进一步探究材料的微观结构，进行了 TEM 观察。图 9-6 为实验产物的 TEM 照片。从图 9-6（a）可以看到，PCNF-SiO_2 纳米纤维较为密实，且表面较为光滑。从放大的高分辨 TEM 照片观察，纤维表面存在均匀分布的平均粒径为 1～2 nm 的深色小颗粒。经能谱分析，浅色基体为无定形碳基体，而深色的小颗粒为 SiO_2 纳米颗粒[图 9-6（c）]。这也证明采用设计的实验方法，确实在 PI 基碳纳米纤维中原位且均匀地产生了细小的 SiO_2 纳米颗粒。从图 9-6（b）可以看出，经 HF 腐蚀处理后，PCNF 变得疏松，但依然保持了很好的纤维形态。同 HF 腐蚀前 PCNF-SiO_2 纤维相比较，经 HF 腐蚀去掉 SiO_2 以后，纤维中出现了很多白亮的孔洞。从选区衍射结果看，PCNF 具有无定形结构。在碳的无定形结构中，石墨层型结构的分子碎片无规则地堆积在一起，也可称为无定形结构（乱层结构）。另外，从能谱结果看 PCNF 残存有少量的 SiO_2。

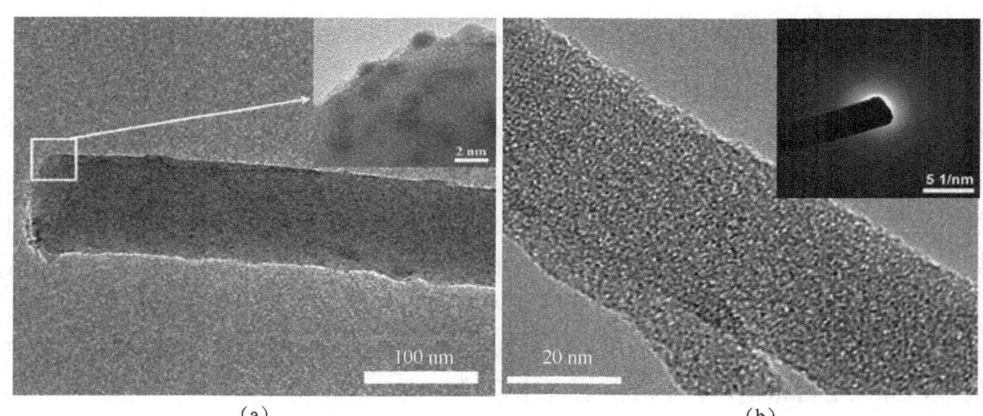

(a) (b)

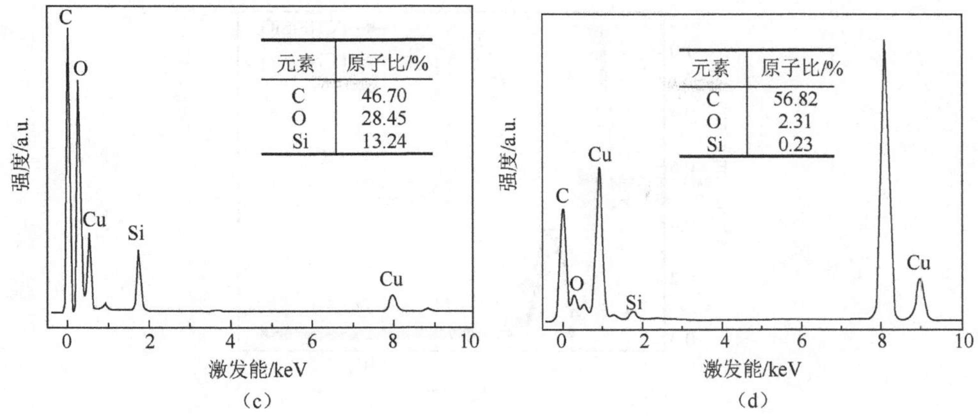

图 9-6 实验产物的 TEM 照片

(a) PCNF-SiO_2(内部小图为 HRTEM 照片);(b) PCNF(内部小图为选区衍射照片);
(c) PCNF-SiO_2 内部小颗粒能谱图;(d) PCNF 的能谱图

9.3.3 聚酰亚胺基多孔碳纳米纤维孔结构表征

为探究材料的孔结构和比表面积，对 HF 处理前后纳米纤维在 77 K 进行了恒温氮气吸脱附实验。图 9-7(a)为 HF 处理前后纳米纤维的氮气吸脱附曲线。从图中可见，PCNF-SiO_2 和 PCNF 均为 IUPAC Ⅰ 型曲线。这表明 PCNF-SiO_2 和 PCNF 均为典型的微孔特性。从其相应的孔径分布[图 9-7(b)]也可证明这点。用 NLDFT 计算孔径，PCNF-SiO_2 在 0.9 nm 左右存在一窄径峰，这主要由 PI 本身裂解而形成。经 HF 腐蚀后，PCNF 在 0.5 nm 和 1.1 nm 左右出现了两个峰值。经过 BET 计算，PCNF 的比表面积为 950 $m^2 \cdot g^{-1}$，而 PCNF-SiO_2 的为 565 $m^2 \cdot g^{-1}$。计算 PCNF-SiO_2 和 PCNF 的总孔容，分别为 0.37 cmg^{-1} 和 0.23 cm^3g^{-1}。可见，PCNF 具有丰富的孔隙结构和较高的比表面积，这为实现更好的电化学性能提供了大量的储能位点。而且，根据微孔储锂机理，PCNF 的微孔结构又非常有利于提高锂离子存储容量。

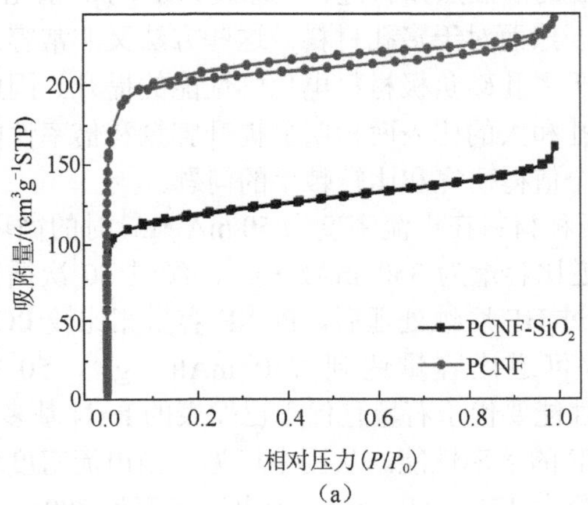

(a)

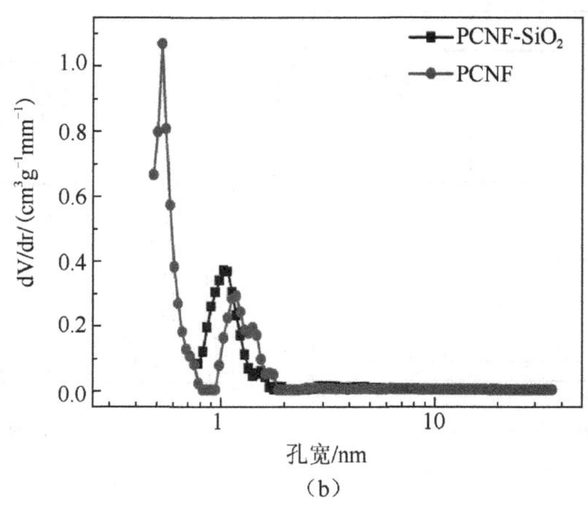

（b）

图 9-7　HF 处理前后纳米纤维的氮气吸脱附曲线（a）和孔径分布（b）

9.4　聚酰亚胺基多孔碳纳米纤维电化学性能表征

将得到的具有自支撑结构的 PI 基多孔碳纳米纤维，在未添加任何黏结剂、导电剂和不使用集流体的情况下，直接作为电极，在半电池中测试了电化学性能。图 9-8（a）和（b）为 PCNF-SiO_2 和 PCNF 的充放电曲线。从图中可见，在 0.65～0.85 V 间两种材料在首次放电时均有一电压平台，这同形成 SEI 膜有关。同时，两种材料的首次效率均不高。PCNF-SiO_2 首次效率为 43%，PCNF 首次效率为 48%，但从第二次循环开始两种材料库伦效率均提升到 95%以上。可见，因较大的比表面积，无论是 PCNF-SiO_2 还是 PCNF，其首次循环库伦效率均不高。然而比表面积的增大，又使电池充放电过程中离子反应具有更大的电解质/电极界面和更多的反应位点，有利于改善电解液对电极材料的浸润，缩短锂离子的传输距离，提高材料的容量和功率性能。在天然石墨负极材料中，普遍使用碳包覆和表面氧化等方法，减少石墨表面的活性点如碳链、边缘碳原子、sp^3 杂化碳原子、减少表面反应来提高首次效率。然而对于多孔材料，这些方法又非常容易堵塞和覆盖孔隙，尤其是微孔，不利于多孔碳负极材料电化学性能的提升。因此，针对多孔碳负极材料，充分利用造孔和大的比表面积明显提升容量和倍率性能的同时，提高首次循环库伦效率是一个值得研究和比较棘手的问题。

图 9-8（c）为两种材料在电流密度为 50 mA • g^{-1} 时的循环性能。从图中可见，PCNF-SiO_2 首次可逆比容量为 350 mAh • g^{-1}。经过 50 次循环，其可逆比容量为 208 mAh • g^{-1}。经过 HF 腐蚀处理后，PCNF 容量相比较 PCNF-SiO_2 有明显的提升，PCNF 的首次可逆比容量达到 730 mAh • g^{-1}，50 次的可逆比容量为 445 mAh • g^{-1}。此性能要优于石墨且优于已发表的 PAN 基多孔碳纳米纤维负极。图 9-8（d）为 PCNF 的倍率性能。从图中可见，当电流密度增加到 100 mA • g^{-1} 时，可逆比容量下降为 476 mAh • g^{-1}；当电流密度为 300 mA • g^{-1} 时，可逆比容

量为 330 mAh · g^{-1}；当电流密度为 500 mA · g^{-1} 时，可逆比容量为 279 mAh · g^{-1}；但当电流密度减小到 50 mA · g^{-1} 时，可逆比容量又恢复到 418 mAh · g^{-1}。可见，PI 基多孔碳纤维具有良好的倍率性能。

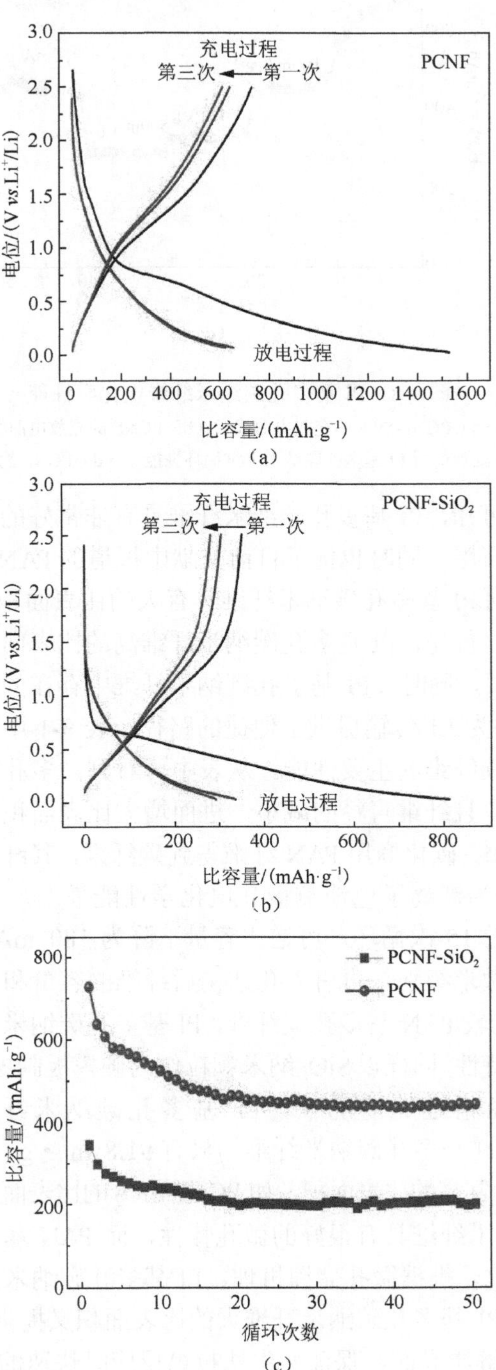

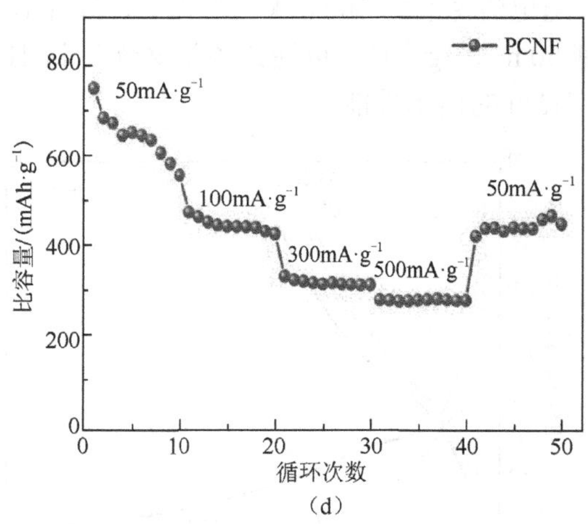

（d）

图 9-8　PI 基多孔碳纳米纤维电化学性能

（a）PCNF-SiO_2 的充放电曲线；（b）PCNF 的充放电曲线；
（c）HF 处理前后 PI 基多孔碳纳米纤维循环性能；（d）PCNF 的倍率性能

综合以上分析可知，PI 基多孔碳纳米纤维具有非常好的电化学性能，其容量和倍率性能要优于石墨，同时也优于目前文献中报道的 PAN 基多孔碳纳米纤维。究其原因，这主要同 PI 基多孔碳纳米纤维具有大的比表面积、独特的微孔结构和一维纳米结构有关。首先，PI 基多孔碳纳米纤维高的比表面积提供了更大的电极/电解质界面吸附 Li^+，同时，PI 基多孔碳纳米纤维中存在的良好微孔结构又提高了 Li^+存储容量，并为 Li^+传输提供了便捷的路径。表 9-1 中汇总了目前文献中报道的碳纤维及多孔碳纤维的主要性能。从表中可看到，多孔碳纤维性能要明显高于未造孔的碳纤维，且纤维直径的减小，进而增大比表面积更加有利于获得更好的电化学性能。例如，碳化商用 PAN 纤维得到碳纤维，其纤维直径达到了微米级别，为 10 μm，作为锂离子电池负极其电化学性能最差，首次可逆比容量仅为 300 mAh • g^{-1}，经过 15 次循环，可逆比容量下降为 180 mAh • g^{-1}。当碳纤维直径减小到纳米或亚微米级别，再引入孔结构后纤维的容量和倍率性能获得了明显的提升。另外，相比较 PAN 基多孔碳纤维，PI 基多孔碳纳米纤维具有更大的比表面积和较好的微孔特性。同样以 SiO_2 纳米颗粒作为硬模板制备的多孔碳纤维为例，在得到的纤维直径相近的情况下，PI 基多孔碳纳米纤维的比表面积达到 950 m^2 • g^{-1}，而 PAN 基多孔碳纳米纤维则只有 91.8 m^2 • g^{-1}。即使没有造孔，PI 基碳纤维仍然具有非常高的比表面积，如 PCNF-SiO_2 的比表面积达到 565 m^2 • g^{-1}。而且 PI 基多孔碳纳米纤维具有很好的微孔特性，而 PAN 基多孔碳纳米纤维则主要以中孔为主。因此，根据微孔储锂机理，PI 基多孔碳纳米纤维更加有利于获得更高的容量。而且 PI 基多孔碳纳米纤维大的比表面积又提供了更多的 Li^+吸附位点和更大的电极/电解质界面，保证发生法拉第反应时快速的电子传输和 Li^+的快速迁移有利于 PI 基多孔碳纳米纤维获得更大的容量和更优异倍率性能；第二，PI 基多孔碳纳米纤维的三维网状结构的导电纤维保证了电子的快速传输，加快了电化学法拉第反应。同时纤维网络之间存在的大量孔隙，有利于电解液的充分浸润和 Li^+的嵌入/脱出，提高了负极材料的电化学性能；第三，直径纳米级别的纤维缩短了离子的传输距离。最后，具有自支撑结构的 PCNF 负极在充放电过程中有效抵御了体积变化，阻止了电极材料的粉化失效。

表 9-1　碳纤维及多孔碳纤维性能

材料	纤维直径/nm	比表面积/（$m^2 \cdot g^{-1}$）	孔结构	首次容量/（$mAh \cdot g^{-1}$）	首次效率/%	50 次容量/（$mAh \cdot g^{-1}$）	文献
PCNF-SiO_2	80～300	565	微孔	350	43	208	本研究
PCNF	80～300	950	微孔	730	48	445	本研究
商用 PAN	10000	—	—	300	—	180（15 次）	[168]
PAN	200～300	—	—	450	45	—	[66]
PCNF-PAN-SiO_2	200～300	91.8	微孔、中孔（中孔为主）	567	52	450（10 次）	[69]
PCNF-PAN-PLLA	200～300	235	微孔、中孔（微孔为主）	566	66	435	[68]
PCNF-PAN-$ZnCl_2$	200～300	332.8	微孔、中孔（微孔为主）	533	61	420（10 次）	[163]

9.5　本 章 小 结

本章选取聚酰亚胺（PI）为碳前驱体，以原位生成 SiO_2 纳米颗粒为牺牲模板，通过电纺丝、热处理和腐蚀造孔等方法，首次制备了一种适用于锂离子电池的，具有自支撑结构的 PI 基一维多孔碳负极材料，得到结论如下。

（1）PI 基多孔碳纳米纤维由纳米碳纤维无规则纺织而成，具有高的比表面积和较好的微孔结构，有利于电解液的浸润和 Li^+的嵌入/脱出，并可以减少充放电时材料整体的体积变化。

（2）PI 基多孔碳纳米纤维具有较高的容量（730 $mAh \cdot g^{-1}$）、循环稳定性和倍率性能，其负极性能优于聚丙烯腈（PAN）基多孔碳纳米纤维。这主要同 PI 基多孔碳纤维所具有的独特微孔结构、大的比表面积有关。

（3）PI 基多孔碳纳米纤维具有自支撑结构，有一定的机械强度，无需任何导电剂和黏结剂，可直接用做锂离子电池的电极。

综上所述，一维 PI 基多孔碳负极材料是一种很有前景的锂离子电池负极材料。这也证明仅通过改变碳前驱体便可获得性能更为优异的一维多孔碳负极材料。

第 10 章　电纺制备锂离子电池自支撑一维掺氮多孔碳负极材料

10.1　引　　言

上一章，通过改变碳前驱体即选取聚酰亚胺为碳前驱体，获得了性能更为优异的具有自支撑结构多孔碳纳米纤维锂离子电池负极材料。然而聚酰亚胺又存在制备复杂，可纺性较差等缺点。实际上，在碳材料中掺杂一些异质元素，同样也可起到调控碳材料的性质，提高碳材料电化学性能的目的。目前，文献中报道的用于提高锂离子电池负极性能的常用异质元素有 S[169]、P[170, 171]、B[172–174]和 N[72, 175–189]或这些元素的复合物，如 B-N[190]。在这些元素中，N 尤其引起人们的关注。究其原因：①N 元素原子半径接近于碳元素原子半径，而且 N 元素的电负性（3.04）要大于碳元素的电负性（2.55）。因此，N 元素非常容易同碳材料进行掺杂，且相比较碳又更易于同 Li^+结合从而提高材料容量。②N 掺杂可增强基体材料导电性，提高材料对 Li^+的吸收能，降低了 Li^+传输能量壁垒，从而提高了材料的容量和倍率性能。因此，如果对多孔碳材料进行 N 掺杂有望获得具有优异电化学性能的新型碳负极材料。根据这一思路，近些年也有文献报道了对多孔碳材料进行 N 掺杂，从而获得了良好的电化学性能。例如，Mao 等[182]以纳米 $CaCO_3$ 牺牲模板，通过热解凝胶而获得了一种具有优良电化学性能的、掺氮的介孔碳锂离子电池负极材料。经过测试，在 0.1 mA・cm^{-1} 电流密度下，其首次可逆比容量达到 1024 mAh・g^{-1}。经过 40 次循环容量稳定在 900 mAh・g^{-1}。Qie 等[183]用聚吡咯为前驱体，运用氧化模板组装和后续的碳化和 KOH 活化的方法来制备掺氮多孔碳纳米纤维。相比较颗粒状掺氮多孔碳负极材料，此掺氮多孔碳纳米纤维具有更为优异的电化学性能。经过测试，在 0.1 A・g^{-1} 电流密度下，其首次可逆比容量达到文献中报道的碳基负极材料最高值 1280 mAh・g^{-1}。同时其倍率性能也非常优异，在 2 A・g^{-1} 电流密度下，经过 600 次循环其容量依然达到了 943 mAh・g^{-1}。但此方法获得的掺氮多孔碳纳米纤维，需用模板法原位合成聚吡咯，程序复杂、工艺敏感、成本高昂且不利于工业化。因此，在本章，运用电纺丝方法结合后续的活化等过程获得了一种制备工艺简单、价格低廉且掺氮量较高、电化学性能优良、具有自支撑结构的掺氮多孔碳纳米纤维锂离子电池负极材料。

10.2　电纺制备锂离子电池自支撑一维掺氮多孔碳负极材料

10.2.1　实验过程

具体制备思路见图 10-1。依然选择了价格低廉且可纺性较好的聚丙烯腈（PAN）为碳前驱体，同时在制备电纺前驱溶液的过程当中掺入含氮量高且价格低廉的三聚氰胺（Melamine，以下简称 Mel）（含氮量为 66.67%）结合后续的电纺丝和活化等方法来制备掺氮量较高的掺氮多孔碳纳米纤维。此方法简单、价格低廉、易于工业化，且制得的产品具有自支撑结构，可直接用作负极，无需添加导电剂和黏结剂。

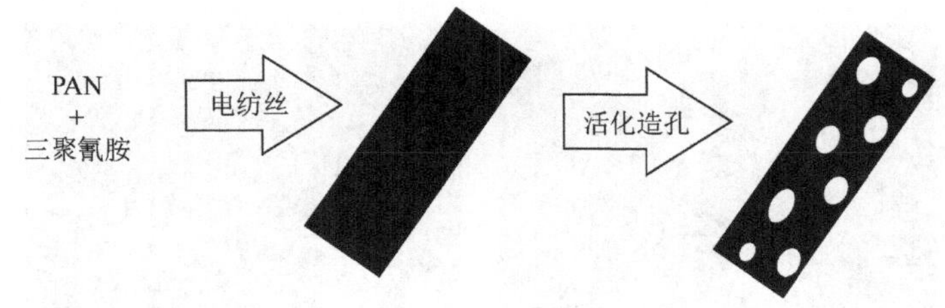

图 10-1　制备掺氮多孔碳纳米纤维制备思路

具体实验过程如下。

（1）将 PAN 溶入 *N,N*-二甲基甲酰胺（DMF）当中配制前驱体溶液。配制 10% PAN/DMF 溶液，并按 Mel∶PAN =0∶1、1∶2、1∶3、1∶4（质量比）加入三聚氰胺（Mel），70℃搅拌 10 h。得到未掺氮和掺氮电纺前驱体溶液 PAN 和 NPAN-*n*（*n* 指代 Mel 和 PAN 的质量比，如 12 即指 Mel 和 PAN 质量比为 1∶2）。

（2）将前驱体以 1.0 $mL \cdot h^{-1}$ 的恒定速率用微量定量泵送至电纺丝装置。电纺丝用平头不锈钢针头作为喷嘴，内径约为 1 mm。收集板为石墨纸。针头与石墨板间的距离为 20 cm，电压为 25 kV。得到电纺丝纤维布。

（3）预氧化：将电纺丝纤维布经过如下预氧化温度制度进行预氧化：在升温速率 5℃ $\cdot min^{-1}$ 下，从室温升到 250℃保温 1 h。在升温速率 2℃ $\cdot min^{-1}$ 下，升到 260℃和 270℃，分别保温 1 h 和 2 h。

（4）碳化：将电纺丝纤维布在升温速率 5℃ $\cdot min^{-1}$ 下，从室温升到 850℃，850℃保温 40 min。得到未掺氮碳纤维 CNF 和掺氮碳纤维 NCNF-*n*。

（5）碳化-活化：将电纺丝纤维布在升温速率 5℃ $\cdot min^{-1}$ 下，从室温升到 850℃，850℃保温 10 min，并通 20%（体积比浓度）水蒸气 30 min，得到未掺氮多孔碳纤维 PCNF 和掺氮多孔碳纤维 NPCNF-*n*。

（6）得到的样品直接用作电极，无需任何导电剂和黏结剂。电化学测试的电解液为碳酸乙烯酯（EC）和碳酸二甲酯（DMC）的混合物，EC∶DMC=1∶1（体积比），锂盐为 1mol · L^{-1} $LiPF_6$。测试条件为恒流充放电，电压范围为 0.01～3.00 V。

10.2.2 掺氮多孔碳纳米纤维的结构

图 10-2 为所得样品的微观形貌。从图中可看出，碳化和碳化-活化碳纳米纤维具有相似的形貌，均为大量的纤维相互无规则缠结在一起，且纤维之间存在大量的空隙，是典型的电纺无纺纤维形貌。纤维的直径分布从数十到数百个纳米。另外，碳化或碳化-活化纯 PAN 得到的纳米纤维，表面相对光滑、纤维直径分布比较均匀。而随着三聚氰胺加入量的增加，纤维形貌发生变化，表面变得粗糙、不规则，出现了很多结块，直径分布也变得不均匀。这主要是因为随着三聚氰胺加入量的增加，溶液的可纺性大大降低。

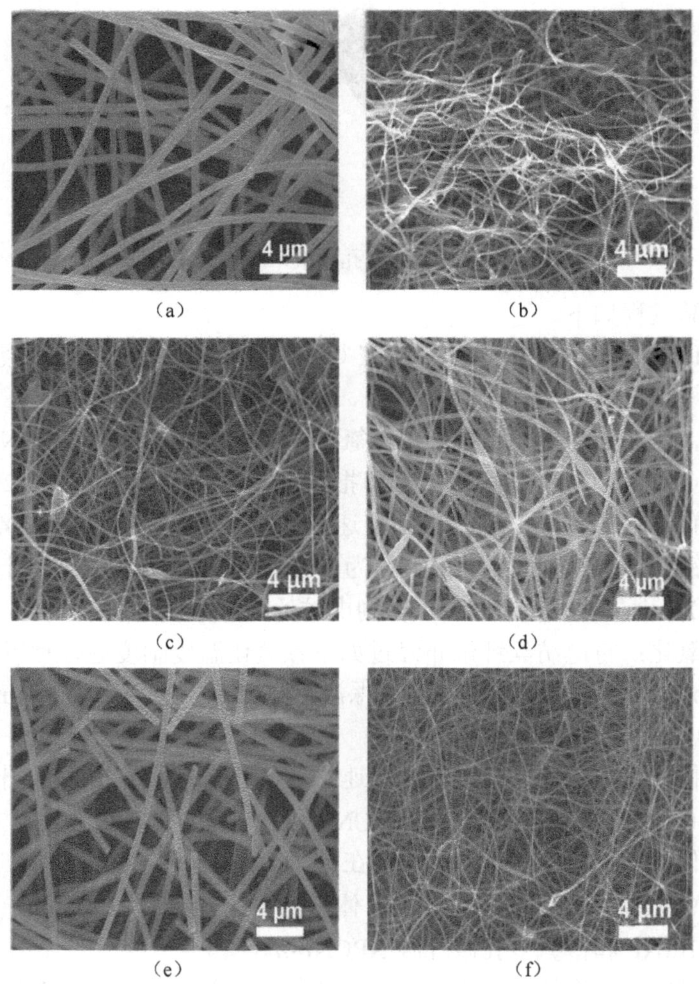

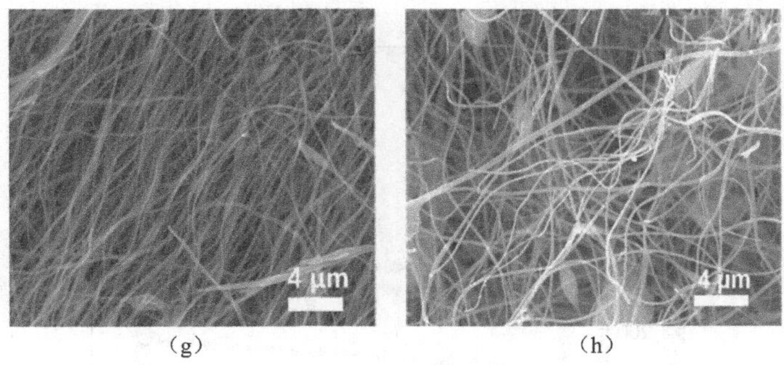

（g）　（h）

图 10-2　碳化和碳化-活化碳纳米纤维的 SEM 照片

（a）CNF；（b）NCNF-14；（c）NCNF-13；（d）NCNF-12
（e）PCNF；（f）NPCNF-14；（g）NPCNF-13；（h）NPCNF-12

图 10-3 为碳化和碳化-活化碳纳米纤维的 TEM 微观形貌。从图中可见，未活化的碳化纳米纤维，纤维表面相对光滑。而经过碳化-活化处理后，纳米纤维表面明显变得凸凹不平，产生了很多孔洞。从选区衍射的结果看两种掺氮碳纳米纤维均为无定形结构。

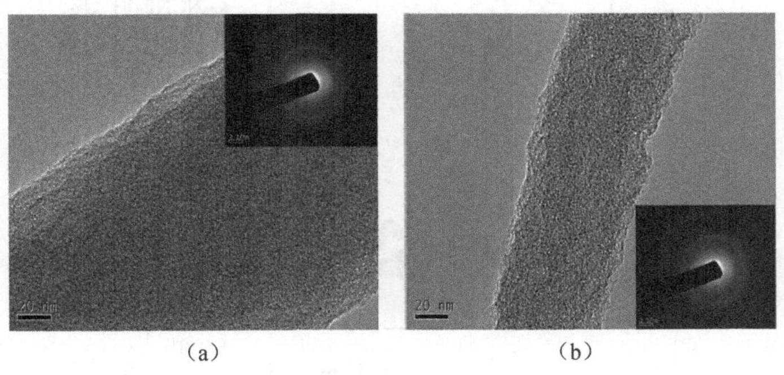

（a）　（b）

图 10-3　碳化和碳化-活化碳纳米纤维的 TEM 照片

（a）NCNF-12；（b）NPCNF-12（内部小图为相应选区衍射照片）

图 10-4 所示为上述所有碳化和碳化-活化碳纳米纤维的氮气吸脱附曲线和相应的孔径分布。从图 10-4（a）可见，根据 IUPAC 分类所有样品均为 I 型，表明所有样品均以微孔为主。从相应的孔径分布图[10-4（b）]可见，所有样品均以微孔为主。各个样品的 BET 比表面积结果列于表 10-1。明显地，相比较未活化碳纳米纤维，经过活化的纳米纤维具有较高的比表面积。

表 10-1　不同碳化和碳化-活化碳纳米纤维的比表面积、总孔容和 N/C 原子比

样品	CNF	PCNF	NCNF-14	NPCNF-14	NCNF-13	NPCNF-13	NCNF-12	NPCNF-12
比表面积/（$m^2 \cdot g^{-1}$）	231	560	329	950	322	1027	305	1056
总孔容/（$cm^3 \cdot g^{-1}$）	0.12	0.31	0.17	0.47	0.16	0.54	0.16	0.55
N/C 原子比/%	4.1	0.99	5.1	1.82	6.31	2.04	7.2	2.9

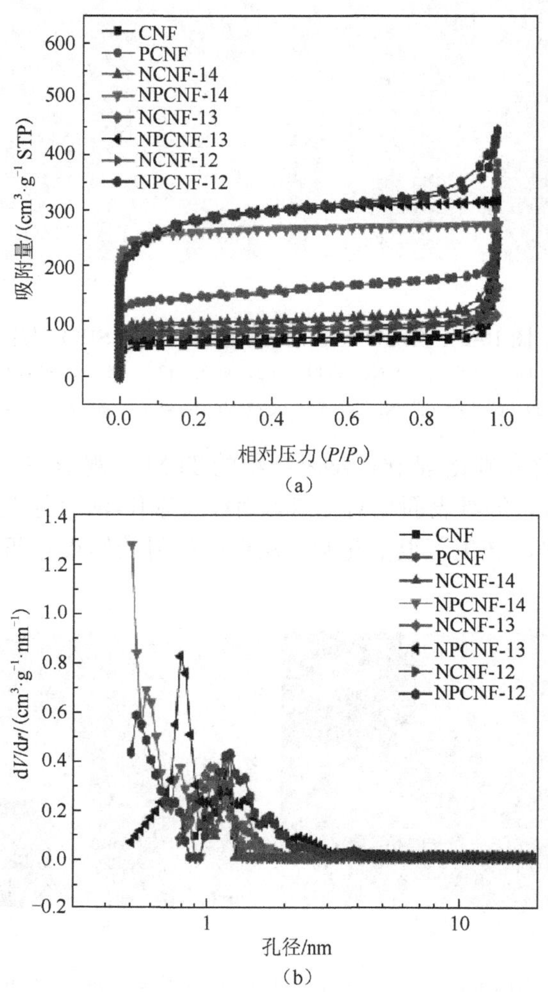

图 10-4　不同活化和未活化碳纤维的氮气吸脱附曲线（a）和孔径分布（b）

图 10-5（a）为不同碳化和碳化-活化碳纳米纤维 XRD 分析结果。从图中可见，所有样品均在 2θ 角 23° 左右存在一对应于石墨（002）衍射峰的“馒头峰”，表明不同碳化和碳化-活化碳纳米纤维均为典型的无定形结构，且相比较活化碳纳米纤维，未活化碳纳米纤维的 2θ 衍射峰更加尖锐，表明经过活化处理的碳纳米纤维有序度降低。

为测试氮元素含量和氮元素的存在形式，对不同碳化和碳化-活化碳纳米纤维进行了 XPS 分析。图 10-5（b）为所有样品 XPS 分析结果。从图 10-5（b）中可见，所有样品均在 285 eV、400 eV 和 540 eV 附近出现了三个峰，分别对应于 C 1S、N 1S 和 O 1S 峰，证明所有碳化和碳化-活化碳纳米纤维中均含有 C、N 和 O 三种元素。所有样品的 XPS 分析得到的 N/C 原子比列于表 10-1 中。明显，样品中氮的含量随着三聚氰胺的增加而增加，同时水蒸气活化会显著降低氮含量。图 10-5（c～d）为 NPCNF-12、NCNF-12 的 N 1s 谱。从图中可见，NPCNF-12 的 N 1s 谱在 398.5 eV 和 400.1 eV 附近出现了两个峰，分别对应于吡啶氮（pyridinic nitrogen，N-6）和吡咯氮（pyrrolic/pyridone nitrogen，N-5）。NCNF-12 则在 398.5 eV 和 402.0 eV 附近存在两峰对应于吡啶氮（pyridinic nitrogen，N-6）和季铵氮（quaternary，N-Q）。

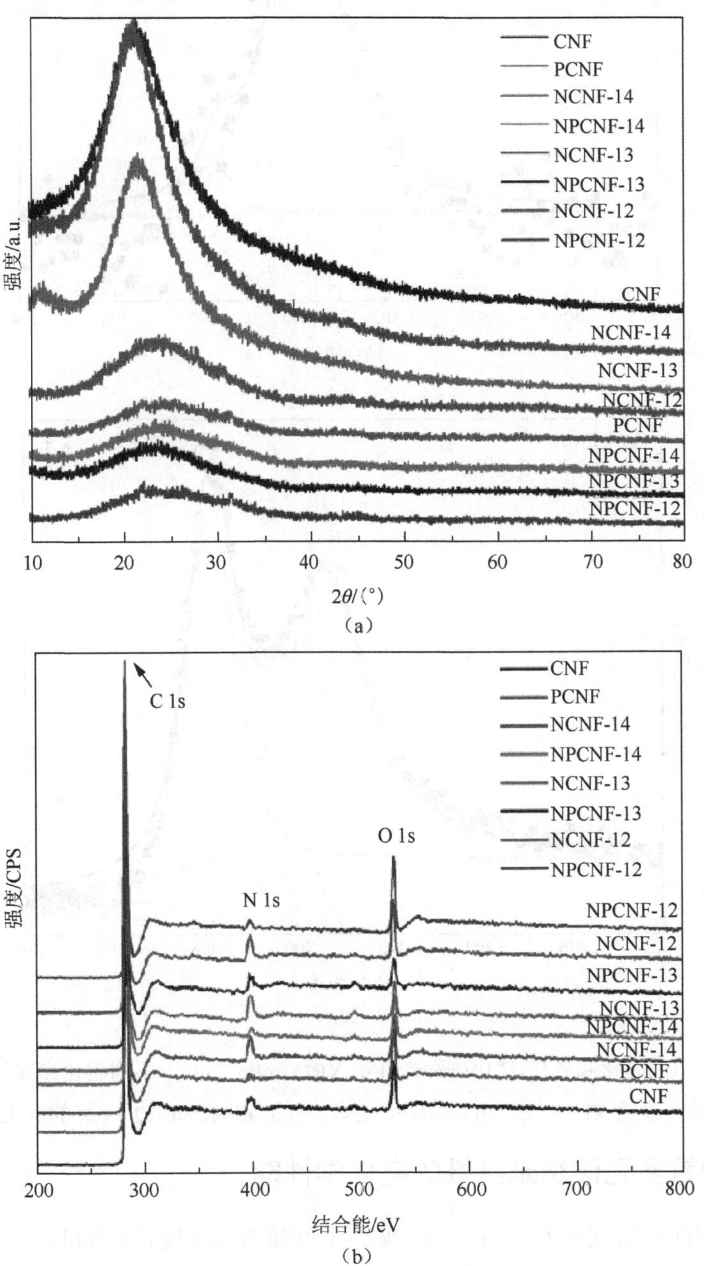

（a）

（b）

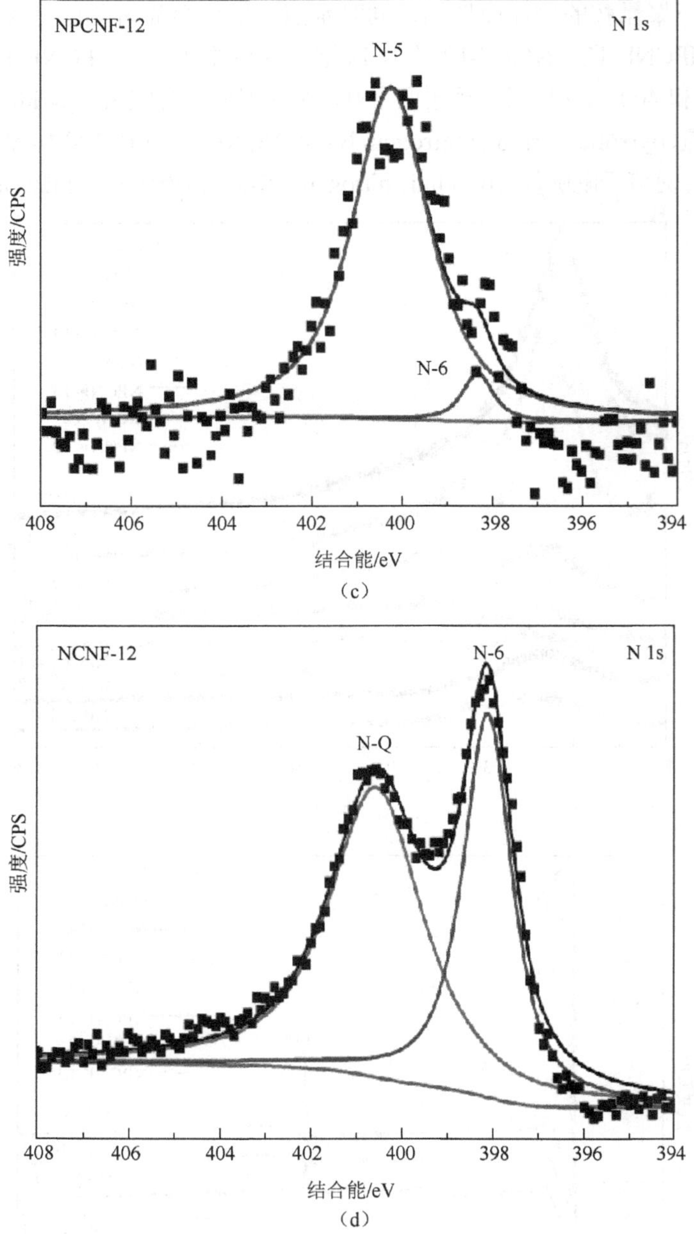

(c)

(d)

图 10-5 不同碳化和碳化-活化碳纳米纤维 XRD 分析（a）、不同碳化和碳化-活化碳纳米纤维的 XPS 全谱（b）、NPCNF-12（c）和 NCNF-12（d）的 N 1s 谱

10.2.3 掺氮多孔碳纳米纤维的电化学性能

将得到的不同碳化和碳化-活化碳纳米纤维在未用黏结剂和导电剂等的情况下直接作为电极材料，以金属锂片为对电极做成半电池测试它的电化学性能。

图 10-6（a）为不同活化和未活化碳纤维在 50 mA · g^{-1} 电流密度下充放电循环性能。从图中可见，相比较未掺氮和未活化造孔碳纳米纤维，掺氮多孔碳纳米纤维具有更高的容量。而且，随着含氮量的提高，样品的可逆容量更高。NPCNF-12 的首次可逆容量最高，达到 1233 mAh · g^{-1}，此性能几乎是商用石墨（理论容量 372 mAh · g^{-1}）的三倍。但是，值得指出的是 NPCNF-12 虽具有超高的首次可逆容量，可其循环性能不是太好，经过 50 次循环，其可逆容量仅为 513 mAh · g^{-1}，容量保持率为 42%。相对活化碳纤维，未活化碳纤维则具有较好的循环性能。以其中含氮量最高、容量最高的 NCNF-12 为例，虽然其第二次循环可逆容量从第一次的 621 mAh · g^{-1} 降到 441 mAh · g^{-1}，但随后其容量相对稳定，经过 50 次循环，其可逆容量为 363 mAh · g^{-1}。图 10-6（b）和（c）为 NPCNF-12 和 NCNF-12 的 0.01～3.00 V 电压范围充放电曲线。从图中可见，NPCNF-12 和 NCNF-12 首次放电时在 0.65～0.85 V 均有一电压平台，这同电解液分解形成 SEI 膜有关[66]。NPCNF-12 的首次放电比容量为 1233 mAh · g^{-1}，首次充电比容量为 1570 mAh · g^{-1}，首次库仑效率为 78.5%。这较大的不可逆容量可归于形成 SEI 膜和电解液的副反应。图 10-6（d）为 NPCNF-12 和 NCNF-12 的倍率性能。从图中可见，相比较 NCNF-12，NPCNF-12 具有更好的倍率性能。当电流密度增加到 100 mA · g^{-1} 时，可逆比容量下降为 753 mAh · g^{-1}；当电流密度为 200 mA · g^{-1} 时，可逆比容量为 532 mAh · g^{-1}；当电流密度为 500 mA · g^{-1} 时，可逆比容量为 346 mAh · g^{-1}；当电流密度为 1000 mA · g^{-1} 时，可逆比容量为 243 mAh · g^{-1}；但当电流密度减小到 50 mA · g^{-1} 时，可逆比容量又恢复到 560 mAh · g^{-1}。可见，NPCNF-12 具有较好的倍率性能。

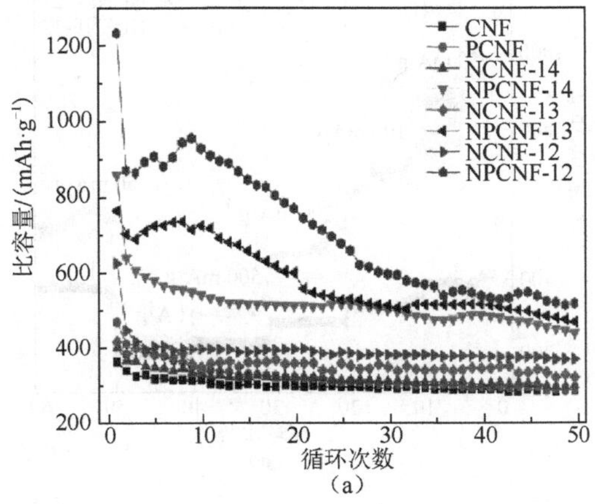

（a）

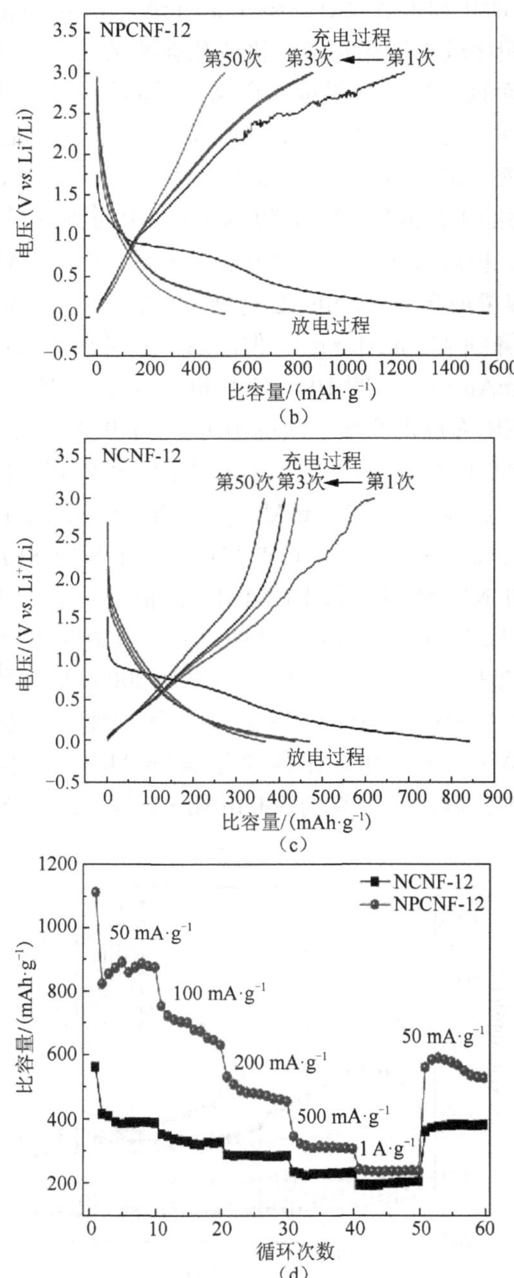

图 10-6　碳化和碳化-活化碳纳米纤维的电化学性能

(a) 不同碳化和碳化-活化碳纳米纤维循环性能；(b) NPCNF-12 的充放电曲线；(c) NCNF-12 的充放电曲线；(d) NPCNF-12 和 NCNF-12 的倍率性能

综合以上分析，经过造孔和掺氮，碳纳米纤维的电化学性能有了大幅度提高。不管是碳化和碳化-活化碳纳米纤维，随着氮含量的增加碳纳米纤维的可逆容量具有明显的提升。其中，活化造孔并掺氮的碳纳米纤维普遍具有超高的可逆容量，但其循环性能又普遍不尽如人意，而未活化造孔的碳纤维循环性能则较好。分析原因，这有可能同活化碳纤维氮含量较低有关。例如，Mel 和 PAN 质量比为 1∶2 的样品，未活化单纯碳化后，样品 NCNF-12 的 N/C 原子比较高，为 7.2%。但经过水蒸气活化后，N/C 原子比降为 2.9%。因此，为克服这一缺陷，在下一节对活化方式进行了改变，即将水蒸气活化改为氨气处理，以达到提高掺氮多孔碳纤维中氮含量的目的。

10.3　氨气处理提高掺氮多孔碳纤维负极材料电化学性能

10.3.1　实验过程

试样制备过程同 10.2.1 节基本相同，在此不再赘述。唯一改变是将水蒸气活化改为氨气处理。其具体碳化-活化过程为：将 NPAN-12 电纺丝纤维布在升温速率 5℃ • min^{-1} 下，从室温升到 850℃，850℃保温 10 min，并通 20%（体积比浓度）氨气 30 min，得到掺氮活化碳纤维 NPCNF-N-12。

10.3.2　氨气处理制备掺氮多孔碳纤维的结构

首先对 NPCNF-N-12 的宏观形貌进行了观察。从图 10-7 可见，NPCNF-N-12 具有典型的膜状自支撑结构。实际上，此膜状物具有一定的机械强度，可被任意

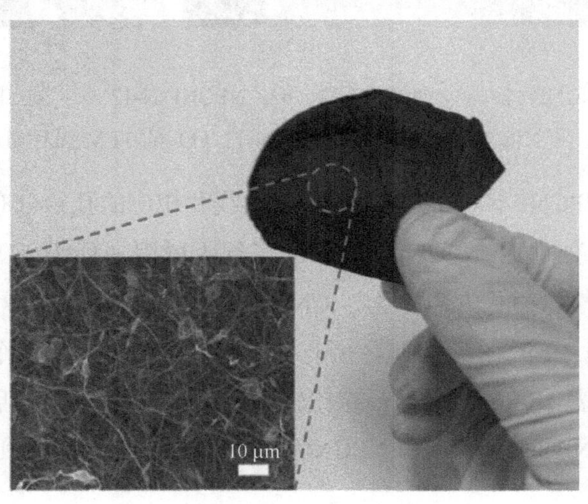

图 10-7　NPCNF-N-12 宏观形貌

内部小图为 NPCNF-N-12 微观形貌

弯折，用剪刀等剪成任意形状，并可直接用作电极，无需任何黏结剂和添加剂。图 10-7 内部小图为 NPCNF-N-12 微观形貌。从图中可见，氨气处理后得到的掺氮多孔碳纳米纤维 NPCNF-N-12 具有典型的无纺交联纤维微观形貌，纤维有粗有细，直径分布范围较宽，主体纤维直径主要为 200～300 nm。且得到的电纺丝产物中除了纤维以外，还存在很多的结块。

图 10-8 为样品放大的微观形貌。从图 10-8[（a）～（c）]中可以看出，NPCNF-N-12 的微观形貌同未活化掺氮碳纳米纤维 NCNF-12 和经过水蒸气活化的掺氮多孔碳纳米纤维 NPCNF-12 的微观形貌非常类似，证明氨气处理同样能将原始形貌保持下来。图 10-8（e）和（f）为掺氮碳纤维的 TEM 照片。从图中可见，未活化纤维 NCNF-12 的表面相对较为光滑。而经过碳化-活化处理后，无论是 NPCNF-12 或 NPCNF-N-12，纤维表面均明显凸凹不平，产生了很多孔洞。且从选区衍射的结果看两种掺氮碳纤维均为无定形结构。

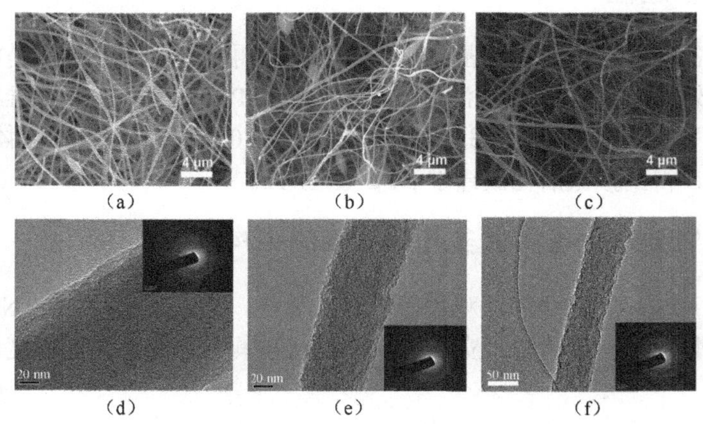

图 10-8 NCNF-12（a），NPCNF-12（b），NPCNF-N-12（c）的 SEM 照片；NCNF-12（d）和 NPCNF-12（e），NPCNF-N-12（f）的 TEM 照片和选区电子衍射

图 10-9 为 NPCNF-N-12 的氮气吸脱附曲线和相应的孔径分布。从图 10-9（a）可见，经过氨气处理后 NPCNF-N-12 的氮气吸脱附曲线为 IUPAC Ⅰ 型，表明 NPCNF-N-12 依然以微孔为主。这与 CNF、NCNF-12、NPCNF-12 一致。从相应的孔径分布图[图 10-9（b）]可见，所有样品均以微孔为主。各个样品的 BET 比表面积结果列于表 10-2。明显地，相比较未活化碳纤维，经过活化的纤维具有较高的比表面积。NPCNF-N-12 和 NPCNF-12 的比表面积分别达到 1198 $m^2 \cdot g^{-1}$ 和 1056 $m^2 \cdot g^{-1}$。

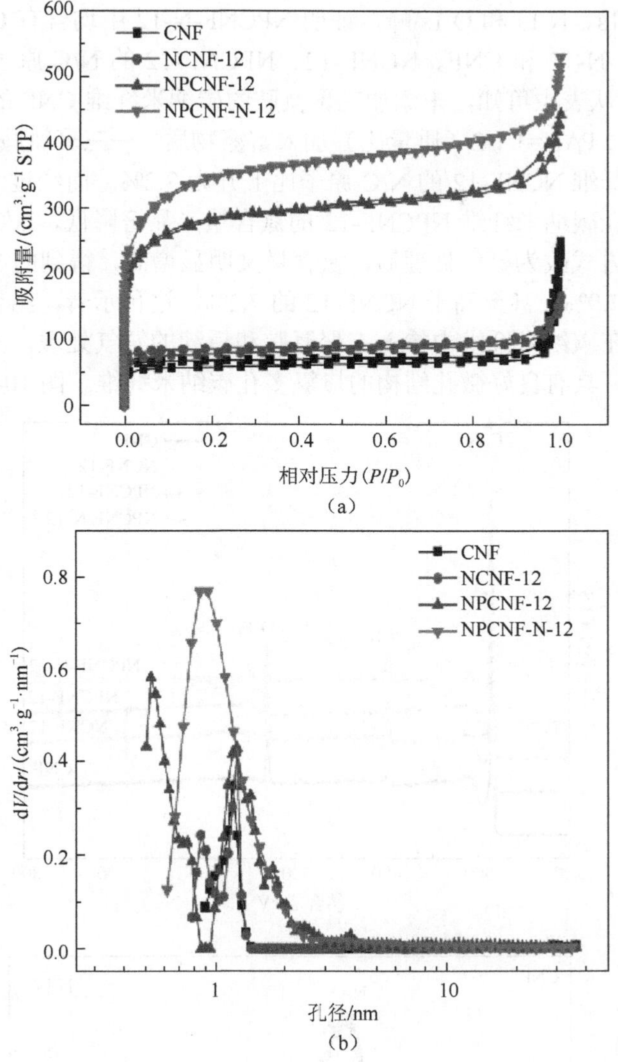

图 10-9 碳化纤维和碳化-活化纤维的氮气吸脱附曲线（a）和孔径分布（b）

表 10-2 各个样品的比表面积、N/C 原子比和交流阻抗谱拟合结果

样品	比表面积 /（$m^2 \cdot g^{-1}$）	总孔容 /（$cm^3 \cdot g^{-1}$）	吡啶氮/%	N/C 原子比/%	R_e/Ω	R_f/Ω	R_{ct}/Ω
CNF	231	0.12	31.61	4.1	8.9	2.5	23.6
NCNF-12	305	0.16	36.24	7.2	6.6	3.8	21.3
NPCNF-12	1056	0.55	5.47	2.9	3.9	1.3	5.9
NPCNF-N-12	1198	0.67	38.38	7.9	2.9	1.6	0.05

为测试 NPCNF-N-12 中氮元素含量和形式，进行了 XPS 测试。从图 10-10（a）中可见，NPCNF-N-12 在 285 eV、400 eV 和 540 eV 附近出现了三个明显的峰，

分别对应于 C 1s、N 1s 和 O 1s 峰，证明 NPCNF-N-12 中均含有 C、N 和 O 三个元素。NPCNF-N-12 和 CNF、NCNF-12、NPCNF-12 的 N/C 原子比结果汇总于表 10-2 当中。从表中可知，未添加三聚氰胺的碳纳米纤维 CNF 的 N/C 原子比为 4.1%，按 Mel∶PAN=1∶2（质量比）加入富氮物质——三聚氰胺（Mel）后得到的掺氮碳纳米纤维 NCNF-12 的 N/C 原子比上升为 7.2%。而经过水蒸气活化后，得到的掺氮多孔碳纳米纤维 NPCNF-12 的氮含量又显著降低，N/C 原子比下降为 2.9%。将活化方式改为氨气处理后，氮含量又明显增高，得到的 NPCNF-N-12 的 N/C 原子比为 7.9%，甚至高于 NCNF-12 的 7.2%。这预示着，结合氮气吸脱附实验结果，通过在碳纳米纤维中掺入三聚氰胺和后续的氨气处理，非常有利于得到掺氮量较高的，具有良好微孔结构的掺氮多孔碳纳米纤维。图 10-10（b）～（d）

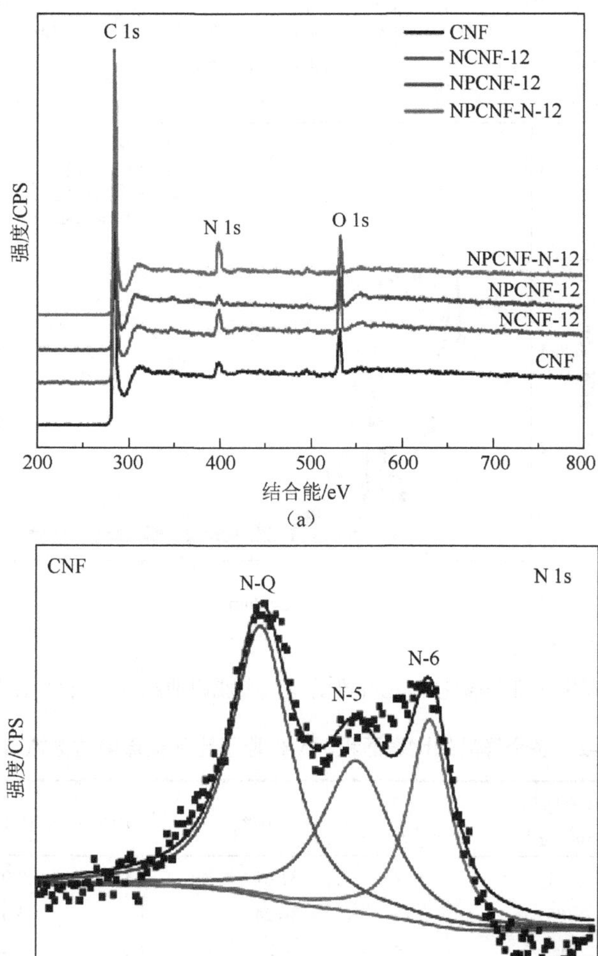

（a）

（b）

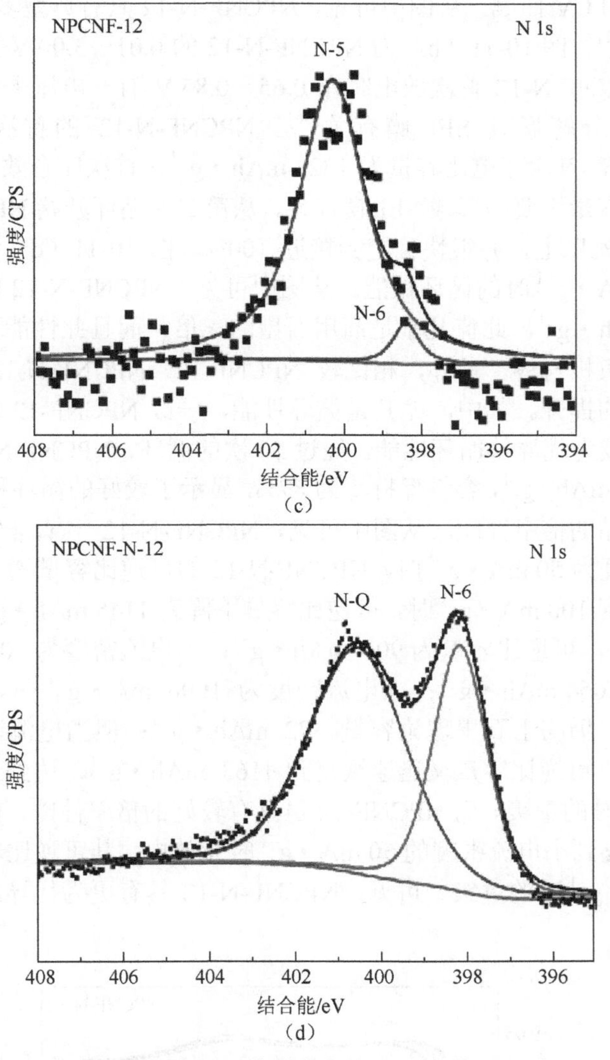

图 10-10 碳化纤维布和碳化-活化纤维布的 XPS 全谱（a）和 CNF（b），NPCNF-12（c），NPCNF-N-12（d）的 N 1s 谱

为 CNF、NPCNF-12、NPCNF-N-12 的 N 1s 谱。从图中可见，CNF 的 N 1s 谱在 398.5 eV、400.1 eV 和 402.0 eV 附近出现了三个峰，分别对应于 pyridinic（N-6）、pyrrolic/pyridone（N-5）和 quaternary（N-Q）形式氮。NPCNF-12 则有 N-5 和 N-6，NPCNF-N-12 有 N-6 和 N-Q 两个峰，且相比较 CNF、NCNF-12 和 NPCNF-12，NPCNF-N-12 具有较大面积，约 38.38%的 N-6 氮。

10.3.3 氨气处理制备掺氮多孔碳纤维的电化学性能

在未用黏结剂、导电剂和集流体等的情况下，将 NPCNF-N-12 直接作为电极材料，以金属锂片为对电极，制成半电池测试了电化学性能。图 10-11（a）为

NPCNF-N-12 的 CV 曲线。从图中可见，NPCNF-N-12 具有典型多孔碳材料的 CV 曲线特性[183, 191]。图 10-11（b）为 NPCNF-N-12 的 0.01～3.00 V 充放电曲线。从图中可见，NPCNF-N-12 首次放电时在 0.65～0.85 V 有一电压平台，这同初次插锂时，电解液分解形成 SEI 膜有关[66]。NPCNF-N-12 的首次放电比容量为 2245 mAh • g^{-1}，首次充电比容量为 1323 mAh • g^{-1}，首次库仑效率为 58.9%。这较大的不可逆容量主要同形成 SEI 膜有关。从第二次循环开始 NPCNF-N-12 库仑效率提升到 95%以上，并很快稳定到接近 100%。图 10-11（c）为各个样品在电流密度为 50 mA • g^{-1}时的循环性能。从图中可见，NPCNF-N-12 的首次可逆比容量为 1323 mAh • g^{-1}，此值几乎是商用石墨的三倍，而且此性能更是优于目前文献中报道的碳负极材料。另外，相比较 NPCNF-12，NPCNF-N-12 的容量和循环性能均有一定的提升。其中，尤其是循环性能，一改 NPCNF-12 循环性能较差的颓势，表现出较为优异的循环性能。经过 50 次的循环，NPCNF-N-12 的可逆比容量仍保留 1150 mAh •g^{-1}，容量保持率为 87%，显示了较好的循环稳定性。图 10-11（d）为各个样品的倍率性能。从图中可见，NPCNF-N-12 具有非常优异的倍率性能。当电流密度为 50 mA • g^{-1}时，NPCNF-N-12 的可逆比容量为 1315 mAh • g^{-1}；电流密度增加到 100 mA • g^{-1}时，可逆比容量下降为 1145 mAh • g^{-1}；电流密度为 200 mA • g^{-1}时，可逆比容量为 906 mAh • g^{-1}；当电流密度为 500 mA • g^{-1}时，可逆比容量为 654 mAh • g^{-1}；当电流密度为 1000 mA • g^{-1} 时，可逆比容量为 473 mAh • g^{-1}，仍高于石墨理论容量 372 mAh • g^{-1}；但当电流密度再度减小到 50 mA • g^{-1}时，可逆比容量又迅速恢复到 1163 mAh • g^{-1}，达到最初的电流密度为 50 mA • g^{-1}时的量级。而 NPCNF-12 虽具有较好的倍率性能，但经过大电流充放电，再度恢复到小电流密度的 50 mA • g^{-1}时充放电，其可逆比容量只能恢复到最初 100 mA • g^{-1}时的量级。可见，NPCNF-N-12 具有更为优异的倍率性能和循环稳定性能。

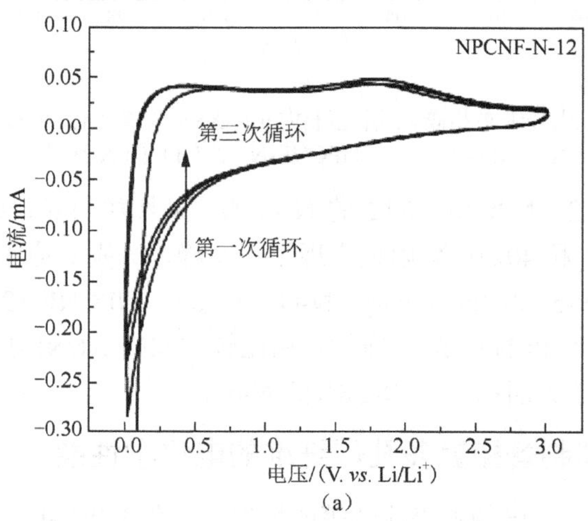

(a)

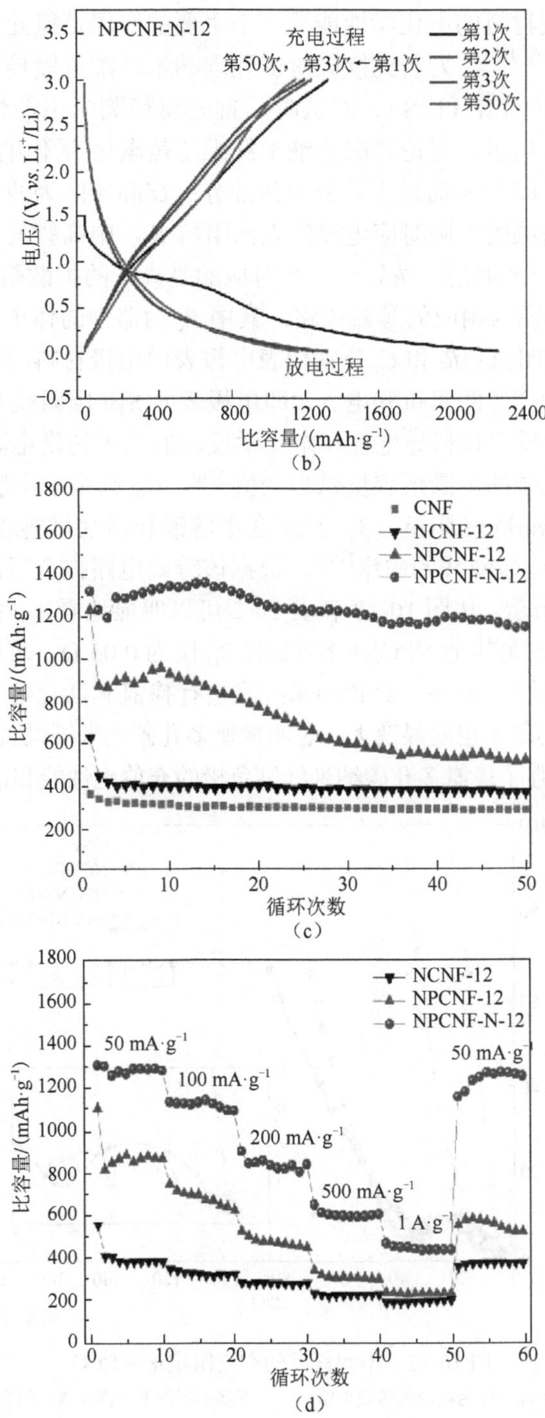

图 10-11　NPCNF-N-12 的 CV 曲线（a）和充放电曲线（b）；
不同样品的循环性能（c）和倍率性能（d）

掺氮可提高碳材料的电化学性能，一个主要的原因是氮元素的掺杂能够增强碳材料的导电性[176, 183]。为研究掺氮对多孔碳纳米纤维负极导电性影响，测试了各个样品的交流阻抗谱（EIS）。测试时，首先将待测半电池恒流并恒压充电至 0.3 V。如图 10-12 所示，无论是碳化纳米纤维还是碳化-活化纳米纤维，EIS 曲线均有类似的特征。即 EIS 曲线主要分为两部分：在高频区为两个部分重叠的半圆形容抗弧，其中高频的半圆对应电极的表面阻抗 R_f，中高频的半圆对应的是电荷转移阻抗 R_{ct}；低频区则是一条斜线，其对应的是离子的扩散阻抗即韦伯阻抗 Z_w。图 10-12 内的电路图为相应的等效电路，其中 R_e 为器件的体电阻，包含电池壳、隔膜、电解液等的阻抗；R_f 和 C_f 分别代表电极表面电极材料与电解液相互作用形成的复杂化合物所产生的阻抗和电容，即电极表面 SEI 膜阻抗和电容。R_{ct} 为电荷转移阻抗，是直接反应材料导电性和电化学反应的离子转换电阻。R_{ct} 数值上约等于上述高频区较低频的半圆形容抗弧半径值[176]。C_{dl} 则是双电层电容；Z_w 则是与离子扩散相关的 Warburg 阻抗，对应 Li^+ 在电解液和活性材料之间的扩散，且 Li^+ 的扩散系数正比于 Z_w 斜线的斜率[192]。根据该等效电路拟合后的不同样品的阻抗值大小如表 10-2 所示。从图 10-12 和表 10-2 可以明显地看出，掺氮后碳纳米纤维负极 R_{ct} 明显变小，尤其是 NPCNF-N-12 的 R_{ct} 仅为 0.05 Ω，表明掺氮确实能够明显增加碳材料导电性。另外，对碳纳米纤维进行掺氮和活化造孔后，表征离子传输的韦伯阻抗 Z_w 的斜率也明显变大，表明掺氮多孔碳纳米纤维具有更好的导电性和离子传输特性，增强了掺氮多孔碳纳米纤维负极的充放电性能和倍率性能[176, 193, 194]。

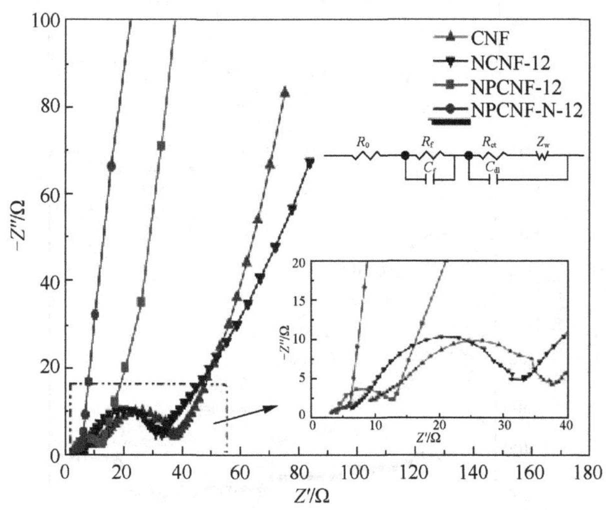

图 10-12　不同样品的交流阻抗谱（EIS）

内嵌上部小图为相应的等效电路，内嵌下部小图为不同样品放大的容抗弧

图 10-13 为 NPCNF-N-12 经过 50 次充放电后微观形貌。从图 10-13（a）可见，经过深度充放电后，NPCNF-N-12 依然很好地保持了原始无纺纤维形态。从放大

的 SEM 照片深入观察[图 10-13（b）]，发现在这些无规交联纤维表面有层较薄的 SEI 膜。这证明，具有一定机械性能的，自支撑结构 NPCNF-N-12 负极在充放电过程中具有很好的结构稳定性，有效抵御了体积变化，阻止了电极材料粉化失效，保证材料获得好的循环稳定性和倍率性能。

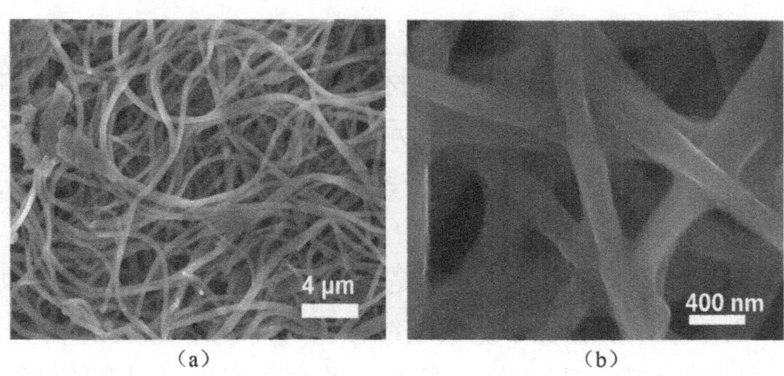

图 10-13　NPCNF-N-12 经过 50 次充放电后 SEM 照片
（a）低倍数下 SEM 照片；（b）高倍数下 SEM 照片

综合以上分析，经过电纺、热处理和氨气处理的方法得到的 NPCNF-N-12 具有非常优异的电化学性能。这主要同此材料具有独特的微孔结构、高的氮含量和一维纳米结构有关。第一，高的比表面积提供了更大的电极/电解质界面吸收 Li^+。同时，根据微孔储锂机理[195]，纤维中大量存在的微孔提高了 Li^+存储容量，并为 Li^+传输提供了便捷的路径；第二，高的氮含量提高了材料导电性，增强了电化学反应。同时，大量的 N-6 形式氮的存在，在材料中增加了缺陷，提高了 Li^+吸收能，降低了 Li^+传输能量壁垒，提高了材料的容量和倍率性能。关于这一点在下一节会有更加深入的分析；第三，三维网状结构的导电纤维保证了电子的快速传输，加快了电化学法拉第反应；第四，直径为纳米量级的纤维缩短了离子的传输距离；最后，具有自支撑结构的 NPCNF-N-12 负极在充放电过程中有效抵御了体积变化，阻止了电极材料的粉化失效。

10.4　氮元素对提高锂离子电池负极材料电化学性能原因分析

在碳材料中掺入氮元素可显著提升碳材料的电化学性能。本研究工作也同样验证了这一点。究其原因，主要有两点：

第一，N 掺杂可提高碳材料的导电性。因氮元素原子序数为 7，比原子序数为 6 的碳元素多出一外层电子。因此，当氮元素掺入碳材料中时，便可为基体材料多贡献一电子，呈现 n 型半导体特性，进而提高材料导电性。同时，针对锂离子电池负极材料，这多出的一个电子又非常有利于材料同 Li^+发生反应，进而 N 掺杂提高材料对 Li^+吸收能，降低了 Li^+传输能量壁垒，从而提高了材料的容量和倍率性能。因此，对于锂离子电池负极材料，掺氮量越大则越有利于提高材料导电性，越有利于提高材料的电化学性能。这也是当前众多研究追求高掺氮量的根本原因所在。

第二，除掺氮量以外，氮元素在碳材料中的存在形式也是一影响掺氮碳材料电化学性能的重要因素。根据文献，氮元素在碳材料中主要有三种存在形式，分别是吡啶氮（N-6）、吡咯氮（N-5）和季铵氮（N-Q）[176, 182, 184]。这三种氮的存在形式如图 10-14 所示。在这三种氮原子中，N-6 和 N-Q 均是 sp^2 杂化，有利于提高掺氮碳材料的电化学性能。其中，尤其是 N-6，通过置换 C_6 环的碳原子并同两个 sp^2 碳原子键和而形成，多存在于碳层边缘位置。N-6 为碳层提供了一对孤子具有供电子特征，可增加材料的导电性，且 N-6 的存在产生了很多的缺陷和悬键，出现了更多的反应位点，进一步显著提高了材料的容量。并且，这些缺陷也同样有利于 Li^+的插入和通过，改善 Li^+的迁移能力，降低了 Li^+传输能量壁垒，提高了材料的倍率性能和循环性能。N-5 置换碳原子并同碳原子形成五元环，是 sp^3 杂化。N-5 多同含氧官能图相结合[182]，因此对提升锂离子电池负极性能作用远不如 N-6 和 N-Q。

总之，如果所获得的掺氮碳材料中，既氮含量高且存在大量的 N-6 形式氮则所获得掺氮碳材料极有可能具有非常优异的锂离子电池负极性能。在本研究中，获得的 NPCNF-N-12 便具备这两点优势。NPCNF-N-12 的氮含量相对较高（N/C 原子比为 7.9%），同时 NPCNF-N-12 又具有大量的 N-6 形式氮。由表 10-2 可得，NPCNF-N-12 约含 38.38%的 N-6 形式氮。这一数值要高于文献中所报道的值，这也导致了 NPCNF-N-12 具有非常优异的电化学性能。

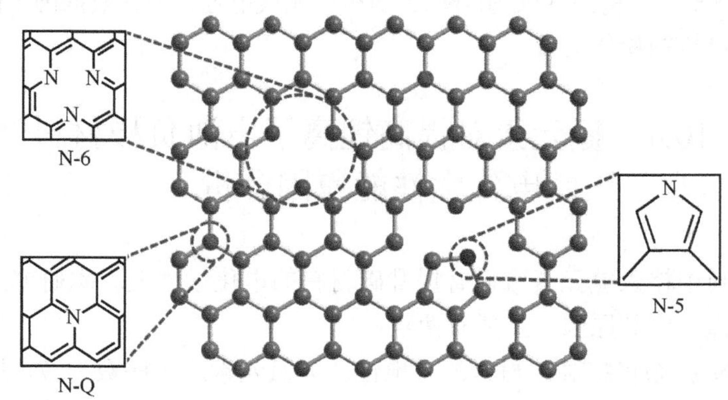

图 10-14　氮元素在碳材料中存在形式图示

N-6 型原子代表吡啶型氮；N-Q 型原子代表季铵型氮；N-5 型原子代表吡咯型氮；其余原子代表 C 原子

10.5 本章小结

在聚丙烯腈中掺入富氮物质——三聚氰胺，通过电纺丝、碳化和活化的方法，首次制备了一种具有自支撑结构锂离子电池负极用掺氮多孔碳纳米纤维，取得了如下结果。

（1）掺氮可显著提升电纺丝多孔碳纳米纤维的电化学性能。

（2）本章所采用的两种活化方式中，水蒸气活化所得到的掺氮多孔碳纳米纤维，因其较低的氮含量，所得电化学性能不尽如人意。将活化方式调整为氨气处理后，所获得的掺氮多孔碳纳米纤维 NPCNF-N-12 具有较好的纤维形态、高的掺氮量、微孔结构和具有非常优异的电化学性能。其中，尤其是其容量超高，达到 1323 $mAh \cdot g^{-1}$，是目前所报道的碳基材料负极容量最高值。

（3）掺氮多孔碳纳米纤维具有非常优异的电化学性能，同此材料具有独特的微孔结构、高的氮含量、一维纳米结构和含有高于目前文献所报道的大量的吡啶氮有关。

（4）掺氮多孔碳纳米纤维具有自支撑结构，有一定的机械强度，无需任何导电剂和黏结剂，可直接用作锂离子电池的电极。同时，掺氮多孔碳纳米纤维在充放电过程中结构非常稳定。

综上所述，通过掺氮的思路，获得了电化学性能非常优异的具有自支撑结构电纺丝多孔碳纳米纤维。此种掺氮多孔碳纳米纤维是一种非常有使用前景的锂离子电池负极材料。另外，本章中所获得的高性能自支撑多孔电极材料同样可以为超级电容器、锂硫电池、锂空电池、钠离子电池、燃料电池、电化学催化等需要多孔电极材料的电化学体系提供有益的借鉴。

第 11 章　浸渍法制备具有一定预置空间的锂离子电池自支撑一维硅碳复合负极材料

11.1　引　　言

石墨是目前工业界应用的主流负极材料。但是石墨作为锂离子电池负极材料容量有限，其理论容量仅为 372 mAh • g^{-1}，而且石墨负极的倍率性能也较差。这些都难以满足未来电动汽车和大规模储能对锂离子电池的能量密度和功率密度的要求。因此，作为锂离子电池负极材料的两大类，无论是碳基负极材料还是非碳基负极材料均在研究新型的高容量负极材料来试图取代石墨。第 3 章和第 4 章研究了新型碳基高容量负极材料即新型具有自支撑结构多孔碳纳米纤维负极材料，具有科学意义和现实意义。

同时，在非碳基负极材料领域，Si 因其具有最高的理论容量（4200 mAh • g^{-1}）、较低的稳定充放电平台（约 370 mV *vs*.Li/Li^{+}）、没有类似石墨的溶剂共嵌入问题、地壳中丰度高、无毒等诸多优点而成为当前研究的热点负极材料。目前，阻碍 Si 实际应用的主要问题是 Si 与 Li 合金化过程中有很大的体积变化（约 400%），以及大的体积变化导致的不稳定 SEI 膜和 Si 本身导电性差等问题。解决问题的主要思路是纳米化、Si/C 复合和进行微观结构设计。结合这三点思路，近期，文献中一种新型的具有预置膨胀空间的含 Si 一维空心纳米结构获得了很好的电化学性能，并受到了人们很大的关注[154, 158–162]。此种独特的纳米结构有以下优点：①此种纳米结构中，在 Si 周围预置了充足的缓冲空间，保证了在充放电过程中电极材料的整体稳定性；②将 Si 包裹到材料内部，避免 Si 同电解液直接接触，使电解液只同 C 或 SiO_2 等能够获得稳定 SEI 膜的表层材料接触，从而获得了稳定的 SEI 膜；③空心碳纤维可起到弥补纳米 Si 颗粒导电性差的缺点，并通过独特相互交联的一维导电结构容易形成三维的导电网络，增强材料的导电性。但是，上述方法，或者使用同轴双层电纺的方法，工艺控制较为困难；或者在制备过程中使用剧毒的 SiH_4（CVD 方法）或 HF 等化学物质，制备得到的产物普遍机械强度较差，在电极膜片的制备过程中容易发生破裂，制备电极过程中需使用更多的黏结剂和导电剂等。因此，如果能结合预置缓冲空间的思路，用更加经济、安全和简便的方法制备出具有丰富预置空间的自支撑一维硅碳复合负极材料则有望获得优异的电化学性能。同时能够不使用或少使用黏结剂等“非电化学活性物质”，简化电极制备过程，降低成本，提高电极整体的能量密度与功率密度。

本章以电纺得到的 Si/PVA 纳米纤维为模板，在其表面浸渍酚醛树脂，通过后续的固化和碳化工艺，得到了具有一定预置空间的具有自支撑结构的、含硅的空心碳纳米纤维网络。将此材料在未使用任何黏结剂和导电剂情况下直接作为锂离子电池负极，发现此材料具有优异的电化学性能，尤其经过 50 次充放电循环后其容量保持率接近 90%，证明此材料具有非常优异的循环稳定性能。

11.2　具有丰富预置空间的锂离子电池自支撑一维硅碳复合负极材料结构设计

图 11-1 形象地表示了制备具有丰富预置空间的锂离子电池自支撑一维硅碳复合负极材料的制备思路。采用了三步：第一步，为预置膨胀空间，首先电纺制备了作为模板的含纳米 Si 颗粒的 Si/PVA 纳米纤维；第二步，在 Si/PVA 纳米纤维表面浸渍酚醛树脂（Resol）溶液，得到 Si/PVA-Resol。酚醛树脂具有经济、耐热性好、在碳化过程中碳收率高并具有较好的锂离子电池负极性能等优点，碳化酚醛树脂得到碳材料作为锂离子电池负极时，可逆容量可达 550 $mAh \cdot g^{-1}$[196]。更重要的是，酚醛树脂在低温固化过程中，发生缩聚反应，进而在后续高温热处理过程中能够一定程度保持原始形貌，非常有利于制备空心纳米结构；第三步，固化和碳化 Si/PVA-Resol，得到含纳米 Si 颗粒的空心 Si/C 纳米纤维网络，在碳化的过程中因 PVA 可在较低的温度分解消除，而酚醛树脂碳化后，基本保持原始形貌，

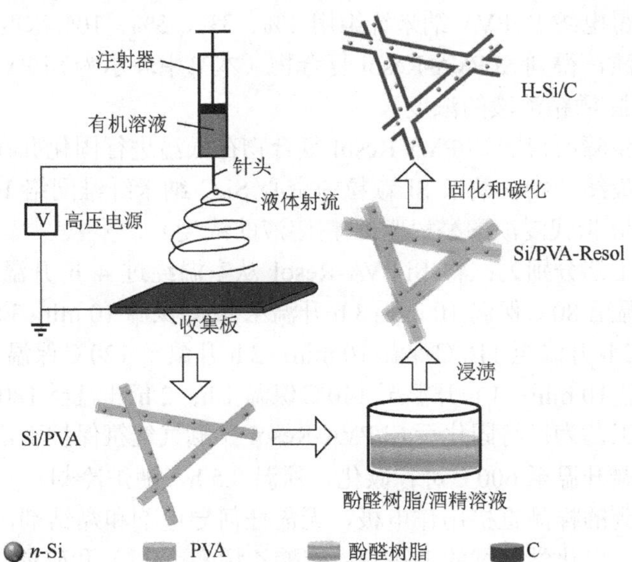

图 11-1　具有丰富预置空间的锂离子电池自支撑一维硅碳复合负极材料制备示意图

形成内部含纳米 Si 颗粒的空心碳纳米纤维网络（H-Si/C）。此微观结构中，因 PVA 的消失在纳米 Si 颗粒周围预置了膨胀空间，而且将纳米 Si 颗粒包裹在空心碳纳米纤维网络内，阻止其同电解液直接接触，有利于获得稳定的 SEI 膜。同时，空心碳纳米纤维网络又弥补了纳米 Si 颗粒导电性不足的缺点，通过形成三维的导电网络，增强了电极材料导电性。

11.3 实验过程和浸渍工艺参数的确定

11.3.1 实验过程

具体实验过程如下。

（1）在 90℃水浴中，将 15 g 纯聚乙烯醇（PVA，分子量为 80000）与 135 g 去离子水使用强力机械搅拌混合 12 h 至均匀白色透明状。

（2）将 0.04 mol（1.12g）平均粒径为 40 nm 的纳米硅粉和 0.5 g 的表面活性剂直链烷基苯磺酸钠倒入 10 g 的去离子水中混合并磁力搅拌 1 h，超声 1 h，最后再磁力搅拌 2 h。

（3）将步骤（1）和（2）所制得的溶液混合后，强力机械搅拌 12 h，使去离子水溶剂、纳米硅粉和 PVA 混合均匀。

（4）将步骤（3）中所得的悬浊液注入注射器中，进行电纺丝，得到电纺 Si/PVA 纳米纤维。电纺丝电压为 25 kV，针头尖端磨平，内径为 1 mm，流量由注射泵控制，流量为 1 mL · h^{-1}，以石墨纸为收集板，针头与石墨纸之间的距离为 12 cm。

（5）将所得电纺 Si/PVA 纳米纤维用 1%、3%、5%、10%浓度的酚醛树脂/酒精溶液进行浸渍，得到 Si/PVA-Resol 复合物（本书中表示为 Si/PVA-Resol-*n*, *n* 指代浸渍酚醛树脂/酒精溶液的浓度）。

（6）将上步骤所得的 Si/PVA-Resol 复合物在低温进行固化并在高纯氩气保护下碳化，得到最终产物含纳米 Si 颗粒的空心 Si/C 纳米纤维网络 H-Si/C（文中表示为 H-Si/C-*n*, *n* 指代浸渍酚醛树脂/酒精溶液的浓度）。

具体固化工艺分别为：将 Si/PVA-Resol 从室温经过 4 h 升温至 70℃再保温 10 min; 4 h 升温至 80℃保温 10 min; 3 h 升温至 90℃保温 10 min; 3 h 升温至 100℃保温 10 min；2 h 升温至 110℃保温 10 min；2 h 升温至 120℃保温 10 min；1 h 升温至 130℃保温 10 min；1 h 升温至 140℃保温 1 h；2 h 升温至 180℃保温 0.5 h。

具体碳化工艺为：将固化后 Si/PVA-Resol 在氩气气氛保护下，以 5℃ · min^{-1} 升温速率从室温升温至 600℃进行碳化，保温 0.5 h，随炉冷却。

（7）将得到的样品直接用作电极，无需任何导电剂和黏结剂，在半电池中测试电化学性能。电化学测试的电解液为碳酸乙烯酯（EC）和碳酸二甲酯（DMC）的混合物，EC：DMC =1：1（体积比），锂盐为 1mol · L^{-1} $LiPF_6$。测试条件为恒流充放电，电压范围 0.01～1.50 V。

11.3.2　Si/PVA 电纺纳米纤维微观形貌

图 11-2 为经过电纺后 Si/PVA 纳米纤维微观形貌。从图 11-2 可见，电纺丝产物为众多的表面较为光滑且洁净的纤维相互无规则的缠结在一起，纤维之间存在大量的空隙。纤维直径在几十纳米到几百纳米之间变化，高的长径比为纳米纤维提供了高的比表面积。经过氮气吸脱附实验和 BET 计算，电纺 Si/PVA 纳米纤维比表面积达到 156 $m^2 \cdot g^{-1}$。如此大的比表面积，提供了大量的活性位点，有利于酚醛树脂溶液浸渍附着在纳米纤维表面。

图 11-2　Si/PVA 电纺纳米纤维 SEM 照片

11.3.3　浸渍工艺参数的确定

本章采用浸渍方法获得 H-Si/C。在实施时需首先确定具体的浸渍工艺参数。为摸索浸渍工艺参数，首先采用 10%的酚醛树脂溶液，用不同的浸渍时间和浸渍方式（直接浸渍或超声浸渍）对电纺 Si/PVA 纳米纤维进行了浸渍。如图 11-3 所示，经过溶液浸渍后，相对于原丝，浸渍后的纤维明显变粗，纤维表面均沾上了酚醛树脂溶液，纤维空隙之间也有大量的酚醛树脂溶液且出现了几根纤维粘连的现象。从图中可看出，不仅表面的纤维，内部深层的纤维也沾有很多酚醛树脂溶液。这表明比表面积较大的电纺丝纳米纤维具有良好的浸润性和浸透性。对于直接浸渍与超声浸渍两种不同的浸渍方法，纤维微观形貌差别并不明显。而对于浸渍时间这一参数，随着浸渍时间的增加，浸渍后纤维有变粗的趋势，但并没有想象中的明显，即 5 s 左右的浸渍时间已经足以使纤维表面覆盖上一层较厚的酚醛树脂。考虑静态浸渍 5 s 时间最短，操作最简单，成本最低，加之外层酚醛树脂主要是起到提高负极材料导电性能的作用，而过多的浸渍量反而会使负极材料中的相对硅含量降低以致降低电极材料的比容量，所以采用直接浸渍 5 s 的方式进行浸渍。

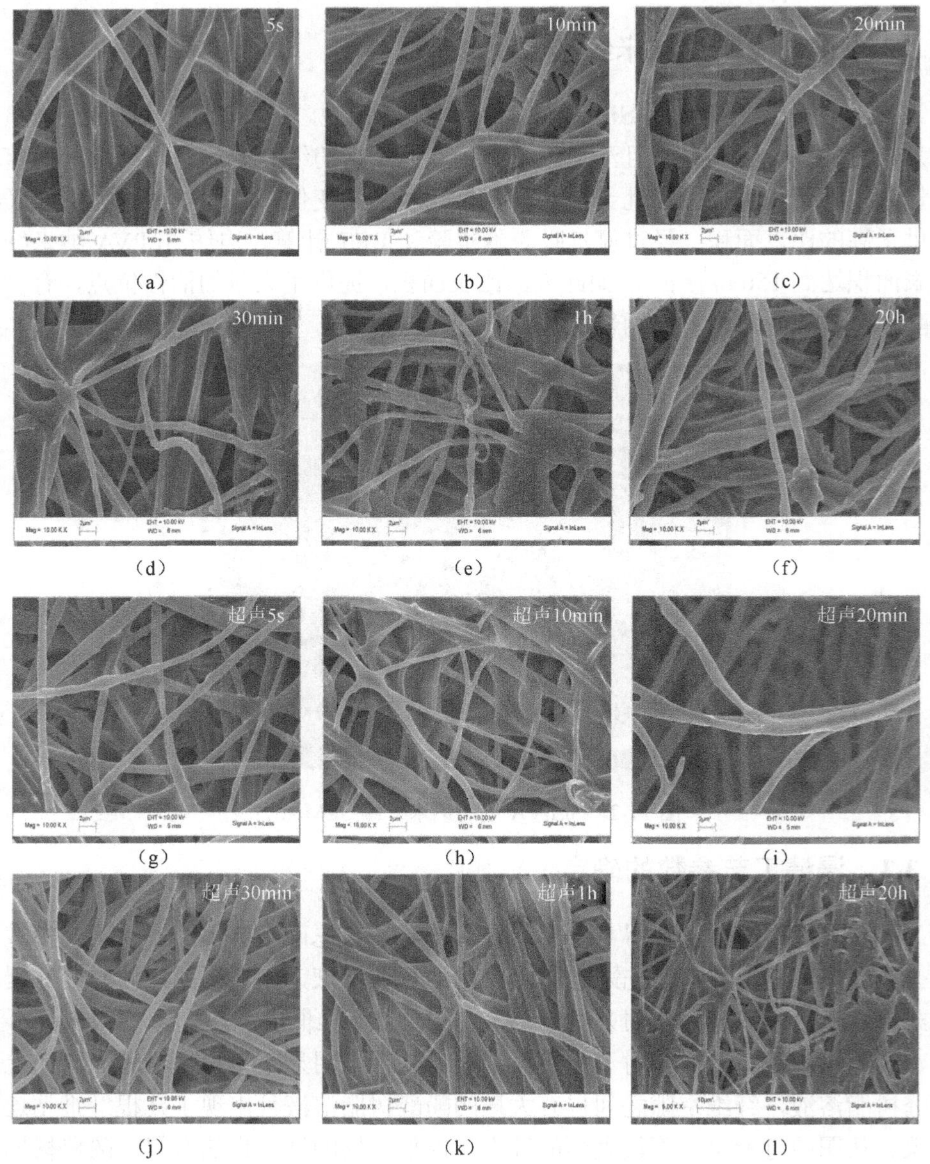

（a）（b）（c）（d）（e）（f）（g）（h）（i）（j）（k）（l）

图 11-3　不同浸渍方式及浸渍时间浸渍 Si/PVA 电纺纳米纤维后 SEM 照片

（a）～（f）直接浸渍；（g）～（l）超声浸渍（图中数字即浸渍时间）

11.3.4　碳化温度的确定

为确定碳化温度，对固化后 Si/PVA-Resol 在氩气中进行了热失重分析。如图 11-4 所示，固化后 Si/PVA-Resol 在 300～500℃有一明显的失重现象，对应于固化后 Si/PVA-Resol 在碳化过程中质量损失过程。当温度高于 600℃以后，四个样品的质量趋于稳定，提高温度对碳收率影响不大。因此，从成本考虑，最终选择碳化温度为 600℃。另外，随着浸渍溶液浓度的提高，固化后 Si/PVA-Resol 的碳收率明显提高。当浸渍溶液浓度为 10%时，在 600℃，固化后 Si/PVA-Resol-10 的碳收率为最高的 35.1%。这预示着，通过调整浸渍溶液浓度可以有效调整 H-Si/C 的碳含量。

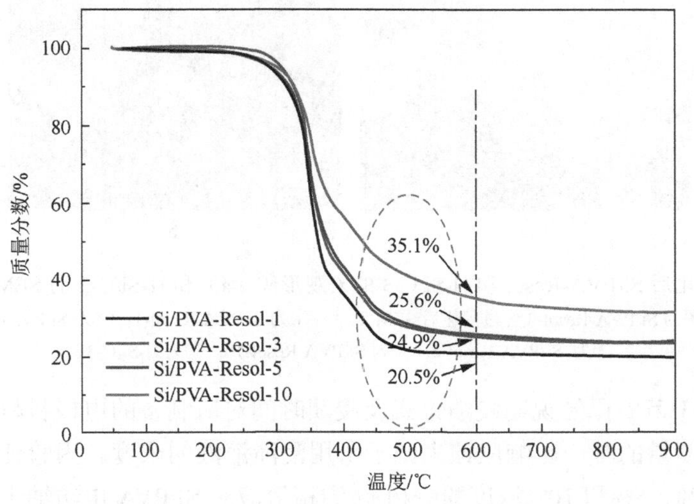

图 11-4　Si/PVA-Resol 在氩气中热失重曲线

11.4　浸渍法制备的一维硅碳复合负极材料的结构

图 11-5（a）为固化后 Si/PVA-Resol 和 H-Si/C-3 的宏观形貌。如图所示，固化后 Si/PVA-Resol 具有良好的自支撑膜状结构，可以很方便地裁剪成任何形状。另外，很明显地，随着浸渍溶液浓度的提高，固化后 Si/PVA-Resol 颜色逐渐加深，浸渍溶液浓度越高则原始电纺纤维表明浸渍了越多的酚醛树脂。这也同样验证了此前通过调整浸渍溶液浓度可以调整酚醛树脂的浸渍量的设想。从固化后 Si/PVA-Resol-3[图 11-5（a）内部小图]微观形貌可见，固化后 Si/PVA-Resol-3 依然保持了固化前 Si/PVA-Resol-3 无纺交联、多孔网状结构，而且纤维表面和纤维之间附着的酚醛树脂清晰可见。另外，固化后 Si/PVA-Resol-3 经过碳化转变为 H-Si/C-3，样品收缩变黑，宏观上依然为具有自支撑结构的膜状纤维纸。观察 H-Si/C-3 微观形貌[图 11-5（b）]，经过固化和碳化后，H-Si/C-3 呈多孔的、相互交织的三维纤维网络形貌。从其放大的 SEM 照片[图 11-6（b）]和 TEM 照片[图 11-6（f）]可以看出，固化后纤维经碳化，原始的 PVA 在低温分解消失，剩下直径为 50～200 nm 的颗粒。经能谱分析，此颗粒主要为 Si 元素。Si/PVA 纳米纤维表面浸渍的酚醛树脂原始形貌在固化和碳化后很好地保持了下来，形成空心碳

纤维，将 Si 纳米颗粒包裹在空心碳纳米纤维当中。从放大的 SEM 照片看，空心碳纳米纤维直径为 200～300 nm，空心碳纳米纤维内部的颗粒清晰可见，说明空心碳纳米纤维的壁非常薄。从 TEM 照片看，此空心碳纳米纤维壁厚为 10～20 nm。

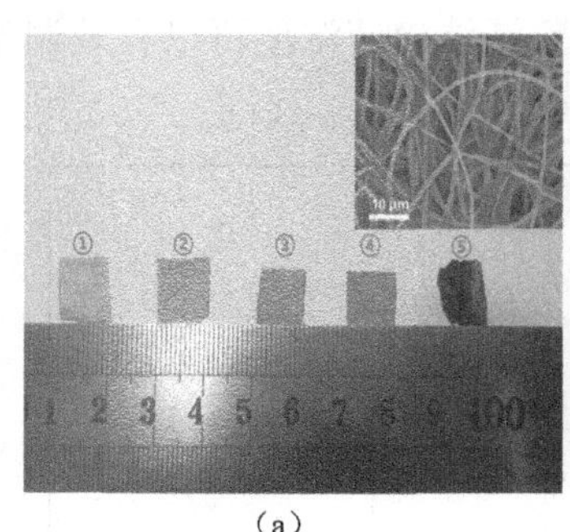

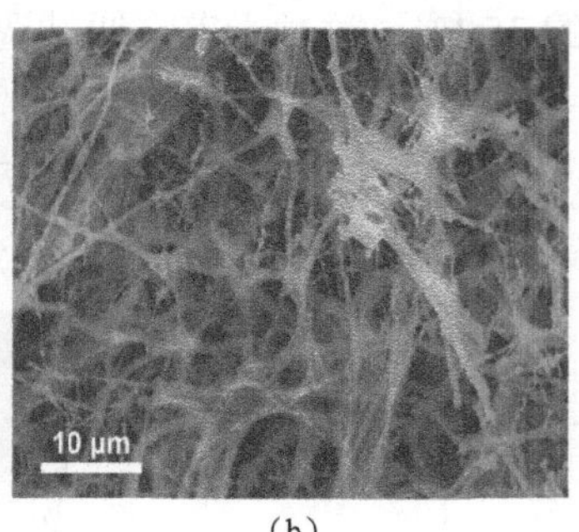

（a）　（b）

图 11-5　固化后 Si/PVA-Resol 和 H-Si/C-3 的宏观形貌（a）和 H-Si/C-3 的 SEM 照片（b）

（a）中小图为 Si/PVA-Resol-3 经过固化后 SEM 照片；①为 Si/PVA-Resol-1；②为 Si/PVA-Resol-3；③为 Si/PVA-Resol-5；④为 Si/PVA-Resol-10；⑤为 H-Si/C-3

在 11.3.3 节中已经说明浸渍方式及浸渍时间对所制备的电极材料影响不大，因此对于浸渍量的唯一影响应该来源于所用浸渍溶液的浓度。为验证这一点，分别用 1%、3%、5%和 10%浓度酚醛树脂/酒精溶液对 Si/PVA 电纺纳米纤维进行浸渍，并在固化和碳化后得到相应的 H-Si/C-1、H-Si/C-3、H-Si/C-5 和 H-Si/C-10 样品。图 11-6 为其微观形貌。从图中可见，改变浸渍溶液的浓度，确实对 H-Si/C 的微观形貌有很明显的影响。如图 11-6（a）～（d）所示，H-Si/C-3、H-Si/C-5 和 H-Si/C-10 呈现了一种三维网状交联结构。随着浸渍酚醛树脂溶液浓度的升高，空心纤维壳层有明显增厚的趋势，纤维之间的交联搭接现象也逐渐增多。观察 H-Si/C-3 纤维，纳米纤维内部纳米颗粒清晰可见，表明 H-Si/C-3 纤维壁厚很薄。而 H-Si/C-10 则几乎观察不到纤维内部纳米颗粒。反观 H-Si/C-1，因酚醛树脂浸渍量的不足，使空心碳纤维结构遭到破坏，出现了很多的破损。这一现象同样可被 TEM 观测所证实。如图 11-6（e）～（h）所示，H-Si/C-3、H-Si/C-5 和 H-Si/C-10 为标准的空心纳米纤维结构，纳米 Si 颗粒被包裹在空心纳米纤维当中，并且纳米 Si 颗粒周围有丰富的空间。H-Si/C-3 的壁厚为 10～20 nm，H-Si/C-5 和 H-Si/C-10 的壁厚则分别增加到约 50 nm 和约 100 nm。而 H-Si/C-1 则因酚醛树脂浸渍量的不足，使空心结构崩塌，碳直接同纳米 Si 颗粒直接接触在一起变为较为密实的 Si/C 复合纳米纤维，在纳米 Si 颗粒周围几乎没有观察到预置的膨胀空间。另外，从 H-Si/C-5 和 H-Si/C-10 的 HRTEM 照片可以看出，碳化酚醛树脂得到的碳壳具有一定的平行于纤维的层状石墨结构。

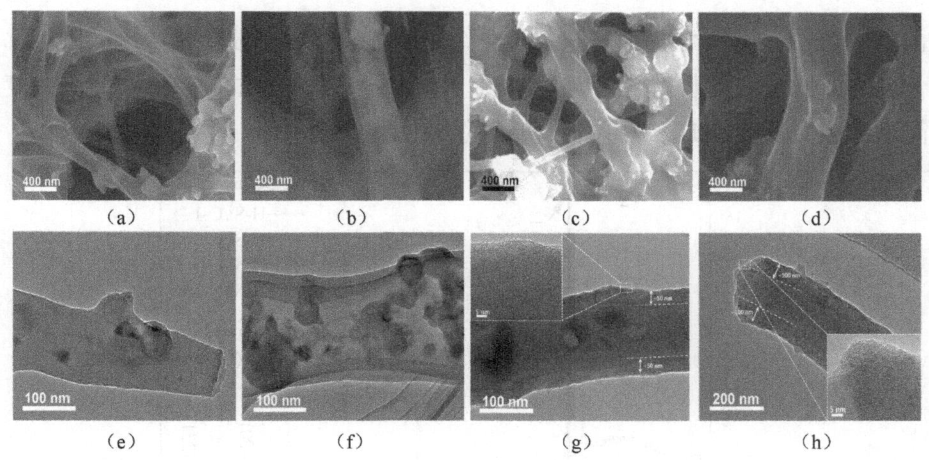

图 11-6　H-Si/C-1（a）、H-Si/C-3（b）、H-Si/C-5（c）、H-Si/C-10（d）的放大的 SEM 照片和 H-Si/C-1（e）、H-Si/C-3（f）、H-Si/C-5（g）和 H-Si/C-10（h）的 TEM 照片

（g）和（h）中小图为相应的 HRTEM 照片

为验证 H-Si/C 中硅元素的存在形式，对不同样品进行了 XRD 测试。如图 11-7（a）所示，所有样品在 2θ 角 23° 有一表征无定形碳结构的较宽馒头峰。而且在 28.4°、47.3°、56.1°、69.1° 和 76.4° 存在多个明显的衍射峰，对应于晶状硅的（111）、（220）、（311）、（400）和（311）晶面（JCPDS 卡片号：27-1402）。另外，四个 H-Si/C 样品，在 2θ 角 26.5° 出现了一衍射峰，对应于石墨的（002）衍射峰。而且，此衍射峰随着碳含量的增加变得更加明显。这表明在 H-Si/C 中存在一定的石墨结构。这一结果同图 11-6 中 H-Si/C-5 和 H-Si/C-10 的 HRTEM 观察结果是一致的。为进一步验证 H-Si/C 中碳结构形式，对 H-Si/C-10 进行了拉曼表征，结果如图 11-7（b）所示。可以看到 H-Si/C-10 的拉曼光谱在 1590 cm^{-1} 和 1350 cm^{-1} 波数段存在两个宽泛的散射峰，分别对应于碳的 G 峰和 D 峰。G 峰为碳的有序石墨化峰，来自于碳基体中有序的石墨结构，而 D 峰为碳的无序化峰，用于表征碳结构的无序化度。经过分峰计算可算出两峰的强度比（I_D/I_G），得到 I_D/I_G=1.77。这表明 H-Si/C-10 不仅存在大量的乱层结构，同时也存在大量的有序石墨化结构。这一结果同 H-Si/C-10 的 XRD 测试结果一致。

XRD 测试结果证明 H-Si/C 中确实存在 Si，但 Si 的含量还未知。为明确 H-Si/C 中 Si 含量，对 H-Si/C 的四种样品在空气中进行了 TGA 测试，得到了如图 11-8 所示的热失重曲线。在空气气氛中，超过 400℃时，H-Si/C 中的碳将被氧化为二氧化碳而挥发，而硅则被氧化，生成耐热性非常好的二氧化硅。因此，通过 TGA 失重曲线中，600℃残余物质质量分数即二氧化硅的质量分数，可计算 H-Si/C 中

Si 的相对含量。计算结果列于表 11-1 中。很明显，随着浸渍溶液浓度的降低，即碳含量的降低，Si 的相对含量明显增加。这也预示着，通过调控浸渍溶液浓度这一简单方法便可调控 H-Si/C 中 Si 和 C 的含量。

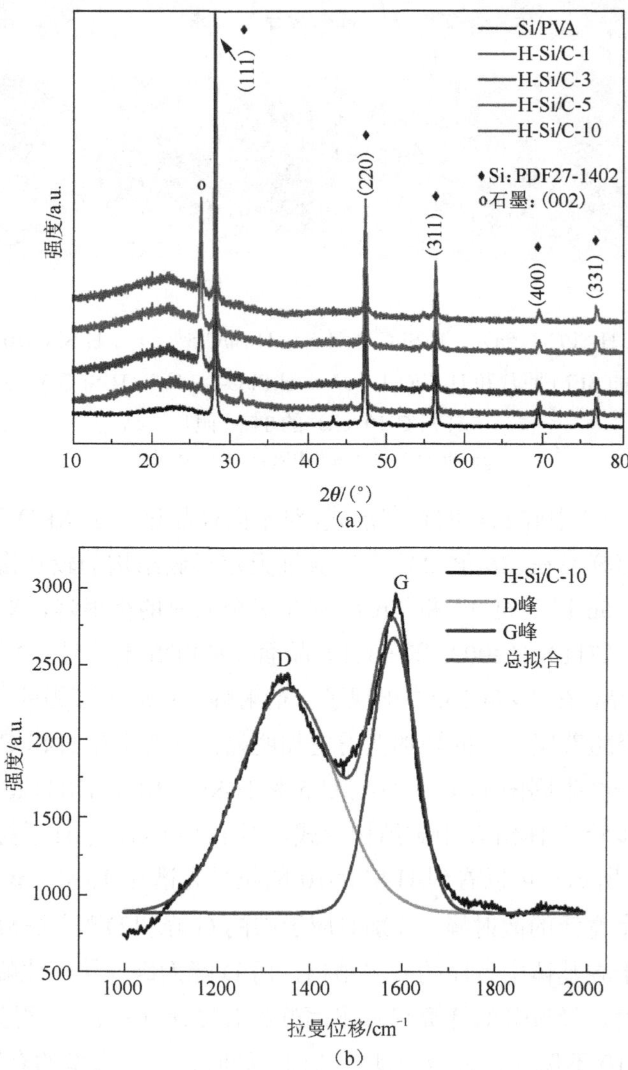

图 11-7　不同样品的 XRD 图谱（a）和 H-Si/C-10 的拉曼图谱（b）

表 11-1　H-Si/C 的 Si 含量和比表面积

样品	H-Si/C-1	H-Si/C-3	H-Si/C-5	H-Si/C-10
Si 含量/%	17.3	13.0	9.3	8.0
比表面积/（$m^2 \cdot g^{-1}$）	177.3	273.7	332.8	274.8

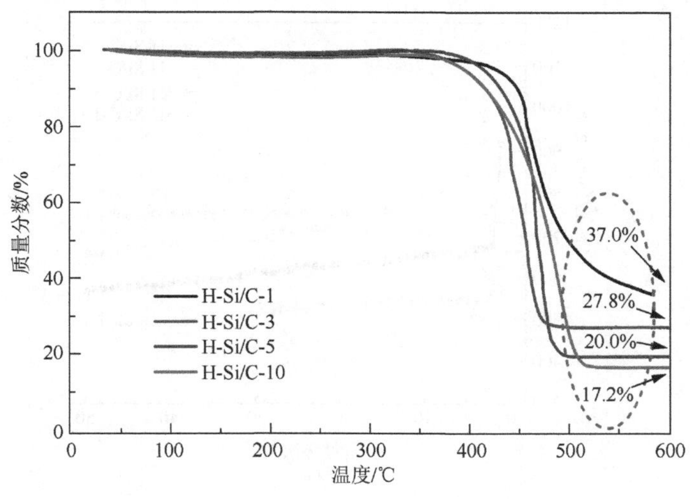

图 11-8　H-Si/C 在空气中热失重曲线

11.5　浸渍法制备的一维硅碳复合负极材料的电化学性能

将具有自支撑结构的 H-Si/C 在没有添加任何黏结剂和导电剂，也未使用铜箔等集流体的情况下直接用作电极，以金属锂片作为对电极，组装成半电池进行了电化学测试。图 11-9（a）为 H-Si/C 在 0.01～1.50 V，电流密度为 100 mA · g^{-1} 时的循环性能。从图中可见，H-Si/C-3 具有最为优异的容量和循环稳定性能。H-Si/C-3 的首次可逆比容量为 841 mAh · g^{-1}，此值比石墨理论值的两倍还多。另外，H-Si/C-3 的循环性能也非常优异，经过 50 次的循环，其可逆比容量仍保持 745 mAh · g^{-1}，容量保持率为 89%。图 11-9（b）为 H-Si/C-3 的 0.01～1.50 V 范围前三次循环 CV 曲线。从图中可见，第一次循环时，在 0.3～0.8 V 出现一宽泛的还原峰，对应于电解液分解并在电极表面形成 SEI 膜的过程。此峰在第二次和第三次循环时消失不见。除此以外，在 0.1 V 有一明显的还原峰，这对应于 Li^+同 Si 合金化过程。在氧化过程中，0.2～0.4 V 存在一宽氧化峰，对应于 Li^+从 H-Si/C-3 析出过程[197]。图 11-9（c）为 H-Si/C-3 的 0.01～1.50 V 前三次和第 50 次循环充放电曲线。从图中可见，H-Si/C-3 首次放电时在 0.3～0.8 V 有一电压平台，可归因于初次差锂时，电解液分解形成 SEI 膜有关。这同 CV 曲线观测结果是一致的。H-Si/C-3 的首次放电比容量为 1450 mAh · g^{-1}，首次不可逆比容量为 609 mAh · g^{-1}，首次库仑效率为 58%。这较大的不可逆容量主要同在 H-Si/C-3 表面形成 SEI 膜有关和电解液分解发生副反应有关[159]。尽管 H-Si/C-3 首次库仑效率不高，但从第二次循环开始 H-Si/C-3 库仑效率提升到 95%以上，并很快稳定到接近 100%，表明在空心碳纤维表面很迅速形成了一层稳定的 SEI 膜，保证了 H-Si/C-3 获得良好的循环稳定性能。图 11-9（d）为 H-Si/C-3 的倍率性能。从图中可见，H-Si/C-3

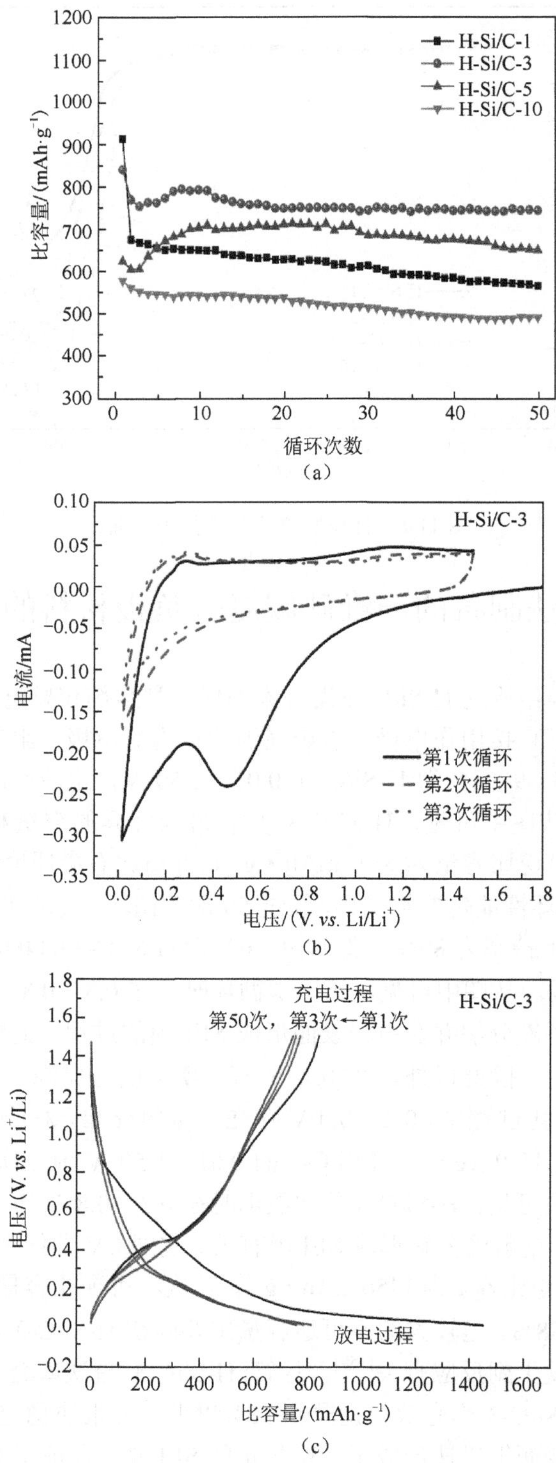
比容量/(mAh·g⁻¹)
循环次数
H-Si/C-1
H-Si/C-3
H-Si/C-5
H-Si/C-10
(a)
电流/mA
电压/(V. vs. Li/Li⁺)
H-Si/C-3
第1次循环
第2次循环
第3次循环
(b)
电压/(V. vs. Li⁺/Li)
比容量/(mAh·g⁻¹)
充电过程
第50次，第3次←第1次
H-Si/C-3
放电过程
(c)

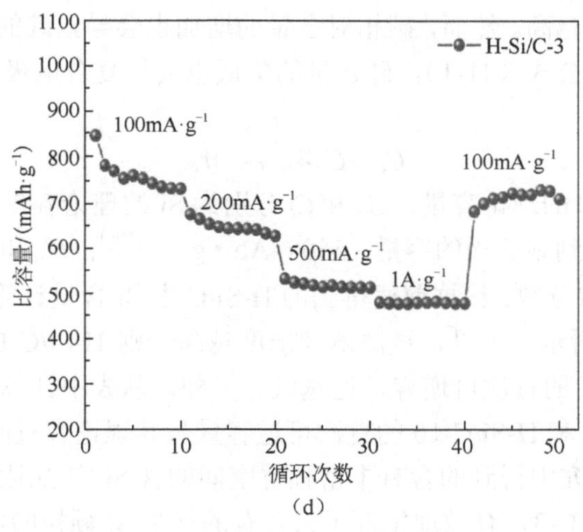

(d)

图 11-9　H-Si/C 电化学性能

(a) H-Si/C 循环性能；(b) H-Si/C-3 的 CV 曲线；(c) H-Si/C-3 充放电曲线；(d) H-Si/C-3 倍率性能

具有较优异倍率性能。当电流密度为 100 mA · g^{-1} 时，H-Si/C-3 的可逆比容量为 847 mAh ·g^{-1}；电流密度增加到 200 mA ·g^{-1} 时，可逆比容量下降为 674 mAh ·g^{-1}；电流密度为 500 mA · g^{-1} 时，可逆比容量为 532 mAh · g^{-1}；当电流密度为 1000 mA · g^{-1} 时，可逆比容量为 480 mAh · g^{-1}，仍高于石墨的理论容量 372 mAh · g^{-1}；当电流密度再度减小到 100 mA · g^{-1} 时，可逆比容量又恢复到 681 mAh · g^{-1}，证明 H-Si/C-3 具有较优异的倍率性能和循环稳定性能。

11.6　浸渍溶液浓度对一维硅碳复合负极材料的电化学性能的影响

如前面分析，影响浸渍量的唯一工艺参数是浸渍溶液浓度。浸渍溶液浓度对 H-Si/C 的电化学性能影响主要体现在以下两方面。

首先，浸渍溶液浓度的变化影响最终获得的 H-Si/C 的微观结构。当浸渍溶液浓度高时获得的 H-Si/C 壁厚较厚，阻碍 Li^+的快速输运，不利于发挥 Si 的电化学潜力，影响 H-Si/C 的倍率性能。而当浸渍溶液浓度过低时又容易破坏空心碳纳米纤维的微观结构，得到密实的 Si/C 复合纳米纤维，导致纳米 Si 颗粒周围没有多少预置的膨胀空间，严重影响 H-Si/C 的循环稳定性能。以本章中 H-Si/C-1 为例，其结构为较为密实的 Si/C 复合纳米纤维。其首次可逆容量非常高，为 1181 mAh · g^{-1}，经过 50 次循环其可逆容量减小到 567 mAh · g^{-1}，容量保持率仅为 62%。

另外，从理论上来说，浸渍溶液浓度越高，则浸渍量越大，硅碳复合电极材料中碳的相对含量越高。然而，碳相对含量的增加也会导致硅的相对含量的减少。根据理论容量计算公式（11-1），硅含量的降低也会使复合电极 H-Si/C 的比容量降低。

$$C_{\mathrm{t}} = C_{\mathrm{si}}W_{\mathrm{si}} + C_{\mathrm{c}}W_{\mathrm{c}} \tag{11-1}$$

式中，C_{t} 为 H-Si/C 的理论容量；C_{si} 和 C_{c} 分别为 Si 的理论容量（4200 mAh • g^{-1}）和酚醛树脂碳化得到碳负极的容量（550 mAh • g^{-1}）[196]；W_{si} 和 W_{C} 分别为 Si 和 C 在 H-Si/C 中的质量分数。根据前述得到的 H-Si/C 中 Si 含量计算所得 H-Si/C 的理论容量如表 11-2 所示。可见，浸渍溶液浓度越高，则 H-Si/C 的理论容量越低，且所获得的 H-Si/C 的首次可逆容量也越低。另外，从表中计算可得，H-Si/C-1、H-Si/C-3、H-Si/C-5 和 H-Si/C-10 的首次可逆容量是其理论容量的 77%、82%、70% 和 69%。证明本研究中得到的含有丰富预置空间的含 Si 空心碳纤维负极材料——H-Si/C，尤其 H-Si/C-3，有效地发挥了其含有的纳米 Si 颗粒的电化学潜力。

表 11-2　H-Si/C 的 Si 含量、理论容量和负极性能

样品	Si 含量/%	理论容量/（mAh • g^{-1}）	第一次循环可逆容量/（mAh • g^{-1}）	首次库仑效率/%	第 50 次循环可逆容量/（mAh • g^{-1}）
H-Si/C-1	17.3	1181	913	48	567
H-Si/C-3	13.0	1025	841	58	745
H-Si/C-5	9.3	889	626	50	652
H-Si/C-10	8.0	842	579	54	493

综合以上两点，对于 H-Si/C，想要获得优良的电化学性能，浸渍溶液浓度存在一适中值。浸渍溶液浓度过低或者浸渍溶液浓度过高均不利于获得好的电化学性能。当浸渍溶液浓度过低时，如 H-Si/C-1，其 Si 含量最高，首次可逆容量也最高。但因结构遭到破坏而循环稳定性较差。反之，当浸渍溶液浓度过高时，如 H-Si/C-10，循环稳定性较好，经过 50 次循环，容量保持率为 85%。但因 Si 含量最低，在四个样品中容量也最低。加之，H-Si/C-10 的浸渍量最大，进而得到的空心碳纳米纤维的壁厚也最厚，导致 H-Si/C-10 激发所含纳米 Si 颗粒的电化学潜力也最差，仅为 69%。本章研究中，最为合适的浸渍溶液浓度为 3%。所获得的 H-Si/C-3 具有最为优良的电化学性能。H-Si/C-3 的微观结构，不仅为 Si 的膨胀提供了足够的缓冲空间，保证了其优异的循环稳定性能，而且所获得的空心碳纤维碳壁较薄，非常有利于 Li^{+}的快速迁移，较好地激发了 H-Si/C-3 中存在纳米 Si 颗粒的电化学活性，获得了较高的容量和倍率性能。总之，针对 H-Si/C，控制浸渍溶液的浓度是调控 H-Si/C 电极材料的微观结构和 Si、C 含量十分有效、简单和可行的方法。

综合以上分析，H-Si/C 具有优异的电化学性能。究其原因主要有以下几点：第一，H-Si/C 在纳米 Si 颗粒周围预置了足够的膨胀空间，减少纤维整体体积在充放电过程中变化，显著提高了负极材料循环性能和倍率性能；第二，三维网状的碳纳米纤维网络形成了三维的导电网络，增强了材料的导电性，弥补了纳米 Si 颗粒导电性差的缺点，同时纤维网络之间存在的大量孔隙，有利于电解液的充分浸润和 Li^+的嵌入/脱出，提高了负极材料的电化学性能；第三，将纳米 Si 颗粒包裹入空心碳纳米纤维当中，避免纳米 Si 颗粒同电解液直接接触，非常有利于获得稳定的 SEI 膜；最后，将具有自支撑结构的 H-Si/C 直接用作电极，未使用无电化学活性物质（黏结剂等），有利于增强材料的导电性，保证法拉第反应中快速电子传输，缩短离子迁移距离，进而提高材料电化学性能。

11.7　本 章 小 结

综上所述，本章以纳米硅粉、聚乙烯醇和酚醛树脂为原料，利用电纺丝、溶液浸渍和热处理的方法，较为简单、经济和安全地获得具有一定预置空间的锂离子电池自支撑一维硅碳复合负极材料，并得出以下结论。

（1）在纳米 Si 颗粒周围预置了一定的膨胀空间，显著减少纤维整体体积在充放电过程中变化，提高了负极材料循环性能和倍率性能。

（2）三维网状的碳纳米纤维网络形成了三维的导电网络，增强了材料的导电性，弥补了纳米 Si 颗粒导电性差的缺点。同时纤维网络之间存在的大量孔隙，有利于电解液的充分浸润和 Li^+的嵌入/脱出，提高了负极材料的电化学性能。

（3）电纺丝 Si/PVA 复合纳米纤维浸润性极佳，在静态浸渍 5s 的情况下足以使其表面浸渍上一层质量可观的酚醛树脂，延长浸渍时间或者采用超声浸渍等方法对于进一步完善纤维结构的意义不大。

（4）通过控制浸渍溶液浓度这一简单的办法，可调节 H-Si/C 的硅、碳含量和微观结构。当浸渍溶液浓度为 3%时，所得材料微观结构最好，电化学性能最为优异。其首次可逆容量达 841 $mAh \cdot g^{-1}$，50 次循环后容量保持率约为 90%，且具有优异的倍率性能。

（5）H-Si/C 具有自支撑结构，有一定的机械强度，无需任何导电剂和黏结剂，可直接用做锂离子电池的电极。

综上所述，H-Si/C 综合了纳米化、Si/C 复合和进行微观结构设计等思路的优点，是一种具有良好前景的锂离子电池负极材料。另外，本章所设计和采用的思路同样可以为 Sn、氧化物等在充放电过程当中发生巨大体积变化的负极材料提供有益的借鉴。

第12章　能量存储部分结论

本部分介绍了以碳基和非碳基负极材料中颇具潜力的一维多孔碳负极和一维硅碳复合负极材料为研究对象，通过变换碳前驱体、掺氮和材料微观结构设计等方法提高了其电化学性能，同时也揭示了提升电化学性能的原因和内在机制，得到的主要结论如下。

（1）选取聚酰亚胺为碳前驱体，以原位生成SiO_2纳米颗粒为牺牲模板，通过电纺丝、热处理和后续的化学处理等方法，首次制备了一种适用于锂离子电池的、具有自支撑结构的PI基一维多孔碳负极材料。相比较聚丙烯腈基一维多孔碳负极材料，PI基一维多孔碳负极材料具有高的比表面积、较好的微孔结构和更为优异的电化学性能。将此负极材料，在未使用任何导电剂和黏结剂情况下，直接用做锂离子电池负极时，展现了较高的容量（730 $mAh \cdot g^{-1}$）、循环稳定性和倍率性能。这主要同PI基多孔碳纤维所具有的独特的微孔结构、大的比表面积有关。

（2）在聚丙烯腈中掺入富氮物质——三聚氰胺，通过电纺丝、碳化和活化的方法，首次制备了一种具有自支撑结构锂离子电池用一维掺氮多孔碳负极材料，并同时研究了不同掺氮量和活化造孔方式对一维掺氮多孔碳负极材料结构和电化学性能的影响规律。发现，氨气处理所获得的掺氮多孔碳纳米纤维具有较好的纤维形态、高的掺氮量和良好的微孔结构。同时，此自支撑一维掺氮多孔碳负极材料具有优异的电化学性能。其容量超高，达到1323 $mAh \cdot g^{-1}$，是目前所报道的碳基负极材料容量最高值，且其循环性能和倍率性能也非常优异。究其原因，这与该材料具有独特的微孔结构、高的氮含量、一维纳米结构和含有高于目前文献所报道的大量吡啶氮有关。

（3）以纳米硅粉、聚乙烯醇和酚醛树脂为原料，利用电纺丝、溶液浸渍和热处理的方法，较为简单、经济和安全地得到了具有一定预置空间的锂离子电池自支撑一维硅碳复合负极材料。同时，研究了不同的浸渍量、浸渍时间、浸渍方式等对一维Si/C复合负极材料的结构和电化学性能的影响规律。最后发现，通过控制浸渍溶液浓度这一简单、有效的办法，调节一维Si/C复合负极材料硅、碳含量和微观结构，获得了优异的电化学性能。当浸渍溶液浓度为3%时，所得材料微观结构最好，电化学性能优异。其首次可逆容量达841 $mAh \cdot g^{-1}$，50次循环后容量保持率约为90%，且具有优异的倍率性能。

参 考 文 献

[1] Tollefson J. Car industry: Charging up the future. Nature, 2008, 456(7221): 436-440.

[2] Kim T H, Park J S, Chang S K, et al. The current move of lithium ion batteries towards the next phase. Advanced Energy Materials, 2012, 2(7): 860-872.

[3] Watanabe T, Yokoo H, Matsuhashi I, et al. Fully charged: Look for undervalued winners in battery sector boom. The Goldman Sachs Group, Inc. 2009.

[4] Materials for Advanced Batteries. Proceedings of a NATO Symposium on Materials for Advanced Batteries. Materials for Advanced Batteries Proceedings of a NATO Symposium on Materials for Advanced Batteries, 1980.

[5] Endo M, Kim C, Nishimura K, et al. Recent development of carbon materials for Li ion batteries. Carbon, 2000, 38(2): 183-197.

[6] Fergus J W. Recent developments in cathode materials for lithium ion batteries. Journal of Power Sources, 2010, 195(4): 939-954.

[7] Hang B T, Okada S, Yamaki J I. Effect of binder content on the cycle performance of nano-sized Fe_2O_3-loaded carbon for use as a lithium battery negative electrode. Journal of Power Sources, 2008, 178(1): 402-408.

[8] Zhang Q, White R E. Capacity fade analysis of a lithium ion cell. Journal of Power Sources, 2008, 179(2): 793-798.

[9] Zhang S S. A review on electrolyte additives for lithium-ion batteries. Journal of Power Sources, 2006, 162(2): 1379-1394.

[10] Zhang S S. A review on the separators of liquid electrolyte Li-ion batteries. Journal of Power Sources, 2007, 164(1): 351-364.

[11] Frackowiak E, Beguin F. Electrochemical storage of energy in carbon nanotubes and nanostructured carbons. Carbon, 2002, 40(10): 1775-1787.

[12] Fu L J, Liu H, Li C, et al. Surface modifications of electrode materials for lithium ion batteries. Solid State Sciences, 2006, 8(2): 113-128.

[13] Li H, Wang Z, Chen L, et al. Research on advanced materials for Li-ion batteries. Advanced Materials, 2009, 21(45): 4593-4607.

[14] Liu C, Li F, Ma L P, et al. Advanced materials for energy storage. Advanced Materials, 2010, 22(8): 28-62.

[15] Minghui L, Linjie Z. Graphene-based electrode materials for rechargeable lithium batteries. Journal of Materials Chemistry, 2009, 19(33): 5871-5878.

[16] Su D S, Schloegl R. Nanostructured carbon and carbon nanocomposites for electrochemical energy storage applications. Chemsuschem, 2010, 3(2): 136-168.

[17] Wu Y P, Rahm E, Holze R. Carbon anode materials for lithium ion batteries. Journal of Power Sources, 2003, 114(2): 228-236.

[18] Miyazaki S, Shirakata H; Sanyo Electric Co Ltd. Non-aqueous electrolyte secondary cell useful in portable electronic devices such as a camcorder, a mobile phone and a laptop computer, comprises a positive electrode, a negative electrode, and a non-aqueous electrolyte patent EP2413415-A1.

[19] Ohzuku T, Iwakoshi Y, Sawai K. Formation of lithium-graphite intercalation compounds in nonaqueous electrolytes and their application as a negative electrode for a lithium ion (shuttlecock)cell. Journal of the Electrochemical Society, 1993, 140(9): 2490-2498.

[20] Sato K, Noguchi M, Demachi A, et al. A mechanism of lithium storage in disordered carbons. Science, 1994,

264(5158): 556-558.

[21] Menachem C, Wang Y, Flowers J, et al. Characterization of lithiated natural graphite before and after mild oxidation. Journal of Power Sources, 1998, 76(2): 180-185.

[22] Zheng T, Liu Y H, Fuller E W, et al. Lithium insertion in high-capacity carbonaceous materials. Journal of the Electrochemical Society, 1995, 142(8): 2581-2590.

[23] Yang S B, Song H H, Chen X H. Electrochemical performance of expanded mesocarbon microbeads as anode material for lithium-ion batteries. Electrochemistry Communications, 2006, 8(1): 137-142.

[24] Yang S B, Song H H, Chen X H. Expansion of mesocarbon microbeads. Carbon, 2006, 44(4): 730-733.

[25] Hitachi Chemical Co. , Ltd. Anode material for lithium ion batteries. http: //www. hitachi-chem. co. jp/english/products/cc/007. Html [2010-03-19].

[26] Asbury Carbons. Vein Graphite. http: //www. asbury. com/Vein- Graphite. html [2010-03-19].

[27] Nippon Carbon Co. , Ltd. Negative electrode material for high-performance lithium ion secondary battery using natural graphite, its manufacturing method and lithium ion secondary battery using it: Japan, JP 2004031038 [2004-01-29].

[28] SONY Corporation. Secondary battery and manufacturing method for negative electrode material of carbon: Japan, JP 2001332263 [2001-11-30].

[29] Tokai Carbon K K. Negative electrode material for lithium ion secondary battery, and its manufacturing method: Japan, JP 2008305661 [2008-12-18].

[30] Leroux F, Metenier K, Gautier S, et al. Electrochemical insertion of lithium in catalytic multi-walled carbon nanotubes. Journal of Power Sources, 1999, 81-82(9): 317-322.

[31] Wu G T, Wang C S, Zhang X B, et al. Structure and lithium insertion properties of carbon nanotubes. Journal of the Electrochemical Society, 1999, 146(5): 1696-1701.

[32] Chew S Y, Ng S H, Wang J, et al. Flexible free-standing carbon nanotube films for model lithium-ion batteries. Carbon, 2009, 47(13): 2976-2983.

[33] Venkatachalam S, Zhu H, Masarapu C, et al. In-situ formation of sandwiched structures of nanotube/Cu_xO_y/Cu composites for lithium battery applications. ACS Nano, 2009, 3(8): 2177-2184.

[34] Li X L, Kang F Y, Shen W C. Multiwalled carbon nanotubes as a conducting additive in a $LiNi_{0.7}Co_{0.3}O_2$ cathode for rechargeable lithium batteries. Carbon, 2006, 44(7): 1334-1336.

[35] Pan D, Wang S, Zhao B, et al. Li storage properties of disordered graphene nanosheets. Chemistry of Materials, 2009, 21(14): 3136-3142.

[36] Yoo E, Kim J, Hosono E, et al. Large reversible Li storage of graphene nanosheet families for use in rechargeable lithium ion batteries. Nano Letters, 2008, 8(8): 2277-2282.

[37] Wang G, Shen X, Yao J, et al. Graphene nanosheets for enhanced lithium storage in lithium ion batteries. Carbon, 2009, 47(8): 2049-2053.

[38] Gerouki A, Goldner M A, Goldner R B, et al. Density of states calculations of small diameter single graphene sheets. Journal of the Electrochemical Society, 1996, 143(11): L262-L263.

[39] Pollak E, Geng B, Jeon K J, et al. The interaction of Li^+ with single-layer and few-layer graphene. Nano Letters, 2010, 10(9): 3386-3388.

[40] Uthaisar C, Barone V. Edge effects on the characteristics of Li diffusion in graphene. Nano Letters, 2010, 10(8): 2838-2842.

[41] Guo P, Song H, Chen X. Electrochemical performance of graphene nanosheets as anode material for lithium-ion batteries. Electrochemistry Communications, 2009, 11(6): 1320-1324.

[42] Chen H, Mueller M B, Gilmore K J, et al. Mechanically strong, electrically conductive, and biocompatible graphene paper. Advanced Materials, 2008, 20(18): 3557-3561.

[43] Compton O C, Dikin D A, Putz K W, et al. Electrically conductive "alkylated" graphene paper via chemical reduction of amine-functionalized graphene oxide paper. Advanced Materials, 2010, 22(8): 892-896.

[44] Wang C, Li D, Too C O, et al. Electrochemical properties of graphene paper electrodes used in lithium batteries. Chemistry of Materials, 2009, 21(13): 2604-2606.

[45] Abouimrane A, Compton O C, Amine K, et al. Non-annealed graphene paper as a binder-free anode for lithium-ion batteries. Journal of Physical Chemistry C, 2010, 114(29): 12800-12804.

[46] Guo P, Song H, Chen X. Hollow graphene oxide spheres self-assembled by W/O emulsion. Journal of Materials Chemistry, 2010, 20(23): 4867-4874.

[47] Paek S M, Yoo E, Honma I. Enhanced cyclic performance and lithium storage capacity of SnO_2/graphene nanoporous electrodes with three-dimensionally delaminated flexible structure. Nano Letters, 2009, 9(1): 72-75.

[48] Wang D, Choi D, Li J, et al. Self-assembled TiO_2-graphene hybrid nanostructures for enhanced Li-ion insertion. ACS Nano, 2009, 3(4): 907-914.

[49] Zhang L S, Jiang L Y, Yan H J, et al. Mono dispersed SnO_2 nanoparticles on both sides of single layer graphene sheets as anode materials in Li-ion batteries. Journal of Materials Chemistry, 2010, 20(26): 5462-5467.

[50] Guoxiu W, Bei W, Xianlong W, et al. Sn/graphene nanocomposite with 3D architecture for enhanced reversible lithium storage in lithium ion batteries. Journal of Materials Chemistry, 2009, 19(44): 8378-8384.

[51] Kim H, Cho J. Template synthesis of hollow Sb nanoparticles as a high-performance lithium battery anode material. Chemistry of Materials, 2008, 20(5): 1679-1681.

[52] Lee J K, Smith K B, Hayner C M, et al. Silicon nanoparticles-graphene paper composites for Li ion battery anodes. Chemical Communications, 2010, 46(12): 2025-2027.

[53] Chou S L, Wang J Z, Choucair M, et al. Enhanced reversible lithium storage in a nanosize silicon/graphene composite. Electrochemistry Communications, 2010, 12(2): 303-306.

[54] Wang D, Kou R, Choi D, et al. Ternary self-assembly of ordered metal oxide-graphene nanocomposites for electrochemical energy storage. ACS Nano, 2010, 4(3): 1587-1595.

[55] Dufaux T, Boettcher J, Burghard M, et al. Photocurrent distribution in graphene-cdS nanowire devices. Small, 2010, 6(17): 1868-1872.

[56] Yang S, Cui G, Pang S, et al. Fabrication of cobalt and cobalt oxide/graphene composites: towards high-performance anode materials for lithium ion batteries. Chemsuschem, 2010, 3(2): 236-239.

[57] Wu Z S, Ren W, Wen L, et al. Graphene anchored with Co_3O_4 nanoparticles as anode of lithium ion batteries with enhanced reversible capacity and cyclic performance. ACS Nano, 2010, 4(6): 3187-3194.

[58] Zhu N, Liu W, Xue M, et al. Graphene as a conductive additive to enhance the high-rate capabilities of electrospun $Li_4Ti_5O_{12}$ for lithium-ion batteries. Electrochimica Acta, 2010, 55(20): 5813-5818.

[59] Hsiao K C, Liao S C, Chen J M. Microstructure effect on the electrochemical property of $Li_4Ti_5O_{12}$ as an anode material for lithium-ion batteries. Electrochimica Acta, 2008, 53(24): 7242-7247.

[60] Yao J, Shen X, Wang B, et al. In situ chemical synthesis of SnO_2-graphene nanocomposite as anode materials for lithium-ion batteries. Electrochemistry Communications, 2009, 11(10): 1849-1852.

[61] Arico A S, Bruce P, Scrosati B, et al. Nanostructured materials for advanced energy conversion and storage devices. Nature Materials, 2005, 4(5): 366-377.

[62] Ortiz G F, Alcantara R, Lavela P, et al. Optimization of the electrochemical behavior of vapor grown carbon nanofibers for lithium-ion batteries by impregnation, and thermal and hydrothermal treatments. Journal of the Electrochemical Society, 2005, 152(9): A1797-A1803.

[63] Endo M, Kim Y A, Hayashi T, et al. Vapor-grown carbon fibers (VGCF)-Basic properties and their battery applications. Carbon, 2001, 39(9): 1287-1297.

[64] Joong Kee L, Keun Wan A, Jeh Beck J, et al. Electrochemical properties of PAN-based carbon fibers as anodes for

rechargeable lithium ion batteries. Carbon, 2001, 39(9): 1299-1305.

[65] Yoon S H, Park C W, Yang H J, et al. Novel carbon nanofibers of high graphitization as anodic materials for lithium ion secondary batteries. Carbon, 2004, 42(1): 21-32.

[66] Kim C, Yang K S, Kojima M, et al. Fabrication of electrospinning-derived carbon nanofiber webs for the anode material of lithium-ion secondary batteries. Advanced Functional Materials, 2006, 16(18): 2393-2397.

[67] Chan K, Young J, Bui Thi Nhu N, et al. Synthesis and characterization of porous carbon nanofibers with hollow cores through the thermal treatment of electrospun copolymeric nanofiber webs. Small, 2007, 3(1): 91-95.

[68] Ji L, Zhang X. Fabrication of porous carbon nanofibers and their application as anode materials for rechargeable lithium-ion batteries. Nanotechnology, 2009, 20(15): 155705-155712.

[69] Ji L, Lin Z, Medford A J, et al. Porous carbon nanofibers from electrospun polyacrylonitrile/SiO_2 composites as an energy storage material. Carbon, 2009, 47(14): 3346-3354.

[70] Zhou H S, Zhu S M, Hibino M, et al. Lithium storage in ordered mesoporous carbon (CMK-3)with high reversible specific energy capacity and good cycling performance. Advanced Materials, 2003, 15(24): 2107-2111.

[71] Qie L, Chen W M, Wang Z H, et al. Nitrogen-doped porous carbon nanofiber webs as anodes for lithium ion batteries with a superhigh capacity and rate capability. Advanced Materials (Deerfield Beach, Fla), 2012, 24(15): 2047-2050.

[72] Bulusheva L G, Okotrub A V, Kurenya A G, et al. Electrochemical properties of nitrogen-doped carbon nanotube anode in Li-ion batteries. Carbon, 2011, 49(12): 4013-4023.

[73] Rodriguez E, Camean I, Garcia R, et al. Graphitized boron-doped carbon foams: Performance as anodes in lithium-ion batteries. Electrochimica Acta, 2011, 56(14): 5090-5094.

[74] Su F, Poh C K, Chen J S, et al. Nitrogen-containing microporous carbon nanospheres with improved capacitive properties. Energy & Environmental Science, 2011, 4(3): 717-724.

[75] Wu G, Dai C, Wang D, et al. Nitrogen-doped magnetic onion-like carbon as support for Pt particles in a hybrid cathode catalyst for fuel cells. Journal of Materials Chemistry, 2010, 20(15): 3059-3068.

[76] Wu Z S, Ren W, Xu L, et al. Doped graphene sheets as anode materials with superhigh rate and large capacity for lithium ion batteries. ACS Nano, 2011, 5(7): 5463-5471.

[77] Bingxue L, Yunhua Y, Jie C, et al. An enhanced stable-structure core-shell coaxial carbon nanofiber web as a direct anode material for lithium-based batteries. Electrochemistry Communications, 2011, 13(6): 558-561.

[78] Byoung S L, S B S, Kyu P, et al. Anodic properties of hollow carbon nanofibers for Li-ion battery. Journal of Power Sources, 2012, 199: 53-60.

[79] Colbow K M, Dahn J R, Haering R R. Structure and electrochemistry of the spinel oxides $LiTi_2O_4$ and $Li_{4/3}Ti_{5/3}O_4$. Journal of Power Sources, 1989, 26(3-4): 397-402.

[80] 唐致远，阳晓霞，陈玉红，等. 钛酸锂电极材料的研究进展. 电源技术, 2007, 31(4): 332-336.

[81] Yang Z, Choi D, Kerisit S, et al. Nanostructures and lithium electrochemical reactivity of lithium titanites and titanium oxides: A review. Journal of Power Sources, 2009, 192(2): 588-598.

[82] Liu D Q, Liu X Q, He Z Z. The elevated temperature performance of $LiMn_2O_4$ coated with $Li_4Ti_5O_{12}$ for lithium ion battery. Materials Chemistry and Physics, 2007, 105(2-3): 362-366.

[83] Belharouak I, Sun Y K, Lu W, et al. On the safety of the $Li_4Ti_5O_{12}/LiMn_2O_4$ lithium-ion battery system. Journal of the Electrochemical Society, 2007, 154(12): 1083-1087.

[84] Courtney I A, Dahn J R. Electrochemical and in situ x-ray diffraction studies of the reaction of lithium with tin oxide composites. Journal of the Electrochemical Society, 1997, 144(6): 2045-2052.

[85] Poizot P, Laruelle S, Grugeon S, et al. Nano-sized transition-metaloxides as negative-electrode materials for lithium-ion batteries. Nature, 2000, 407(6803): 496-499.

[86] Wang X, Yu L, Wu X L, et al. Synthesis of single-crystalline Co_3O_4 octahedral cages with tunable surface aperture

and their lithium storage properties. Journal of Physical Chemistry C, 2009, 113: 15553-15558.

[87] Ji C P, Kim J, Kwon H, et al. Gram-scale synthesis of Cu_2O nanocubes and subsequent oxidation to CuO hollow nanostructures for lithium ion battery anode materials. Advanced Materials, 2009, 21(7): 803-807.

[88] Reddy A L M, Shaijumon M M, Gowda S R, et al. Coaxial MnO_2/carbon nanotube array electrodes for high-performance lithium batteries. Nano Letters, 2009, 9(3): 1002-1006.

[89] Szczech J R, Jin S. Nanostructured silicon for high capacity lithium battery anodes. Energy & Environmental Science, 2011, 4(1): 56-72.

[90] Boukamp B A, Lesh G C, Huggins R A. All-solid lithium electrodes with mixed-conductor matrix. Journal of the Electrochemical Society, 1981, 128(4): 725-729.

[91] Ryu J H, Kim J W, Sung Y E, et al. Failure modes of silicon powder negative electrode in lithium secondary batteries. Electrochemical and Solid State Letters, 2004, 7(10): A306-A309.

[92] Yang J, Winter M, Besenhard J O. Small particle size multiphase Li-alloy anodes for lithium-ion-batteries. Solid State Ionics, 1996, 90(1-4): 281-287.

[93] Li H, Huang X J, Chen L Q, et al. A high capacity nano-Si composite anode material for lithium rechargeable batteries. Electrochemical and Solid State Letters, 1999, 2(11): 547-549.

[94] Kim H, Seo M, Park M H, et al. A critical size of silicon nano-anodes for lithium rechargeable batteries. Angewandte Chemie-International Edition, 2010, 49(12): 2146-2149.

[95] Yen Y C, Chao S C, Wu H C, et al. Study on solid-electrolyte-interphase of Si and C-coated Si electrodes in lithium cells. Journal of the Electrochemical Society, 2009, 156(2): 95-102.

[96] Liu W R, Yang M H, Wu H C, et al. Enhanced cycle life of Si anode for Li-ion batteries by using modified elastomeric binder. Electrochemical and Solid State Letters, 2005, 8(2): A100-A103.

[97] Mazouzi D, Lestriez B, Roue L, et al. Silicon composite electrode with high capacity and long cycle life. Electrochemical and Solid State Letters, 2009, 12(11): A215-A218.

[98] Hwang S S, Cho C G, Kim H. Polymer microsphere embedded Si/graphite composite anode material for lithium rechargeable battery. Electrochimica Acta, 2010, 55(9): 3236-3239.

[99] Kim H, Im D, Doo S G. Electrochemical properties of Ni-based inert phases incorporated Si/graphite composite anode. Journal of Power Sources, 2007, 174(2): 588-591.

[100] Liu W R, Wu N L, Shieh D T, et al. Synthesis and characterization of nanoporous NiSi-Si composite anode for lithium-ion batteries. Journal of the Electrochemical Society, 2007, 154(2): A97-A102.

[101] Park M S, Rajendran S, Kang Y M, et al. Si-Ni alloy-graphite composite synthesized by arc-melting and high-energy mechanical milling for use as an anode in lithium-ion batteries. Journal of Power Sources, 2006, 158(1): 650-653.

[102] Wang G X, Sun L, Bradhurst D H, et al. Nanocrystalline NiSi alloy as an anode material for lithium-ion batteries. Journal of Alloys and Compounds, 2000, 306(1-2): 249-252.

[103] Yang X, Wen Z, Xu X, et al. Study on the Li^+ insertion/extraction for silicon nanosized silver composite electrode. Electrochemical and Solid State Letters, 2007, 10(3): A52-A55.

[104] Song J H, Han W K, Sun Y K, et al. Ag deposition on Si-C composite anodes for lithium ion batteries. Diffusion and Defect Data Part B (Solid State Phenomena), 2007, 16(1-2): 124-126.

[105] Zeng Z Y, Tu J P, Huang X H, et al. Electrochemical investigation on silicon/titanium carbide nanocomposite film anode for Li-ion batteries. Thin Solid Films, 2009, 517(17): 4767-4771.

[106] Wang C S, Wu G T, Zhang X B, et al. Lithium insertion in carbon-silicon composite materials produced by mechanical milling. Journal of the Electrochemical Society, 1998, 145(8): 2751-2758.

[107] Guo Z P, Milin E, Wang J Z, et al. Silicon/disordered carbon nanocomposites for lithium-ion battery anodes. Journal of the Electrochemical Society, 2005, 152(11): A2211-A2216.

[108] Guo Z P, Wang J Z, Liu H K, et al. Study of silicon/polypyrrole composite as anode materials for Li-ion batteries. Journal of Power Sources, 2005, 146(1-2): 448-451.

[109] Ng S H, Wang J, Wexler D, et al. Highly reversible lithium storage in spheroidal carbon-coated silicon nanocomposites as anodes for lithium-ion batteries. Angewandte Chemie-International Edition, 2006, 45(41): 6896-6899.

[110] Morita T, Takami N. Nano Si cluster-SiO_x-C composite material as high-capacity anode material for rechargeable lithium batteries. Journal of the Electrochemical Society, 2006, 153(2): 425-430.

[111] Datta M K, Kumta P N. Silicon, graphite and resin based hard carbon nanocomposite anodes for lithium ion batteries. Journal of Power Sources, 2007, 165(1): 368-378.

[112] Saint J, Morcrette M, Larcher D, et al. Towards a fundamental understanding of the improved electrochemical performance of silicon-carbon composites. Advanced Functional Materials, 2007, 17(11): 1765-1774.

[113] Cahen S, Janot R, Laffont L, et al. Chemical reduction of $SiCl_4$ for the preparation of silicon-graphite composites used as negative electrodes in lithium-ion batteries. Journal of the Electrochemical Society, 2008, 155(7): A512-A519.

[114] Liu Y, Wen Z Y, Wang X Y, et al. Electrochemical behaviors of Si/C composite synthesized from F-containing precursors. Journal of Power Sources, 2009, 189(1): 733-737.

[115] Eker Y, Kierzek K, Raymundo-Pinero E, et al. Effect of electrochemical conditions on the performance worsening of Si/C composite anodes for lithium batteries. Electrochimica Acta, 2010, 55(3): 729-736.

[116] Cu P, Cai R, Zhou Y, et al. Si/C composite lithium-ion battery anodes synthesized from coarse silicon and citric acid through combined ball milling and thermal pyrolysis. Electrochimica Acta, 2010, 55(12): 3876-3883.

[117] Su L, Zhou Z, Ren M. Core double-shell Si@SiO_2@C nanocomposites as anode materials for Li-ion batteries. Chemical Communications, 2010, 46(15): 2590-2592.

[118] Kim H S, Chung K Y, Cho L W. Effect of carbon-coated silicon/graphite composite anode on the electrochemical properties. Bulletin of the Korean Chemical Society, 2008, 29(10): 1965-1968.

[119] Wang K, He X, Wang L, et al. Si, Si/Cu core in carbon shell composite as anode material in lithium-ion batteries. Solid State Ionics, 2007, 178(1-2): 115-118.

[120] Gomez Camer J L, Morales J, Sanchez L, et al. Nanosized Si/cellulose fiber/carbon composites as high capacity anodes for lithium-ion batteries: A galvanostatic and dilatometric study. Electrochimica Acta, 2009, 54(26): 6713-6717.

[121] Chen Z, Cao Y, Qian J, et al. Antimony-coated SiC nanoparticles as stable and high-capacity anode materials for Li-ion batteries. Journal of Physical Chemistry C, 2010, 114(35): 15196-15201.

[122] Wang W, Kumta P N. Reversible high capacity nanocomposite anodes of Si/C/SWNT for rechargeable Li-ion batteries. Journal of Power Sources, 2007, 172(2): 650-658.

[123] Ng S H, Wang J, Wexler D, et al. Amorphous carbon-coated silicon nanocomposites: A low-temperature synthesis via spray pyrolysis and their application as high-capacity anodes for lithium-ion batteries. Journal of Physical Chemistry C, 2007, 111(29): 11131-11138.

[124] Jung Y S, Lee K T, Oh S M. Si-carbon core-shell composite anode in lithium secondary batteries. Electrochimica Acta, 2007, 52(24): 7061-7067.

[125] Yang J, Wang B F, Wang K, et al. Si/C composites for high capacity lithium storage materials. Electrochemical and Solid State Letters, 2003, 6(8): A154-A156.

[126] Chen L, Xie X, Wang B, et al. Spherical nanostructured Si/C composite prepared by spray drying technique for lithium ion batteries anode. Materials Science and Engineering B-Solid State Materials for Advanced Technology, 2006, 131(1-3): 186-190.

[127] Yoon S P, Jae Y K, Sung M L. Dimensional stability of nanosilicon/graphite/carbon composite anodes for

lithium-ion batteries. Electrochemical and Solid-State Letters, 2011, 14(4): A36.

[128] Wilson A M, Dahn J R. Lithium insertion in carbons containing nanodispersed silicon. Journal of the Electrochemical Society, 1995, 142(2): 326-332.

[129] Kim T, Mo Y H, Nahm K S, et al. Carbon nanotubes (CNT)as a buffer layer in silicon/CNT composite electrodes for lithium secondary batteries. Journal of Power Sources, 2006, 162(2): 1275-1281.

[130] Xu Y, Yin G, Ma Y, et al. Nanosized core/shell silicon@carbon anode material for lithium ion batteries with polyvinylidene fluoride as carbon source. Journal of Materials Chemistry, 2010, 20(16): 3216-3220.

[131] Wilson A M, Reimers J N, Fuller E W, et al. Lithium insertion in pyrolyzed siloxane polymers. Solid State Ionics, 1994, 74(3-4): 249-254.

[132] Kwon Y, Park G S, Cho J. Synthesis and electrochemical properties of lithium-electroactive surface-stabilized silicon quantum dots. Electrochimica Acta, 2007, 52(14): 4663-4668.

[133] Kwon Y, Cho J. High capacity carbon-coated $Si_{70}Sn_{30}$ nanoalloys for lithium battery anode material. Chemical Communications, 2008, (9): 1109-1111.

[134] Magasinski A, Dixon P, Hertzberg B, et al. High-performance lithium-ion anodes using a hierarchical bottom-up approach. Nature Materials, 2010, 9(4): 353-358.

[135] Kim H, Han B, Choo J, et al. Three-dimensional porous silicon particles for use in high-performance lithium secondary batteries. Angewandte Chemie-International Edition, 2008, 47(52): 10151-10154.

[136] Huggins R A, Nix W D. Decrepitation model for capacity loss during cycling of alloys in rechargeable electrochemical systems. Ionics, 2000, 6(1-2): 57-63.

[137] Beaulieu L Y, Eberman K W, Turner R L, et al. Colossal reversible volume changes in lithium alloys. Electrochemical and Solid State Letters, 2001, 4(9): 137-140.

[138] Maranchi J P, Hepp A F, Evans A G, et al. Interfacial properties of the a-Si/Cu : active-inactive thin-film anode system for lithium-ion batteries. Journal of the Electrochemical Society, 2006, 153(6): 1246-1253.

[139] Ohara S, Suzuki J, Sekine K, et al. A thin film silicon anode for Li-ion batteries having a very large specific capacity and long cycle life. Journal of Power Sources, 2004, 136(2): 303-306.

[140] Maranchi J P, Hepp A F, Kumta P N. High capacity, reversible silicon thin-film anodes for lithium-ion batteries. Electrochemical and Solid State Letters, 2003, 6(9): 198-201.

[141] Arie A A, Song J O, Lee J K. Structural and electrochemical properties of fullerene-coated silicon thin film as anode materials for lithium secondary batteries. Materials Chemistry and Physics, 2009, 113(1): 249-254.

[142] Chan C K, Peng H, Liu G, et al. High-performance lithium battery anodes using silicon nanowires. Nature Nanotechnology, 2008, 3(1): 31-35.

[143] Cui L F, Ruffo R, Chan C K, et al. Crystalline-amorphous core-shell silicon nanowires for high capacity and high current battery electrodes. Nano Letters, 2009, 9(1): 491-495.

[144] Song T, Xia J, Lee J H, et al. Arrays of sealed silicon nanotubes as anodes for lithium ion batteries. Nano Letters, 2010, 10(5): 1710-1716.

[145] Kang K, Lee H S, Han D W, et al. Maximum Li storage in Si nanowires for the high capacity three-dimensional Li-ion battery. Applied Physics Letters, 2010, 96(5): 053110-053117.

[146] Kim H, Cho J. Superior lithium electroactive mesoporous Si@carbon core-shell nanowires for lithium battery anode material. Nano Letters, 2008, 8(11): 3688-3691.

[147] Huang R, Fan X, Shen W, et al. Carbon-coated silicon nanowire array films for high-performance lithium-ion battery anodes. Applied Physics Letters, 2009, 95(13): 133119-133119-3.

[148] Park M H, Kim M G, Joo J, et al. Silicon nanotube battery anodes. Nano Letters, 2009, 9(11): 3844-3847.

[149] Chan C K, Patel R N, O'Connell M J, et al. Solution-grown silicon nanowires for lithium-ion battery anodes. ACS Nano, 2010, 4(3): 1443-1450.

[150] Wang W, Kumta P N. Nanostructured hybrid silicon/carbon nanotube heterostructures: reversible high-capacity lithium-ion anodes. ACS Nano, 2010, 4(4): 2233-2241.

[151] Cui L F, Yang Y, Hsu C M, et al. Carbon-silicon core-shell nanowires as high capacity electrode for lithium ion batteries. Nano Letters, 2009, 9(9): 3370-3374.

[152] Lee W J, Park M H, Wang Y, et al. Nanoscale Si coating on the pore walls of SnO_2 nanotube anode for Li rechargeable batteries. Chemical Communications, 2010, 46(4): 622-624.

[153] Fan X, Zou L, Zheng Y P, et al. Electrospinning preparation of nanosilicon/disordered carbon composite as anode materials in Li-ion battery. Electrochemical and Solid State Letters, 2009, 12(10): A199-A201.

[154] Hwang T H, Lee Y M, Kong B S, et al. Electrospun core-shell fibers for robust silicon nanoparticle-based lithium ion battery anodes. Nano Letters, 2012, 12(2): 802-807.

[155] Ji L, Zhang X. Electrospun carbon nanofibers containing silicon particles as an energy-storage medium. Carbon, 2009, 47(14): 3219-3226.

[156] Ji L, Zhang X. Fabrication of porous carbon/Si composite nanofibers as high-capacity battery electrodes. Electrochemistry Communications, 2009, 11(6): 1146-1149.

[157] Wang L, Ding C X, Zhang L C, et al. A novel carbon-silicon composite nanofiber prepared via electrospinning as anode material for high energy-density lithium ion batteries. Journal of Power Sources, 2010, 195(15): 5052-5056.

[158] Wu H, Zheng G, Liu N, et al. Engineering empty space between Si nanoparticles for lithium-ion battery anodes. Nano Letters, 2012, 12(2): 904-909.

[159] Ji W, Yan Y, Lin G, et al. Highly reversible lithium storage in Si (core)-hollow carbon nanofibers (sheath)nanocomposites. Nanoscale, 2013, 5(7): 2647-2650.

[160] Kong J, Yee W A, Wei Y, et al. Silicon nanoparticles encapsulated in hollow graphitized carbon nanofibers for lithium ion battery anodes. Nanoscale, 2013, 5(7): 2967-2973.

[161] Lee B S, Son S B, Park K M, et al. Fabrication of Si core/C shell nanofibers and their electrochemical performances as a lithium-ion battery anode. Journal of Power Sources, 2012, 206: 267-273.

[162] Wu H, Chan G, Choi J W, et al. Stable cycling of double-walled silicon nanotube battery anodes through solid-electrolyte interphase control. Nature Nanotechnology, 2012, 7(5): 309-314.

[163] Ji L, Zhang X. Generation of activated carbon nanofibers from electrospun polyacrylonitrile-zinc chloride composites for use as anodes in lithium-ion batteries. Electrochemistry Communications, 2009, 11(3): 684-687.

[164] Kim C, Choi Y O, Lee W J, et al. Supercapacitor performances of activated carbon fiber webs prepared by electrospinning of PMDA-ODA poly(amic acid)solutions. Electrochimica Acta, 2004, 50(2-3): 883-887.

[165] Kim C, Yang K S. Electrochemical properties of carbon nanofiber web as an electrode for supercapacitor prepared by electrospinning. Applied Physics Letters, 2003, 83(6): 1216-1218.

[166] Song Z, Zhan H, Zhou Y. Polyimides: Promising energy-storage materials. Angewandte Chemie-International Edition, 2010, 49(45): 8444-8448.

[167] Cheng S, Shen D, Zhu X, et al. Preparation of nonwoven polyimide/silica hybrid nanofiberous fabrics by combining electrospinning and controlled in situ sol-gel techniques. European Polymer Journal, 2009, 45(10): 2767-2778.

[168] Lee J K, An K W, Ju J B, et al. Electrochemical properties of PAN-based carbon fibers as anodes for rechargeable lithium ion batteries. Carbon, 2001, 39(9): 1299-1305.

[169] Wu Y, Fang S, Jiang Y, et al. Effects of doped sulfur on electrochemical performance of carbon anode. Journal of Power Sources, 2002, 108(1): 245-249.

[170] Tran T, Feikert J, Song X, et al. Commercial carbonaceous materials as lithium intercalation anodes. Journal of the Electrochemical Society, 1995, 142(10): 3297-3302.

[171] Wu Y, Fang S, Jiang Y. Carbon anode materials based on melamine resin. Journal of Materials Chemistry, 1998,

8(10): 2223-2227.

[172] Endo M, Kim C, Karaki T, et al. Anode performance of a Li ion battery based on graphitized and B-doped milled mesophase pitch-based carbon fibers. Carbon, 1999, 37(4): 561-568.

[173] Kim C, Fujino T, Hayashi T, et al. Structural and electrochemical properties of pristine and B-doped materials for the anode of Li-ion secondary batteries. Journal of the Electrochemical Society, 2000, 147(4): 1265-1270.

[174] Way B, Dahn J. The effect of boron substitution in carbon on the intercalation of lithium in Li_x (B_z C_{1-z})6. Journal of the Electrochemical Society, 1994, 141(4): 907-912.

[175] Han P, Yue Y, Zhang L, et al. Nitrogen-doping of chemically reduced mesocarbon microbead oxide for the improved performance of lithium ion batteries. Carbon, 2012, 50(3): 1355-1362.

[176] Hu C, Xiao Y, Zhao Y, et al. Highly nitrogen-doped carbon capsules: Scalable preparation and high-performance applications in fuel cells and lithium ion batteries. Nanoscale, 2013, 5(7): 2726-2733.

[177] Huang X, Zhang R, Zhang X, et al. Synthesis of nitrogen-doped carbon microtubes for application in lithium batteries. Scripta Materialia, 2012, 67(12): 987-990.

[178] Li H, Shen L, Zhang X, et al. Nitrogen-doped carbon coated $Li_4Ti_5O_{12}$ nanocomposite: Superior anode materials for rechargeable lithium ion batteries. Journal of Power Sources, 2013, 221: 122-127.

[179] Li X, Geng D, Zhang Y, et al. Superior cycle stability of nitrogen-doped graphene nanosheets as anodes for lithium ion batteries. Electrochemistry Communications, 2011, 13(8): 822-825.

[180] Li X, Liu J, Zhang Y, et al. High concentration nitrogen doped carbon nanotube anodes with superior Li^+ storage performance for lithium rechargeable battery application. Journal of Power Sources, 2012, 197: 238-245.

[181] Ma C, Shao X, Cao D. Nitrogen-doped graphene nanosheets as anode materials for lithium ion batteries: A first-principles study. Journal of Materials Chemistry, 2012, 22(18): 8911-8915.

[182] Mao Y, Duan H, Xu B, et al. Lithium storage in nitrogen-rich mesoporous carbon materials. Energy & Environmental Science, 2012, 5(7): 7950-7955.

[183] Qie L, Chen W M, Wang Z H, et al. Nitrogen-doped porous carbon nanofiber webs as anodes for lithium ion batteries with a superhigh capacity and rate capability. Advanced Materials, 2012, 24(15): 2047-2050.

[184] Reddy A L M, Srivastava A, Gowda S R, et al. Synthesis of nitrogen-doped graphene films for lithium battery application. ACS Nano, 2010, 4(11): 6337-6342.

[185] Shin W H, Jeong H M, Kim B G, et al. Nitrogen-doped multiwall carbon nanotubes for lithium storage with extremely high capacity. Nano Letters, 2012, 12(5): 2283-2288.

[186] Wang H, Zhang C, Liu Z, et al. Nitrogen-doped graphene nanosheets with excellent lithium storage properties. Journal of Materials Chemistry, 2011, 21(14): 5430-5434.

[187] Xifei L, Jian L, Yong Z, et al. High concentration nitrogen doped carbon nanotube anodes with superior Li^+ storage performance for lithium rechargeable battery application. Journal of Power Sources, 2012, 197: 238-245.

[188] Yang S, Zhi L, Tang K, et al. Efficient synthesis of heteroatom (N or S)-doped graphene based on ultrathin graphene oxide-porous silica sheets for oxygen reduction reactions. Advanced Functional Materials, 2012, 22(17): 3634-3640.

[189] Zhang K, Han P, Gu L, et al. Synthesis of nitrogen-doped MnO/graphene nanosheets hybrid material for lithium ion batteries. ACS Applied Materials & Interfaces, 2012, 4(2): 658-664.

[190] Morita M, Hanada T, Tsutsumi H, et al. Layered-structure BC_2N as a negative electrode matrix for rechargeable lithium batteries. Journal of the Electrochemical Society, 1992, 139(5): 1227-1230.

[191] Han F D, Bai Y J, Liu R, et al. Template-free synthesis of interconnected hollow carbon nanospheres for high-performance anode material in lithium-ion batteries. Advanced Energy Materials, 2011, 1(5): 798-801.

[192] Hu Y S, Adelhelm P, Smarsly B M, et al. Synthesis of hierarchically porous carbon monoliths with highly ordered microstructure and their application in rechargeable lithium batteries with high-rate capability. Advanced

Functional Materials, 2007, 17(12): 1873-1878.

[193] Wu X L, Liu Q, Guo Y G, et al. Superior storage performance of carbon nanosprings as anode materials for lithium-ion batteries. Electrochemistry Communications, 2009, 11(7): 1468-1471.

[194] Zou G, Zhang D, Dong C, et al. Carbon nanofibers: Synthesis, characterization, and electrochemical properties. Carbon, 2006, 44(5): 828-832.

[195] Kaskhedikar N A, Maier J. Lithium storage in carbon nanostructures. Advanced materials, 2009, 21(25-26): 2664-2680.

[196] Zheng T, Zhong Q, Dahn J. High-capacity carbons prepared from phenolic resin for anodes of lithium-ion batteries. Journal of the Electrochemical Society, 1995, 142(11): L211-L214.

[197] Yong Y, Fan L Z. Silicon/carbon nanocomposites used as anode materials for lithium-ion batteries. Ionics, 2013, 19(11): 1545-1549.